LEÇONS

DE

PHYSIQUE

(PESANTEUR, CHALEUR)

A L'USAGE

DES ELÈVES DE TROISIÈME MODERNE

des Aspirants aux Baccalauréats d'ordre scientifique
et des Candidats aux Écoles du Gouvernement

PAR

J. BASIN

PROFESSEUR AGRÉGÉ AU LYCÉE DE LILLE

QUATRIÈME EDITION

PARIS

LIBRAIRIE NONY & Cie

63, BOULEVARD SAINT-GERMAIN, 63

—

1902

LEÇONS DE PHYSIQUE

Tome 1

Les **LEÇONS DE PHYSIQUE** de M. Basin comprennent trois parties :

Tome I : **Pesanteur, Hydrostatique, Chaleur**, à l'usage des élèves de *Troisième moderne*, avec des compléments en petits caractères intéressant les élèves de Mathématiques élémentaires, 4e édition. — Br., 2 fr. 50 ; relié toile   3 fr.   »

Tome II : **Acoustique, Optique, Électricité et Magnétisme**, à l'usage des élèves de *Seconde moderne*, avec des compléments intéressant les élèves de Mathématiques élémentaires, 4e édition. — Broché, 3 fr. ; relié toile. . . . . 3 fr. 50

Tome III : **Compléments**, à l'usage des élèves de *Première-Sciences*, des aspirants aux Baccalauréats scientifiques et des candidats aux Écoles. — *Premier Fascicule* . . . . 2 fr. 75
Deuxième Fascicule : **Électricité** . . (*Sous presse.*)

DU MÊME AUTEUR

(A LA MÊME LIBRAIRIE)

LEÇONS DE CHIMIE à l'usage des élèves de l'enseignement moderne, des aspirants aux Baccalauréats et des candidats aux Écoles. — Un fort vol. gr. in-12, broché, 8 fr. , relié toile . . . . . . 8 fr. 50

On vend séparément :

Tome I : **Métalloïdes**, 6e édition. — Br., 2 fr. 50 ; rel. toile. 3 fr.   »

Tome II : **Métaux**, 6e édition. — Broché, 2 fr. ; relié toile. 2 fr. 50

Tome III : **Chimie générale, Chimie organique, Analyse chimique**, 4e édition. — Br., 3 fr. 50 ; rel. toile. 4 fr.   »

Tomes I et II réunis en un volume. — Broché, 4 fr. 50 ; relié toile. 5 fr.   »

LEÇONS

DE

PHYSIQUE

(PESANTEUR, CHALEUR)

A L'USAGE

DES ÉLÈVES DE TROISIÈME MODERNE

des Aspirants aux Baccalauréats d'ordre scientifique
et des Candidats aux Écoles du Gouvernement

PAR

J. BASIN

PROFESSEUR AGRÉGÉ AU LYCÉE DE LILLE

QUATRIÈME ÉDITION

PARIS

LIBRAIRIE NONY & Cie

63, BOULEVARD SAINT-GERMAIN, 63

1902

CLASSE DE TROISIÈME MODERNE

Programme du 15 Juin 1891

Pesanteur. — Équilibre des liquides et des gaz.

Divers états de la matière.
Direction de la pesanteur. — Fil à plomb. — Centre de gra-
vité. — Poids. — Balance. — Poids spécifique (définition).
Surface libre des liquides en équilibre.
Étude expérimentale de la pression sur le fond et sur les pa-
rois des vases. — Vases communicants. — Presse hydrau-
lique ; puits ; puits artésiens.
Principe d'Archimède.
Pression atmosphérique. — Baromètre.
Loi de Mariotte. — Loi du mélange des gaz.
Machine pneumatique.
Pompes. — Siphons. — Aérostats.

Chaleur.

Dilatation des corps. — Thermomètres.
Coefficients de dilatation. — Applications usuelles.
Maximum de densité de l'eau.
Conductibilité des corps pour la chaleur. — Applications
usuelles (les vêtements, les matériaux de construction,
les glacières).
Définition de la chaleur spécifique des solides et des liquides.
— Principe de la méthode des mélanges.
Changements d'état des corps. — Fusion et dissolution.
Solidification. — Cristallisation. — Chaleur de fusion.
Mélanges réfrigérants.
Vaporisation. — Formation des vapeurs dans le vide. — Va-
peurs saturantes et non saturantes. — Force élastique
maxima.
Mélange des gaz et des vapeurs.
Définition de l'état hygrométrique.
Évaporation. — Ébullition. — Distillation. — Chaleur de
vaporisation.

Les élèves de l'enseignement moderne pouvant n'être pas familia-
risés avec les lettres grecques, nous reproduisons ici celles dont il a
été fait usage dans ce volume et nous indiquons en regard leur pro-
nonciation.

α	alpha	δ	delta (minuscule).
γ	gamma.	λ	lambda.
Δ	delta (majuscule).	θ	thêta.

LEÇONS DE PHYSIQUE

(PESANTEUR, CHALEUR)

NOTIONS PRÉLIMINAIRES

CHAPITRE I

INTRODUCTION A L'ÉTUDE DE LA PHYSIQUE

1. Matière. Corps. — On appelle *matière* tout ce qui peut affecter nos sens, comme l'eau, l'air, le fer. Toute portion de matière limitée est un *corps*.

Les corps qui nous environnent se distinguent les uns des autres en impressionnant nos sens de façons très diverses. Suivant les circonstances dans lesquelles ils se trouvent placés, telle ou telle *propriété* se manifeste, produisant ce que l'on appelle un *phénomène* : la chute d'une pierre, la formation de la glace, la transformation du fer en rouille, etc., sont des phénomènes.

2. Objet des sciences physiques. — Le mot *physique* vient du grec et veut dire *nature* : les sciences physiques sont les sciences de la nature. Mais on emploie rarement le mot dans son sens tout à fait général, et quand on parle de sciences physiques, le plus souvent on entend laisser de côté ce qui fait l'objet propre des sciences dites *naturelles;* la pensée ne retient que les deux sciences physiques proprement dites : la Physique et la Chimie. Le physicien et le chimiste étudient, en se plaçant à des points de vue différents, les modifications que les corps éprouvent sous l'influence d'autres corps ou sous des influences diverses, sans s'occuper de la façon dont ces mêmes corps sont associés dans la nature.

La Chimie a principalement pour objet l'étude des *phénomènes chimiques,* c'est-à-dire des phénomènes qui produisent sur les corps des modifications profondes et durables; telles sont la transformation du fer en rouille à l'air humide, la combustion du soufre. Elle détermine les lois qui président à ces phénomènes, recherche la composition des corps et étudie les produits auxquels leur action réciproque peut donner naissance.

La Physique s'occupe spécialement des phénomènes qui ne produisent pas de changement dans la nature des corps. Comme exemples de ces phénomènes, appelés *phénomènes physiques,* on peut citer l'attraction des corps légers par le verre ou la résine frottés, le passage de l'eau à l'état de glace ou à l'état de vapeur. La Physique étudie les causes de ces phénomènes et leurs effets; elle cherche à établir les lois qui régissent les phénomènes physiques de même espèce.

3. Méthode employée en Physique. — Tandis que les mathématiques sont des sciences rationnelles, dans lesquelles on part d'axiomes ou de vérités évidentes pour être conduit, par une série de raisonnements qui s'enchaînent, à des conceptions de plus en plus élevées, la Physique est essentiellement une science d'observation et d'expérimentation. Le physicien *observe* attentivement les phénomènes naturels, souvent très complexes, qui se produisent autour de lui; il cherche à en découvrir les causes. Pour cela, il a recours à *l'expérience*, afin de reproduire les phénomènes qu'il a observés. En réglant à l'avance les circonstances dans lesquelles il place les corps, en variant à volonté ces circonstances, il arrive le plus souvent non seulement à découvrir des phénomènes nouveaux, mais à généraliser, c'est-à-dire à établir un lien simple ou, autrement dit, une *loi physique* entre tous les résultats qu'il a acquis par l'expérimentation.

L'exemple suivant suffira à donner une idée de la méthode ordinairement employée en Physique.

Faisons tomber simultanément de la même hauteur, et sans les superposer, une pièce de monnaie et une rondelle de papier ayant exactement la même surface : la pièce de monnaie arrive à terre bien avant la rondelle de papier. Posons maintenant celle-ci sur la pièce et laissons de nouveau tomber les deux corps : ils arriveront à terre en même temps. Or si, dans le premier cas, la chute du papier est ainsi retardée, cela est dû à ce que l'air oppose à cette chute une certaine résistance, résistance qui est plus grande pour le papier que pour la pièce. Dans le second cas, cette différence de résistance a été annulée. Laissons enfin tomber de la même hauteur des corps quelconques dans un espace préalablement privé d'air, nous verrons que la durée de la chute est la même pour tous ces corps. Donc si les corps en général ne tombent pas également vite dans l'air, cela tient uniquement a l'inégalité de résistance apportée par l'air à leur chute. Nous sommes ainsi conduits à énoncer la loi suivante : *dans un espace vide, tous les corps tombent également vite.*

4. Propriétés essentielles de la matière. — Les propriétés essentielles de la matière sont l'étendue, l'impénétrabilité et l'inertie.

Tout corps a nécessairement de l'*étendue* ; il occupe une certaine partie de l'espace appelée son volume. Il est de plus *impénétrable*, car deux corps ne peuvent exister ensemble dans un même lieu de l'espace ; quand une pointe pénètre dans une planche, quand une pierre s'enfonce dans l'eau, il n'y a là qu'une pénétration apparente : la pointe ne fait que refouler les fibres du bois, la pierre ne fait

qu'écarter l'eau autour d'elle. Enfin la matière est *inerte :*
tout corps qui est en repos ne se met pas de lui-même en
mouvement; tout corps qui est en mouvement ne s'arrête
pas sans cause.

La première partie de ce principe, *l'inertie dans le repos,*
nous apparaît comme évidente, du moins pour la matière
privée de vie, mais la deuxième partie, que l'on peut appeler
l'inertie dans le mouvement, semble en contradiction avec les
faits qui s'accomplissent journellement autour de nous. Cette
contradiction n'est qu'apparente. Considérons, par exemple,
une pierre lancée sur un sol horizontal ; si son mouvement
ne persiste pas indéfiniment, c'est parce que des causes extérieures, comme les aspérités du sol et de la pierre, la résistance de l'air, ralentissent peu à peu le mouvement et finissent
par l'annuler. Ces causes de ralentissement sont d'autant
plus faibles que la pierre se rapproche davantage de la forme
sphérique et que le sol est plus uni; c'est ainsi que le mouvement d'une bille lancée sur la glace bien unie peut persister
très longtemps.

5. Constitution des corps. — Molécules. — L'étude approfondie de quelques phénomènes physiques fait admettre
aujourd'hui que la matière qui constitue les corps n'est
pas continue. Ceux-ci seraient formés par la réunion d'un
très grand nombre de parties excessivement petites, que
l'on appelle des *molécules.* Les molécules qui forment un
même corps sont toutes semblables, et chacune d'elles
représente la plus petite partie du corps qui pourrait exister à l'état libre. Dans la pratique, on arrive, soit à pousser très loin la divisibilité de certains corps, soit à percevoir
des particules très ténues : c'est ainsi que l'on fabrique des
feuilles d'or dont il faut plus de 10 000 superposées pour
faire l'épaisseur d'un millimètre; que le microscope nous
montre, dans une goutte de sang, des globules solides dont
chaque centimètre cube de ce liquide contient plus de cinq

milliards; mais les molécules ont un degré de petitesse tel qu'elles échappent à nos instruments d'observation les plus perfectionnés.

Les molécules ne se touchent pas; elles sont séparées par des intervalles aussi petits qu'elles-mêmes, appelés *pores intermoléculaires*. Ces intervalles ne sont pas invariables; ils peuvent augmenter ou diminuer dans différentes circonstances, comme, par exemple, lorsqu'on chauffe un corps ou que l'on exerce une certaine pression à sa surface.

Une foule de faits conduisent à admettre l'existence des pores intermoléculaires. Si par exemple tous les corps diminuent plus ou moins de volume quand on exerce sur eux une pression suffisante, si un mélange d'eau et d'alcool occupe un volume plus petit que la somme des volumes de l'eau et de l'alcool séparés, ce ne peut être que parce que les molécules se sont simplement rapprochées, car autrement, il faudrait admettre qu'elles se sont pénétrées mutuellement pour occuper simultanément la même portion de l'espace, ce qui serait en contradiction avec le principe de l'impénétrabilité de la matière.

6. États physiques des corps. — La matière se présente à nous sous trois états physiques distincts : l'état solide, l'état liquide et l'état gazeux.

1° État solide. — Les corps solides ont un volume à peu près constant et une forme déterminée; leurs molécules s'attirent avec force et, pour les séparer, il faut exercer des efforts relativement considérables. *Ex. :* un fragment de soufre, un morceau de fer.

Les solides sont plus ou moins *compressibles*, c'est-à-dire que leur volume peut se réduire plus ou moins, sous l'effet d'une pression exercée à leur surface. Si cette pression n'est pas très grande, dès qu'elle cesse d'agir les molécules reviennent occuper leur position primitive; on donne à cette propriété le nom d'*élasticité*.

La pression qui agit à la surface du corps peut devenir suffisante pour que les molécules déplacées par cet effort ne puissent revenir à leur position primitive. Il y a alors déformation permanente du corps étudié, et l'on dit que sa *limite d'élasticité* a été dépassée. Dans les constructions bien établies, les efforts supportés par les différents matériaux mis en œuvre doivent, par mesure de sécurité, s'éloigner beaucoup de cette limite d'élasticité.

2° **État liquide** — Les corps liquides ont aussi un volume à peu près constant, mais l'attraction qui s'exerce entre leurs molécules est si faible que celles-ci peuvent glisser les unes sur les autres avec la plus grande facilité. Il en résulte que les liquides n'ont pas de forme propre, ils prennent celle du vase qui les contient et se terminent à la partie supérieure par une surface libre. *Ex. :* l'eau, le mercure.

La compressibilité des liquides est très faible, et ils reprennent exactement leur volume primitif dès que la pression à laquelle on les a soumis cesse d'agir; ils sont donc parfaitement élastiques.

3° **État gazeux.** — Les corps gazeux ou, plus simplement, les gaz n'ont ni volume ni forme déterminés; leurs molécules, au lieu de s'attirer, se repoussent et tendent à s'écarter les unes des autres, de manière à faire occuper au gaz le plus grand volume possible. On exprime ce fait en disant que les gaz sont *expansibles*.

Pour démontrer cette expansibilité, on place une vessie presque dégonflée et dont l'ouverture est solidement ficelée sous une cloche dont on peut enlever l'air à l'aide de la machine pneumatique (*fig.* 1); à mesure que l'air de la cloche se raréfie, la pression qu'il exerçait sur les parois de la vessie diminue de plus en plus, et on voit celle-ci se

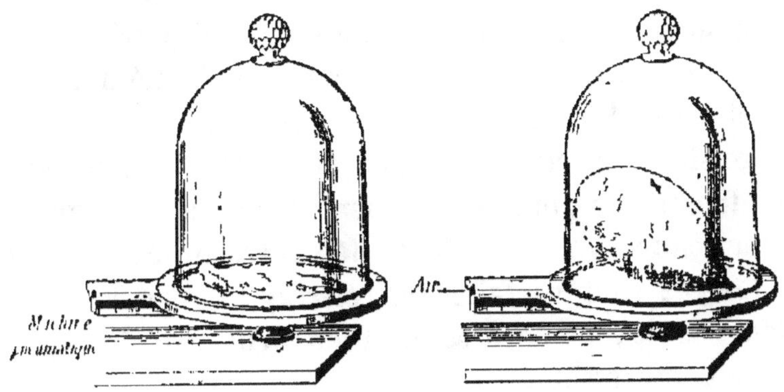

Fig 1. — Expansibilité des gaz.

gonfler complètement par suite de l'expansion de la petite quantité d'air qu'elle contenait. Si on laisse rentrer l'air sous la cloche, la vessie reprend son volume primitif.

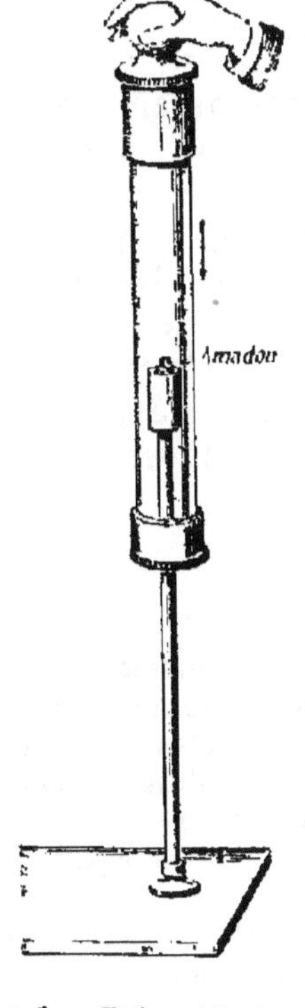

Fig 2. — Briquet à air.

De ce que les gaz sont ainsi expansibles, il résulte qu'ils exercent sur les parois de l'enveloppe qui les renferme un certain effort, une certaine pression. La pression exercée ainsi par un gaz sur chaque unité de surface des parois s'appelle la *force élastique* du gaz.

Enfin, à l'inverse des liquides, les gaz sont très compressibles. On le démontre avec le *briquet à air* (*fig.* 2). C'est un tube de verre à parois épaisses, solidement fixé dans deux garnitures métalliques ; une extrémité est fermée, par l'autre on peut introduire un piston qui, entrant dans le tube de verre à frottement doux, le ferme hermétiquement. L'appareil étant disposé verticalement, l'extrémité fermée en haut, on appuie sur cette dernière de manière à faire pénétrer le piston. A mesure que le volume de l'air enfermé diminue, on sent une résistance de plus en plus grande, et si la compression est effectuée brusquement, il se produit assez de chaleur pour enflammer un morceau d'amadou fixé au piston. Cette expérience démontre en même temps que les gaz sont parfaitement élastiques, car le piston revient de lui-même à sa position primitive dès qu'on cesse la compression.

REMARQUES. — 1° Entre les trois états physiques ainsi définis, on trouve tous les états intermédiaires : pâtes qui se déforment sous la moindre pression, sirops qui ne prennent que lentement la forme du vase qui les contient, etc. Nous verrons d'ailleurs que, sous l'effet d'une pression ou d'une variation de température, on peut généralement amener un même corps à se présenter successivement sous les trois états physiques.

2° Les solides sableux ou poudreux n'ont pas non plus de formes propres définies. On sait qu'un tas de sable ou de la terre fraîchement remuée s'éboulent avec formation de talus dont l'inclinaison varie suivant la nature du corps considéré; aussi la stabilité des tranchées et des remblais dépend-elle, jusqu'à un certain point, de la pente donnée à leurs talus.

RÉSUMÉ DU CHAPITRE I

Chaque fois qu'un corps manifeste une de ses propriétés, on dit qu'il se produit un *phénomène*. On distingue les phénomènes physiques et les phénomènes chimiques. Les premiers n'altèrent pas la nature des corps et ne leur font éprouver que des modifications passagères ; leur étude approfondie fait l'objet de la Physique. Les phénomènes chimiques changent au contraire la nature des corps ; c'est à la Chimie qu'appartient leur étude.

Les propriétés essentielles de la matière sont l'*étendue*, l'*impénétrabilité* et l'*inertie*. Cette dernière propriété appartient aussi bien aux corps qui sont en repos qu'à ceux qui sont en mouvement.

On admet que les corps sont formés par l'agglomération de particules très petites appelées *molécules*, toutes semblables entre elles et séparées par des intervalles très petits appelés *pores intermoléculaires*. Ces intervalles peuvent augmenter ou diminuer dans différentes circonstances, par exemple sous l'influence de la pression ou de la température.

Les corps peuvent exister sous trois états physiques. Les *solides* présentent une résistance plus ou moins grande à la rupture ; leur volume est à peu près constant et leur forme déterminée ; leur compressibilité est très variable ; enfin ils sont plus ou moins élastiques. Les *liquides* ont un volume à peu près constant aussi, mais ils prennent la forme du vase qui les contient ; leurs molécules glissent très facilement les unes sur les autres ; leur compressibilité est presque nulle ; ils sont parfaitement élastiques. Enfin les *gaz* remplissent toujours l'espace qui leur est offert et exercent sur l'enveloppe qui les renferme une certaine pression (force élastique des gaz) ; on exprime ce fait en disant qu'ils sont expansibles · les *gaz* sont de plus très compressibles et parfaitement élastiques.

CHAPITRE II

PREMIÈRES NOTIONS DE MÉCANIQUE PHYSIQUE

MOUVEMENTS

7. Définitions. — On dit qu'un corps est en mouvement quand sa distance à des objets que nous considérons comme fixes varie avec le temps. Tout corps qui est en mouvement prend le nom de *mobile*. L'inertie étant la seule propriété essentielle des corps qui intervienne dans l'étude des mouvements, on convient, pour simplifier cette étude, de considérer les mobiles comme réduits à de simples *points matériels*, c'est-à-dire à des corps de dimensions assez petites pour pouvoir être assimilés à des points géométriques.

On appelle *trajectoire* d'un mobile la ligne continue,

droite ou courbe, qu'il décrit pendant son mouvement.
La longueur de trajectoire comprise entre le mobile et son
point de départ représente l'*espace parcouru*. En Physique,
on évalue les espaces en *centimètres*; l'unité de temps est
la *seconde*. Nous n'étudierons pour le moment que les
mouvements rectilignes les plus simples.

Un mouvement peut être *uniforme* ou *varié*

8. Mouvement uniforme. — On appelle mouvement uniforme
un mouvement dans lequel le mobile parcourt des espaces égaux
dans des temps égaux. Ainsi un mobile qui parcourt 1^{cm}
pendant chaque seconde est animé d'un mouvement
uniforme. L'espace, toujours le même, parcouru ainsi
pendant chaque unité de temps se nomme la *vitesse* du
mobile (*fig.* 3).

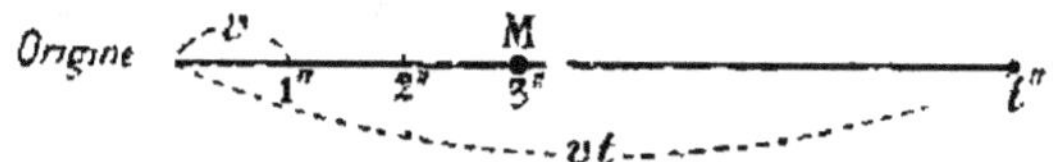

Fig 3. — Mouvement uniforme

Représentons par v la vitesse d'un mobile animé d'un
mouvement uniforme ; l'espace parcouru au bout d'une
seconde est v, par définition ; au bout de deux secondes,
il est $v \times 2$..., et au bout de t secondes, $v \times t$. Appelons e l'espace parcouru pendant ce temps t ; nous
aurons

$$e = vt.$$

Ainsi, dans un mouvement uniforme, l'espace est le produit de la vitesse par le temps. On peut dire aussi que *les
espaces sont proportionnels aux temps employés à les parcourir*.

Le mouvement uniforme est assez fréquent dans la nature. La lumière et le son se propagent d'un mouvement uniforme, la lumière avec une vitesse de $300\,000^{km}$ par seconde, le son avec une vitesse de 340^m par seconde dans l'air. Dans l'industrie, on cherche à donner aux outils mécaniques une vitesse constante afin d'obtenir un bon travail.

9. Mouvement uniformément accéléré. — Le mouvement uniformément accéléré est le plus simple des mouvements variés. On dit qu'un mouvement est uniformément accéléré quand la vitesse du mobile augmente de quantités égales dans des temps égaux. Soit un mobile dont la vitesse augmente de 1^{cm} pendant chaque seconde : il est animé d'un mouvement uniformément accéléré ; tel est encore le cas d'une pierre qui tomberait librement dans un espace privé d'air. La quantité constante dont la vitesse s'accroît par unité de temps s'appelle l'*accélération* ; on la représente souvent par la lettre grecque γ (gamma).

1° **Loi des vitesses.** — Considérons un mobile partant du repos et animé d'un mouvement uniformément accéléré Au bout d'une seconde, sa vitesse est γ, par définition ; au bout de deux secondes, elle est $\gamma \times 2\ldots$, et au bout de t secondes, $\gamma \times t$. On a donc, en représentant par v la vitesse au bout de ce temps t,

$$v = \gamma t,$$

c'est-à-dire que les *vitesses sont proportionnelles aux temps employés à les obtenir.*

2° **Loi des espaces** — Nous démontrerons plus tard

que l'espace parcouru par un mobile partant du repos et animé d'un mouvement uniformément accéléré est donné par l'équation

$$e = \frac{1}{2}\gamma t^2.$$

Cette équation exprime que l'espace parcouru est la moitié du produit de l'accélération par le carré du temps. On peut dire aussi que *les espaces sont proportionnels aux carrés des temps employés à les parcourir* (fig 4).

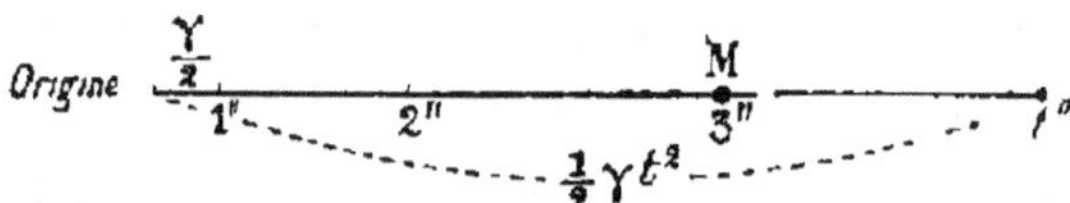

Fig. 4. — Mouvement uniformément accéléré.

Si l'on fait $t = 1$ dans l'équation précédente, on a $e = \frac{\gamma}{2}$, c'est-à-dire que l'espace parcouru pendant la première seconde représente la moitié de l'accélération.

Les corps qui tombent librement dans un espace vide d'air suivent les lois du mouvement uniformément accéléré.

FORCES

10 Définition. — On appelle force toute cause capable de modifier l'état de repos ou de mouvement d'un corps. Comme exemples de forces, on peut citer la *pesanteur*, force qui sollicite tous les corps à se mettre en mouvement vers la terre dès qu'ils ne sont plus soutenus, la *force musculaire* des animaux, la *force élastique* des gaz (6), etc.

11. Caractéristiques d'une force. — Pour qu'une force soit bien déterminée, il faut connaître :

1° *son point d'application*, c'est-à-dire le point du corps sur lequel elle agit directement;

2° *sa direction*, c'est-à-dire la droite suivant laquelle la force tend à entraîner son point d'application ;

3° *sa grandeur*, ou autrement dit son intensité.

12. Comparaison des forces entre elles. — On dit que deux forces sont d'égale intensité quand elles produisent les mêmes effets dans les mêmes circonstances. Ainsi deux forces sont égales si, appliquées en sens contraires au même point matériel, elles se font équilibre, c'est-à-dire ne communiquent à ce point aucun mouvement. Une force a une intensité double, triple, etc. de l'intensité d'une autre force, lorsqu'elle fait équilibre à 2, 3, ... forces égales à cette dernière, appliquées simultanément au même point et en sens contraire. D'après cela, on peut comparer les intensités des forces en choisissant une certaine force pour unité.

L'unité de force adoptée en Physique est une force très petite appelée *dyne* (d'un mot grec qui veut dire *force*). Dans la pratique, on emploie encore souvent le *kilogramme-poids*, qui est la force avec laquelle la pesanteur sollicite le kilogramme-étalon en platine conservé aux Archives nationales. Le kilogramme-poids varie légèrement d'un lieu à un autre ; à Paris, il vaut 981 000 dynes. On voit que la dyne équivaut à peu près au poids d'un milligramme.

Pour comparer les intensités des forces, on emploie des instruments appelés *dynamomètres*. Ils sont constitués essentiellement par des ressorts qui se déforment sous l'action des forces et reprennent leur position primitive quand celles-ci cessent d'agir. Le dynamomètre le plus simple est le peson à ressort courbe.

Il se compose d'un ressort d'acier recourbé en son milieu (*fig. 5*). A chaque branche est soudé un arc de cercle qui traverse librement l'autre branche ; l'arc qui traverse la branche supérieure se termine par un anneau ; l'arc qui traverse la branche inférieure se termine par un crochet. Pour graduer l'instrument, on soutient l'anneau par un point fixe, puis on suspend successivement au crochet 1, 2, 3, ... unités de force (kilogrammes-poids si l'on veut graduer en kilogrammes) et on marque 1, 2, 3, ... aux points où s'arrête

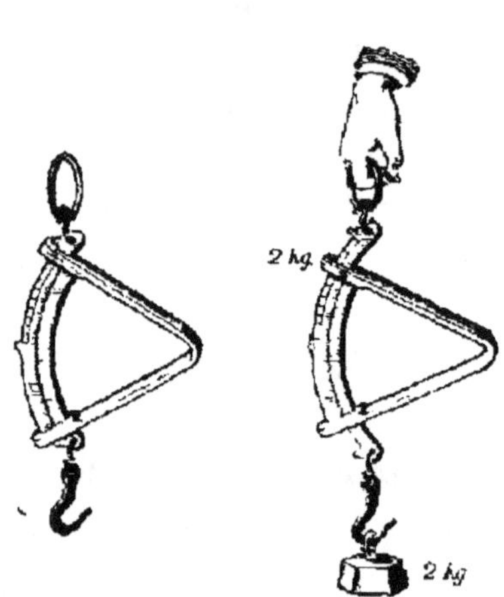

Fig 5. — Peson à ressort courbe

la branche supérieure sous ces différentes charges. Une force inconnue, appliquée à un peson ainsi gradué et produisant le rapprochement des branches jusqu'à la division 3, par exemple, aura une intensité égale à 3 unités de force.

13. Représentation graphique des forces. — Il est commode, pour étudier les effets des forces, de représenter graphiquement celles-ci par des lignes droites. Étant donnée une force, on mène par son

Fig 6. — Représentation graphique d'une force.

point d'application une droite de même direction ; sur cette droite, et à partir du point d'application, on prend autant d'unités de longueur que la force contient d'unités de force (*fig. 6*), et enfin on indique le sens de l'action par une flèche.

14. Composition des forces. -- Quand plusieurs forces
sont appliquées à un même point matériel, il est généralement possible de les remplacer par une force unique qui,
agissant seule sur le point matériel, produirait le même
effet que ces forces réunies. Toutes les fois qu'une force
peut ainsi en remplacer plusieurs autres, elle prend le
nom de *résultante*, et ces dernières le nom de *composantes*.
Nous n'examinerons que les cas les plus simples de la
composition des forces.

1° **Forces** concourantes. -- Les forces sont dites concourantes lorsqu'elles ont même point d'application.

Deux forces de même sens agissant sur un même point
matériel ont une résultante égale à leur somme ; deux forces
de sens contraires et d'intensités différentes agissant sur
un même point matériel ont une résultante égale à leur
différence et dirigée dans le sens de la plus grande.

Deux forces faisant entre elles un certain angle ont une
résultante représentée en direction et en intensité par la
diagonale du parallélogramme construit sur ces deux
forces. — Soit un point maté-
riel O, sollicité simultanément
par les deux forces OF et OF'
(*fig*. 7) ; de l'extrémité F menons une parallèle à la force
OF' ; de l'extrémité F' menons
une parallèle à la force OF : la
diagonale OR du parallélogramme ainsi construit repré-

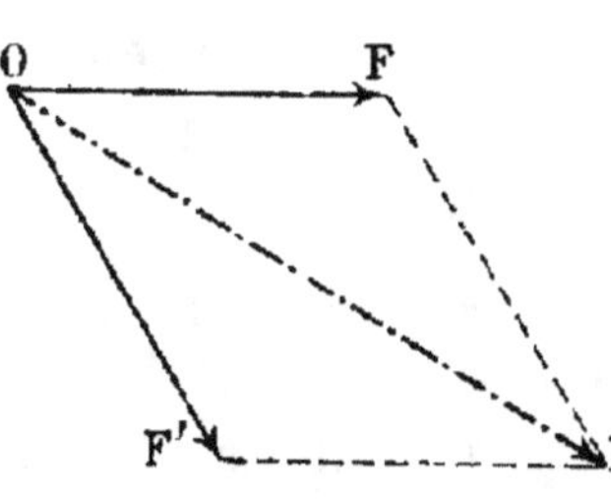

Fig. 7 — Parallélogramme
des forces

sente en direction et en intensité la résultante des forces
OF et OF'. Cette résultante est d'autant plus grande que
l'angle des deux forces est plus petit. La règle précédente

est souvent appliquée en Physique ; elle porte le nom de *règle du parallélogramme des forces*.

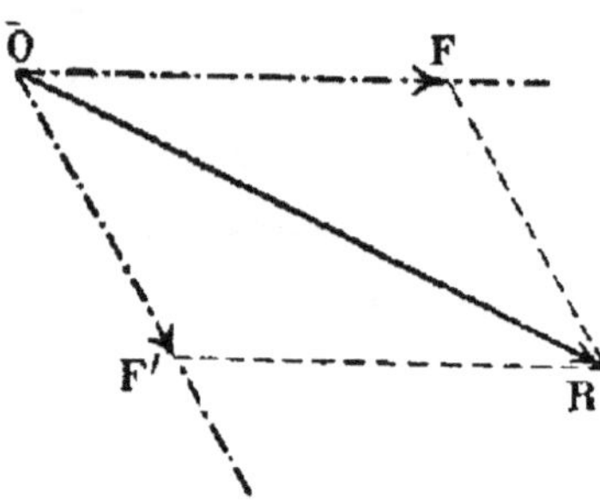

Fig. 8. — Réciproque du parallélogramme des forces

Réciproquement, étant donnée une force OR, on peut la décomposer en deux forces concourantes, dont les directions seules, par exemple, sont données (*fig.* 8). Il suffit de mener par l'extrémité R une parallèle à chacune de ces directions ; les points F et F′ où celles-ci sont coupées par les parallèles déterminent les grandeurs OF et OF′ des composantes.

2° Forces parallèles. — Le cas le plus simple est celui de deux forces parallèles et de même sens.

La résultante de deux forces parallèles et de même sens

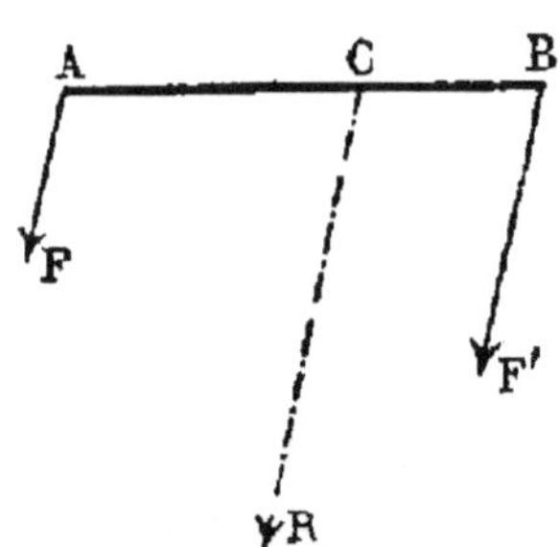

Fig 9. — Composition de deux forces parallèles.

est égale à leur somme ; elle est dirigée dans le même sens, et son point d'application, situé sur la droite qui joint les points d'application des deux forces, divise cette droite en deux parties inversement proportionnelles aux intensités de ces forces. — Soient deux forces parallèles F et F′, appliquées aux points A et B, dont la distance est supposée invariable, R leur résultante (*fig.* 9) ; on doit avoir

$$R = F + F'$$

et
$$\frac{AC}{BC} = \frac{F'}{F}.$$
(1)

Cette règle est générale et peut être appliquée à un nombre quelconque de forces parallèles et de même sens. Considérons un certain nombre de forces parallèles, F, F', F", F"'. appliquées en des points A, B, D E d'un corps solide (*fig*. 10).

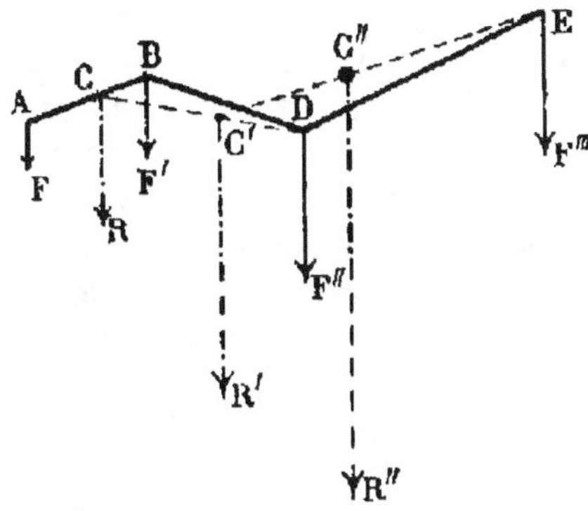

Fig. 10 — Centre des forces parallèles

Les deux forces F et F' peuvent être remplacées par une résultante R, dont le point d'application satisfait à la relation (1) Joignons C et D ; la résultante R et la force F" donnent une deuxième résultante, R'. Enfin cette dernière et la force F"', combinées toujours d'après la même règle, donnent une résultante finale R", égale à la somme de toutes les forces parallèles. Le point d'application C" de la résultante finale s'appelle *centre des forces parallèles* ; il jouit d'une propriété importante : si la direction commune de toutes les forces vient à changer, le centre des forces parallèles conserve la même position, pourvu que ces forces conservent leurs intensités et restent appliquées aux mêmes points.

PREMIÈRES NOTIONS DE DYNAMIQUE

15. Principes fondamentaux. — La Dynamique est la partie de la Mécanique qui a trait à l'étude des relations existant entre les forces et les mouvements qu'elles produisent. Elle repose sur un certain nombre de principes fondamentaux que l'on a déduits de l'observation des phénomènes naturels et dont on vérifie les conséquences par l'expérience.

Principe de l'inertie. — Ce principe, que nous avons déjà posé (4), s'énonce avec plus de précision de la manière suivante : tout corps qui est en repos reste dans cette position jusqu'à ce qu'il soit soumis à l'action d'une force ; tout corps qui est en mouvement et qui n'est sollicité par aucune force est animé d'un mouvement rectiligne et uniforme.

Principe de la réaction. — La réaction est égale à l'action ou, en d'autres termes, une action quelconque exercée par une force provoque une réaction égale et de sens contraire. Nous aurons occasion de vérifier ce principe en Physique. La réaction exercée par le fer sur l'aimant et par l'eau sur les appareils de propulsion des navires, le recul des armes à feu, etc., sont des conséquences du principe de la réaction.

Principe de l'indépendance des effets des forces. — L'effet produit par une force sur un point matériel est le même, que le point matériel soit en repos ou qu'il soit déjà en mouvement. Voici une conséquence de ce principe : quand une force constante, c'est-à-dire une force qui conserve toujours la même direction et la même intensité, agit sur un point matériel préalablement en repos, elle lui communique un mouvement rectiligne uniformément accéléré ; de plus, si, à un moment donné, cette force cesse d'agir, le mobile continue à se mouvoir, mais son mouvement devient uniforme.

16. Proportionnalité des forces aux accélérations. — Nous démontrerons plus tard que plusieurs forces constantes $F, F', F'', \ldots$, appliquées successivement à un même point matériel, sont proportionnelles aux accélérations $\gamma, \gamma', \gamma'', \ldots$ qu'elles lui impriment, de telle sorte que l'on peut écrire

$$\frac{F}{F'} = \frac{\gamma}{\gamma'} ; \qquad \frac{F'}{F''} = \frac{\gamma'}{\gamma''} ; \qquad \frac{F}{F''} = \frac{\gamma}{\gamma''} ; \ldots$$

Ces rapports peuvent être mis sous la forme

$$\frac{F}{\gamma} = \frac{F'}{\gamma'} = \frac{F''}{\gamma''} = \ldots$$

Donc lorsque plusieurs forces constantes agissent successivement sur un même point matériel, il y a un rapport constant entre chaque force et l'accélération qu'elle imprime à ce point.

REMARQUE. — La proportionnalité des forces aux accélérations, ainsi que les principes fondamentaux de la Dynamique, s'appliquent encore si, au lieu de considérer un point matériel, on considère un corps de dimensions quelconques, à condition toutefois que les accélérations des divers points de ce corps soient toujours les mêmes au même instant.

17. Masse d'un corps. — On appelle masse d'un corps, le rapport qui existe entre une force constante quelconque agissant sur ce corps et l'accélération qu'elle lui imprime. Ce rapport étant toujours le même pour un même corps, comme nous venons de le voir, la masse d'un corps est une quantité invariable, qui le caractérise au point de vue mécanique. Si une même force, appliquée successivement à deux corps différents, leur imprime des accélérations égales, on dit que ces deux corps ont la même masse ; si elle imprime au second corps une accélération double, triple, etc. de l'accélération imprimée au premier, ce second corps a une masse égale à la moitié, au tiers, etc. de la masse du premier. En somme, la masse d'un corps représente en quelque sorte sa résistance au mouvement ; elle dépend essentiellement de la quantité de matière qu'il contient et ne peut varier que si le corps gagne ou perd de la matière, c'est-à-dire s'il ne reste plus le même.

Pour déterminer la masse d'un corps, on cherche, à l'aide de la balance, combien cette masse renferme de fois une masse choisie comme unité. L'unité de masse est le *gramme-masse* ou la masse du gramme, représentant la millième partie de la masse du kilogramme-étalon en platine déposé aux Archives.

REMARQUE. — Dans le langage courant, on confond généralement la masse d'un corps avec son poids. Ces deux termes ne sont cependant pas synonymes. Le poids d'un corps représente la force avec laquelle il est sollicité par la pesanteur ; il varie légèrement, comme nous le verrons, d'un endroit à un autre. La pesanteur étant une force constante pour un même lieu, on peut prendre pour valeur de la masse d'un corps le rapport entre son poids P et l'accélération g que lui imprime ce poids (16). On aura donc

$$\frac{P}{g} = M,$$

d'où
$$P = Mg,$$

c'est-à-dire que le poids d'un corps est proportionnel à sa masse. Le poids et l'accélération g varient tous deux quand on passe d'un lieu à un autre, mais leur rapport restant constant, la masse d'un corps est une quantité constante en tous les points du globe.

18. Premières notions sur le travail des forces. — On dit qu'une force travaille quand elle imprime un déplacement quelconque à son point d'application. Ainsi un poids qui tombe, une grue qui soulève un fardeau, un cheval qui tire une voiture, produisent du travail.

‘ Le travail d'une force dépend à la fois de l'intensité de la force et du chemin parcouru par son point d'application : si un poids d'un kilogramme tombe d'une hauteur d'un mètre, il produit un certain travail ; si le même poids tombe de deux mètres, il produit un travail double, et il en serait de même d'un poids de deux kilogrammes tombant d'un mètre.

L'unité de travail adoptée en Physique est très petite ; on l'appelle *erg* (du grec *ergon*, travail). Dans la pratique, le poids du kilogramme étant habituellement l'unité de force, et le mètre l'unité de longueur, l'unité de travail est le *kilogrammètre*, c'est-à-dire le travail produit par un poids de 1^{kg} tombant d'une hauteur d'un mètre. Le kilogrammètre vaut 98 100 000 ergs.

Le cas le plus simple de l'évaluation du travail est celui *d'une force constante qui déplace son point d'application dans sa propre direction* : le travail est alors le produit de l'intensité de la force par le chemin parcouru. Soit une force constante d'intensité F, appliquée au point O (*fig. 11*); si elle imprime à ce point un déplacement OO' = e dans sa propre direction, on a, en représentant, comme on le fait souvent, le travail accompli par W (initiale du mot anglais *work*, travail),

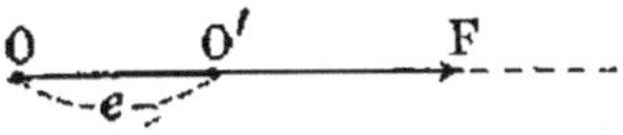

Fig 11 — Évaluation du travail d'une force constante.

$$W = F \times e.$$

Si, dans la formule précédente, F est évalué en dynes et e en centimètres, le travail sera exprimé en ergs ; si, au contraire, F est évalué en kilogrammes et e en mètres, le travail sera exprimé en kilogrammètres.

RÉSUMÉ DU CHAPITRE II

Tout corps en mouvement est appelé *mobile*; la ligne continue qu'il décrit est sa *trajectoire*; la portion de trajectoire comprise entre le mobile et son point de départ représente l'espace parcouru. En Physique, les espaces s'évaluent en centimètres.

Le mouvement d'un mobile est *uniforme* quand il parcourt des espaces égaux dans des temps égaux. La vitesse du mobile est la longueur constante qu'il parcourt pendant chaque unité de temps. La formule générale du mouvement uniforme est $e = vt$; elle exprime que l'espace parcouru augmente proportionnellement au temps.

Le mouvement *uniformément accéléré* est celui dans lequel la vitesse du mobile augmente d'une quantité constante pendant chaque unité de temps. Cette quantité s'appelle l'accélération. Si le mobile part du repos, on a les formules générales $v = \gamma t$ et $e = \frac{1}{2}\gamma t^2$, c'est-à-dire que les vitesses sont proportionnelles aux temps et les espaces proportionnels aux carrés des temps.

Une *force* est toute cause capable de modifier l'état de repos ou de mouvement d'un corps; elle est caractérisée par son point d'application, sa direction et son intensité. On mesure les forces en cherchant, à l'aide des dynamomètres, combien de fois elles contiennent une force choisie comme unité. L'unité de force employée en Physique est la *dyne*; dans la pratique, on emploie encore souvent le kilogramme-poids.

Etant données plusieurs forces appliquées à un même point matériel, il est généralement possible de les remplacer par une résultante qui, à elle seule, produirait le même effet que toutes ces forces réunies. Quand celles-ci sont *concourantes*, le cas le plus intéressant est celui de deux forces faisant un certain angle : la résultante est représentée en direction et en intensité par la diagonale du parallélogramme construit sur les deux forces. Quand deux forces sont *parallèles* et de même sens, la résultante est égale à leur somme et son point d'application divise la droite qui joint les points d'application des deux forces en deux segments inversement proportionnels aux intensités de ces forces. Cette règle s'applique à un nombre quelconque de forces parallèles et de même sens appliquées à un corps solide : le point d'application de la résultante finale s'appelle *centre des forces parallèles*.

La Dynamique est l'étude des effets produits par les forces; elle repose sur quelques principes généraux déduits de l'observation : principe de l'inertie, principe de la réaction égale à l'action, principe de l'indépendance des effets des forces. Lorsque plusieurs forces constantes agissent successivement sur un même corps, il y a un rapport constant entre chaque force et l'accélération communiquée. Ce rapport caractéristique du corps représente sa *masse*; il dépend essentiellement de la quantité de matière que le corps contient. L'unité employée pour déterminer les masses des corps est le *gramme-masse*.

Une force qui déplace son point d'application produit du travail mécanique. L'unité de travail est l'*erg*; mais son emploi n'a pas encore prévalu dans la pratique, où l'on prend le kilogrammètre : c'est le travail nécessaire pour soulever un poids de 1^{kg} à 1^m de hauteur. Quand une force constante déplace son point d'application dans sa propre direction, le travail accompli est le produit de l'intensité de la force par le chemin parcouru.

EXERCICES SUR LE CHAPITRE II

1. Un vaisseau est animé d'un mouvement uniforme avec une vitesse de 6^m,25 par seconde. Quel temps, évalué en secondes, mettra-t-il pour parcourir 5 milles marins? Le mille marin vaut 1852^m,3.

2. Un corps partant du repos a parcouru 1000^m d'un mouvement uniformément accéléré. Sachant que l'accélération était égale à 25^{cm}, on demande combien de secondes a duré le mouvement et quelle vitesse avait le corps au bout de sa course.

3. Deux forces parallèles et de même sens sont appliquées en deux points invariablement liés et distants de 25^{cm}; l'une des forces, évaluée en dynes, vaut 5000 dynes; l'autre force, évaluée en kilogrammes, vaut 0^{kg},200. Trouver l'intensité de la résultante et son point d'application.

4. Une force constante équivalant au poids de 5^{kg} déplace son point d'application de 50^{cm} dans sa propre direction. Quel est le travail produit? On évaluera le travail en kilogrammètres et aussi en ergs.

PESANTEUR

CHAPITRE III

NOTIONS GÉNÉRALES SUR LA PESANTEUR

19. Définition de la pesanteur. — On donne le nom de pesanteur à la force qui tend à entraîner tous les corps vers le centre de la Terre.

Tous les corps solides et liquides, portés à une certaine hauteur et abandonnés à eux-mêmes, tombent à la surface du sol ; placés sur un support, ils exercent sur ce support une certaine pression ; on dit qu'ils sont *pesants*. Les gaz sont également des corps pesants, et si la plupart des gaz, si la fumée, les aérostats, s'élèvent, si les nuages se maintiennent dans l'atmosphère, cela est dû à ce que l'air, qui est lui-même pesant, exerce sur tous ces corps une poussée de bas en haut supérieure à l'action de la pesanteur : ils ne s'élèvent donc que par suite de la différence entre ces deux actions contraires, et on peut en conclure que si l'air n'existait pas, ils tomberaient aussi.

La pesanteur étant une force, il faut, pour qu'elle soit bien définie, connaître : 1° sa direction ; 2° son intensité ; 3° son point d'application.

20. Direction de la pesanteur. — Fil à plomb — La direction de la pesanteur en un lieu quelconque se nomme la verticale ; elle est normale (c'est-à-dire perpendiculaire) à la surface des liquides en équilibre.

Pour déterminer la direction de la pesanteur, on se sert du *fil à plomb*. Il se compose d'un fil parfaitement flexible auquel est suspendu un corps un peu lourd comme une balle de plomb ou une masse cylindro-conique en laiton (*fig.* 12). Le fil est tenu à la main ou soutenu par un objet fixe. Dès qu'il est abandonné à lui-même il se tend sous l'influence de la pesanteur, et comme sa tension fait équilibre à cette dernière force, il a nécessairement la même direction quand il est en repos.

Fig. 12.
Fil à plomb.

La direction de la pesanteur est caractérisée par deux propriétés importantes : 1° *elle est la même, dans un même lieu, pour tous les corps* ; en effet, si l'on dispose les uns à côté des autres plusieurs fils qui soutiennent des substances différentes, on constate que leurs directions sont parallèles quand ils sont en équilibre ; 2° *elle est perpendiculaire à la surface des liquides en équilibre.* Pour le démontrer très approximativement, on dispose un fil à plomb au-dessus d'un cristallisoir contenant de l'eau et on fait plonger la masse suspendue au fil (*fig.* 13). Quand celui-ci est en équilibre, on en approche jusqu'au contact une équerre dont le petit côté s'applique sur la surface de l'eau et on constate alors que le fil suit

Fig. 13. — Direction de la verticale par rapport à un liquide en équilibre.

exactement la direction du grand côté de l'angle droit.

REMARQUES. — 1° Il résulte de cette dernière expérience que la surface libre d'un liquide en équilibre est un plan horizontal. En réalité, il n'en est plus ainsi lorsque cette surface est un peu considérable, comme celle d'un océan, par exemple. La Terre étant sensiblement sphérique, la surface d'une grande étendue d'eau est une courbe de même forme ; par suite, les directions de la pesanteur ou, autrement dit, les verticales, qui sont en chaque point perpendiculaires à la surface de l'eau, ne sont plus parallèles : elles sont les prolongements des rayons terrestres et passent par le centre de la Terre (*fig.* 14). Dans la pratique, quand deux points ne sont pas très éloignés on peut, à cause de la petitesse de l'angle formé, considérer les verticales qui passent par ces points comme sensiblement parallèles.

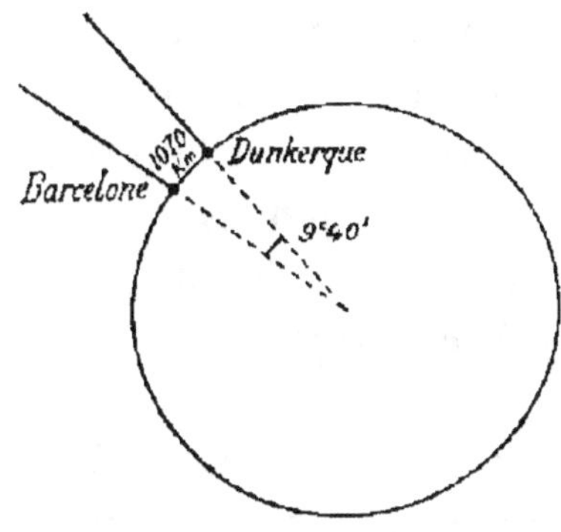

Fig. 14 — Angle des verticales de Dunkerque et de Barcelone.

2° La propriété du fil à plomb d'indiquer la verticale le fait employer en maçonnerie pour vérifier si un mur est

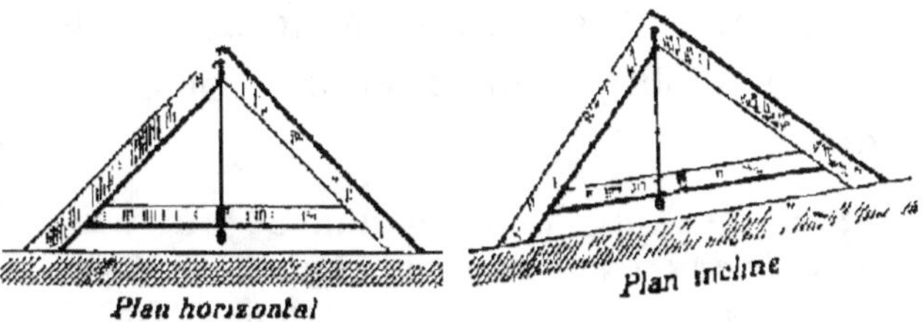

Fig 15 — Niveau de maçon

vertical ou si un plan est horizontal. Pour ce dernier usage, on emploie le *niveau de maçon* (*fig.* 15). Il est formé de deux barres de bois portant un fil à plomb suspendu au sommet de l'angle qu'elles forment : le plan est horizontal quand le fil recouvre une ligne verticale (ligne de foi) tracée sur une barre transversale.

21. Intensité de la pesanteur. — Poids. — On appelle poids d'un corps l'intensité de la résultante de toutes les actions exercées par la pesanteur sur ce corps.

Quand un corps est divisé en fragments, chaque fragment, si petit qu'il soit, tombe aussi bien que le corps lui-même ; on en conclut que la pesanteur agit sur toutes les molécules dont le corps est formé. Chaque molécule est le point d'application d'une petite force verticale dirigée de haut en bas, et comme toutes ces forces peuvent être considérées comme parallèles à cause de la faible distance de leurs points d'application, leur résultante est dirigée dans le même sens et est égale à leur somme (14). L'intensité de cette résultante est le *poids* du corps ; on l'évalue en unités de force, c'est-à-dire en *dynes* (12).

En résumé, quand on étudie les actions exercées par la pesanteur sur un corps solide quelconque, on peut toujours considérer ces actions comme produites par une force unique dirigée de haut en bas et dont l'intensité représente le poids du corps. La même considération s'applique aux liquides et aux gaz en équilibre, car tout se passe comme si les molécules étaient invariablement liées entre elles, et alors la règle de la composition des forces parallèles est applicable.

En Physique, on appelle spécialement intensité de la pesanteur le *poids de l'unité de masse*. Faisons $M = 1$ dans la formule $P = Mg$ (17) ; nous aurons $P = g$, c'est-à-dire que l'intensité de la pesanteur est représentée par le même nombre que l'accélération g ; aussi appelle-t-on souvent cette dernière *intensité de la pesanteur*.

22. Centre de gravité. — Le centre de gravité d'un corps est le point d'application de la résultante de toutes les actions exercées par la pesanteur sur ce corps. C'est un centre des forces parallèles(14); il possède donc la propriété importante de conserver la même position quelle que soit l'orientation du corps par rapport à la verticale.

I. Position du centre de gravité. — La position du centre de gravité se détermine facilement quand le corps est homogène, c'est-à-dire quand la matière dont il est formé est répartie d'une manière uniforme. Si la forme du corps est géométrique, c'est une question de raisonnement ou de calcul. On trouve ainsi, par exemple, que le centre de gravité est placé :

Pour une *sphère*, en son centre ;

Pour un *cylindre à base circulaire*, au milieu de la droite qui joint les centres des deux bases ;

Pour un *cône à base circulaire*, sur l'axe, aux trois quarts de cet axe à partir du sommet.

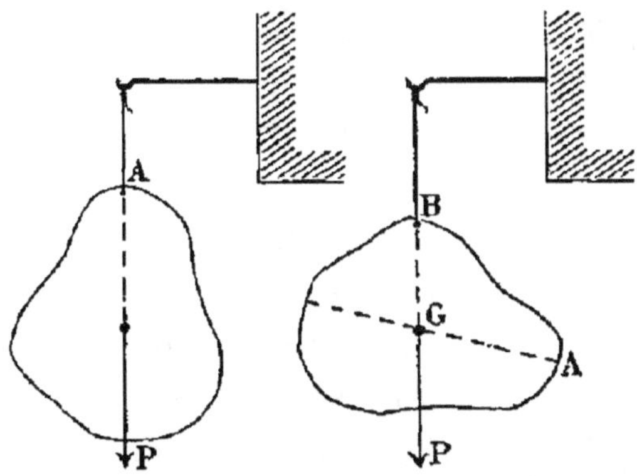

Fig. 16 — Détermination expérimentale du centre de gravité.

Si le corps n'est pas limité par une surface géométrique, on détermine approximativement la position de son centre de gravité par l'expérience. Prenons le cas d'un corps peu volumineux ; suspendons-le par un point **A** de son contour à l'aide d'un fil suffisamment résistant (*fig.* 16). Quand l'équilibre est atteint, le fil est vertical et sa direction prolongée passe par le centre de gravité. Suspendons maintenant le même corps par un autre point, **B**, de manière à obtenir une seconde direction contenant encore le centre de gravité. Celui-ci se trouvera nécessairement à l'intersection de ces deux directions.

Le centre de gravité ne fait pas nécessairement partie du corps ; c'est ainsi, par exemple, que le centre de gravité d'un anneau est en son centre. Si l'on veut alors remplacer toutes les actions résultant de la pesanteur par une force unique appliquée en ce point, il faut le supposer invariablement lié à l'anneau.

II. Équilibre d'un corps mobile autour d'un axe horizontal. — Pour qu'un corps solide mobile autour d'un axe horizontal soit en équilibre, il faut que la verticale qui passe par son centre de gravité rencontre l'axe. Cette condition étant remplie, l'équilibre peut être stable, instable ou indifférent.

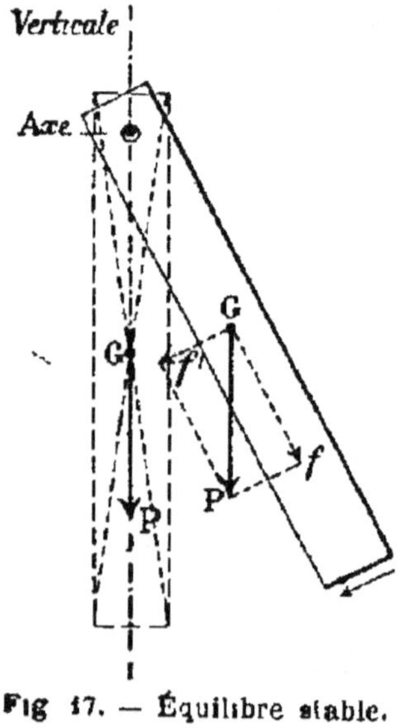

L'équilibre est *stable* quand le centre de gravité est au-dessous de l'axe. Dans ce cas, le corps étant écarté de sa position d'équilibre puis abandonné à lui-même, y revient après quelques oscillations. Comme exemples d'équilibre stable, on peut citer le fil à plomb, un pendule d'horloge, une règle plate à dessin soutenue à sa partie supérieure (*fig.* 17). On voit sur la figure que si cette règle est écartée de sa position d'équilibre, elle y reviendra d'elle-même ; en effet, son poids P peut être

Fig 17. — Équilibre stable.

décomposé en deux forces (14), dont l'une, *f*, est détruite par la résistance de l'axe, mais dont l'autre, *f'*, tend à ramener la règle à sa position primitive.

L'équilibre est *instable* quand le centre de gravité est au-dessus de l'axe. Un corps en équilibre instable, même très peu écarté de sa position d'équilibre, tend à s'en éloigner de plus en plus ; tel serait le cas de la règle précédente dont l'axe de suspension traverserait la partie inférieure (*fig.* 18).

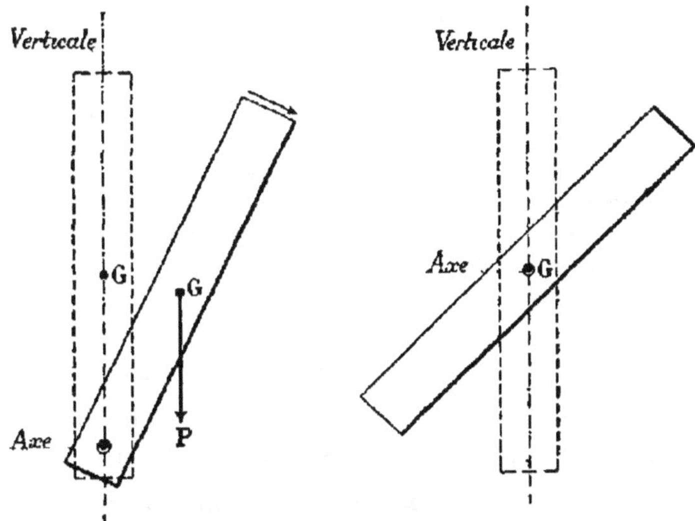

Fig. 18. — Équilibre instable.   Fig. 19. — Équilibre indifferent.

Enfin l'équilibre est *indifférent* quand le centre de gravité est sur l'axe. Le corps est alors en équilibre dans toutes les positions qu'on lui fait prendre. L'équilibre d'une meule montée sur un axe, des poulies des arbres de transmission, des volants des machines à vapeur est indifférent ; il en est de même de l'équilibre d'une règle plate soutenue par un axe passant par le point d'intersection de ses diagonales (*fig.* 19).

**III. Équilibre d'un corps reposant sur un plan hori-
zontal.** — Quand le corps n'a qu'un seul point d'appui, il
faut, pour qu'il y ait équilibre, que la verticale qui passe
par son centre de gravité passe en même temps par ce
point d'appui. S'il y a plusieurs points d'appui, cette verticale doit passer à l'intérieur de la *base de sustentation.*
On appelle ainsi la figure, — ordinairement un polygone,
— que l'on obtient en joignant tous les points d'appui.

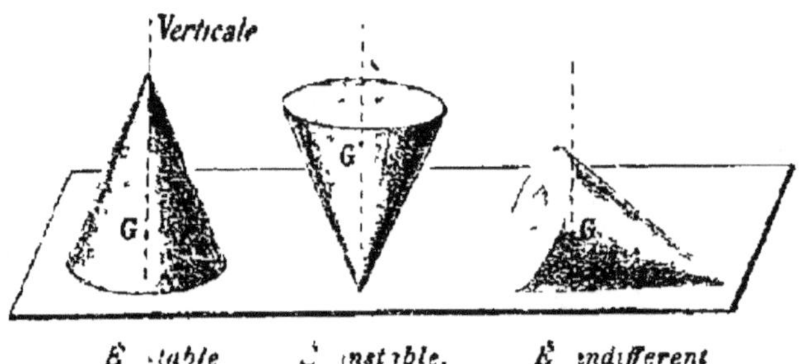

Fig. 20 — Équilibre d'un cone reposant sur un plan horizontal

On distingue toujours les trois genres d'équilibre (*fig.* 20) :
équilibre stable (équilibre d'une table, d'une voiture, d'un
cône reposant sur sa base) ; équilibre instable (équilibre
d'une règle maintenue verticalement sur l'extrémité du
doigt, d'un cône s'appuyant verticalement sur sa pointe) ;
équilibre indifférent (équilibre d'une sphère, équilibre
d'un cône ou d'un cylindre roulant sur leurs génératrices).
En général, l'équilibre est d'autant plus stable que le centre
de gravité est situé plus bas.

IV. Applications. — L'influence de la position du centre
de gravité sur la stabilité des différents corps a de nombreuses
applications.

Dans la locomotion, nous manœuvrons instinctivement
pour que la verticale passant par notre centre de gravité
rencontre toujours le sol à l'intérieur de la base de sustentation formée avec les contours extérieurs des pieds ; c'est

pour cela que nous nous penchons en avant pour monter
une pente raide, que nous nous penchons au contraire en
arrière pour la descendre. Un homme qui porte un fardeau
sur le dos doit se pencher en avant pour ramener dans la base de
sustentation la verticale qui passe par le centre de gravité
commun au corps et au fardeau ; un homme qui porte un
fardeau d'une main doit pencher le corps du côté opposé
pour la même raison. Un danseur de corde prend un balancier qu'il incline à droite ou à gauche de manière à maintenir le centre de gravité dans le plan vertical qui passe par la
corde.

La stabilité des voitures, des navires, etc. est d'autant plus
grande que le centre de gravité est placé plus bas ; aussi
lorsqu'on les charge, dispose-t-on au fond les objets les plus
lourds formant *lest*.

Les vieux bâtiments, les cheminées d'usine, etc. restent
stables tant que la verticale passant par le centre de gravité
tombe dans la base qui les supporte. Dans la célèbre tour
penchée de Pise, cette verticale est loin de tomber en dehors,
malgré l'inclinaison de la tour.

Fig. 21 — Expérience d'équilibre

Enfin une foule d'expériences et de jouets sont une application des conditions d'équilibre que nous avons énumé-
rées plus haut. Nous citerons notamment : l'équilibre d'une
pièce de monnaie soutenue par deux fourchettes sur la
pointe d'une aiguille ou sur le bord d'un verre (*fig.* 21) ;

les poussahs, sorte de poupées rondes à la base et chargées inférieurement de plomb, les bouteilles inversables (*fig.* 22).

Fig 22. — Bouteille inversable

23. Premières notions sur la chute des corps. —Quand un corps tombe, il est soumis à deux forces : 1° son *poids*, qui l'entraîne de haut en bas; 2° la *résistance de l'air*, qui agit en sens contraire (3). Cette dernière force varie considérablement avec la surface du corps, avec sa vitesse, etc.; par suite, si l'on veut étudier l'effet produit sur le corps par son poids seul, il faut éliminer la résistance de l'air, en opérant dans un espace qui en soit privé. Dans ces conditions, l'expérience conduit à deux lois appelées *lois de la chute des corps*, et applicables aux **corps qui** tombent dans le vide.

1re Loi : Tous les corps tombent également vite. — On le démontre, pour les solides, par le tube de Newton, et pour les liquides, par le marteau d'eau.

Le *tube de Newton* est un long tube en cristal contenant des corps de nature très diverse : moelle de sureau, fragments de papier, grains de plomb, etc. (*fig.* 23). Une extrémité est complètement fermée ; l'autre est munie d'une monture à robinet. Après avoir vissé cette monture sur le raccord d'une machine pneumatique, on raréfie l'air le plus

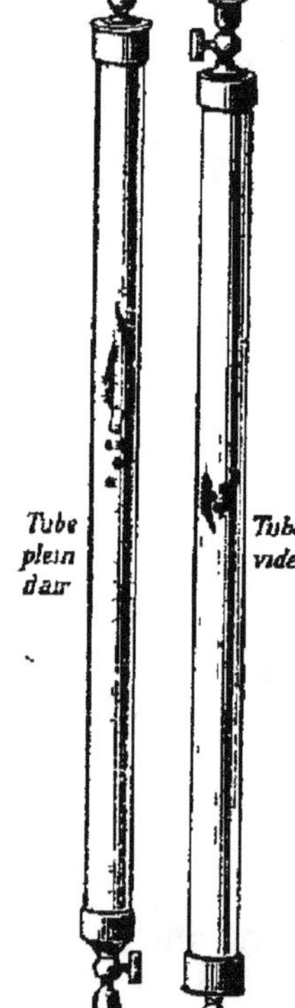

Fig 23 — Tube de Newton.

possible, puis on ferme le robinet et on dévisse le tube. Si on le retourne alors brusquement, **on voit les différents corps arriver en même temps au fond du tube. En laissant rentrer l'air progressivement, on remarque que la différence entre les durées de chute devient d'autant plus grande que la quantité d'air rentrée est plus considérable.**

Le *marteau d'eau* montre que, dans un espace privé d'air, les liquides tombent en masse et non en gouttelettes comme dans l'air. C'est un tube de verre assez gros, à demi plein d'eau, qu'on a fermé à la lampe après en avoir chassé l'air par ébullition (*fig.* 24). Quand on le retourne brusquement, l'eau tombe sans se diviser et rend un son sec, comparable à celui d'une masse solide qui viendrait frapper le fond du tube.

Fig 24.
Marteau d'eau

2° Loi : Le mouvement est uniformément accéléré. — Cette loi sera démontrée expérimentalement dans le tome III; nous nous contenterons pour le moment d'en donner les conséquences. On sait que, dans un mouvement uniformément accéléré, *les vitesses acquises croissent proportionnellement aux temps* et *les espaces parcourus proportionnellement aux carrés des temps*; on pourra donc, quand un corps tombe librement, abstraction faite de la résistance de l'air, appliquer les formules $v = gt$ et $e = \dfrac{1}{2} gt^2$, g représentant l'accélération imprimée par la pesanteur.

24. Origine de la pesanteur. — La pesanteur n'est qu'un cas particulier de l'attraction universelle. Newton a démontré qu'entre deux corps quelconques s'exerce une attraction proportionnelle au produit de leurs masses et inversement proportionnelle au carré de leur distance. La Terre agit sur tous les corps extérieurs à peu près comme si toute sa masse était concentrée en son centre ; c'est là en effet qu'aboutissent toutes les verticales ou directions suivant lesquelles s'exerce la pesanteur. Si la Terre était immobile et parfaitement sphérique, l'accélération g imprimée par la pesanteur serait la même sur toute la surface du globe ; mais à cause du mouvement de rotation et de l'aplatissement, cette accélération varie légèrement avec la latitude : elle est, environ, de 978^{cm} à l'équateur, 981^{cm} à Paris, 983^{cm} dans le voisinage des pôles. De plus, elle doit diminuer à mesure que l'altitude augmente, car plus un corps s'élève, plus il s'éloigne du centre d'attraction ; cependant dans les limites où nous étudions habituellement la chute des corps, la variation est si faible qu'on peut considérer en un lieu donné la pesanteur comme une force constante, non seulement en direction, mais en intensité.

RÉSUMÉ DU CHAPITRE III

La pesanteur est la force qui sollicite les corps à se diriger vers le centre de la Terre. Elle s'exerce sur tous les corps, et l'ascension de certains gaz, des ballons, etc. est due à ce qu'ils subissent de la part de l'air une poussée supérieure à l'action directe de la pesanteur.

La direction de la pesanteur se détermine par le *fil à plomb*, corps pesant soutenu par un fil flexible ; on appelle cette direction la *verticale*. Elle est la même, dans un même lieu, pour tous les corps et est perpendiculaire à la surface des liquides en équilibre. La Terre étant sensiblement sphérique, toutes les verticales se rencontrent en son centre.

Chacune des molécules d'un corps est soumise à l'action de la pesanteur ; la résultante de toutes ces petites forces parallèles est égale à leur somme ; son intensité représente le *poids* du corps. Le poids étant une force, doit être évalué en dynes.

Le *centre de gravité* est le point d'application de la résultante de toutes les actions de la pesanteur sur un corps. C'est un centre des forces parallèles ; il conserve donc une position constante tant que le corps conserve la même forme. Quand un corps n'a pas une forme géométrique, on détermine la position de son centre de gravité expérimentalement, par exemple en suspendant ce corps successivement par deux points différents.

Un corps solide mobile autour d'un axe horizontal fixe n'est en équilibre que si la verticale qui passe par son centre de gravité rencontre l'axe. Cet équilibre est *stable* si le centre de gravité est au-dessous de l'axe ; *instable*, s'il est au-dessus ; *indifférent*, s'il coïncide avec l'axe. Quand un corps repose sur un plan horizontal par plusieurs points d'appui, il faut, pour l'équilibre, que la verticale qui passe par le centre de gravité rencontre le plan à l'intérieur de la figure formée par les points d'appui (base de sustentation) ; l'équilibre peut aussi être stable, instable ou indifférent.

L'influence de la position du centre de gravité sur l'équilibre des corps a des applications on ne peut plus variées ; citons la locomotion, le chargement des navires, la stabilité des bâtiments, les jouets fondés sur l'équilibre.

Quand un corps tombe, deux forces agissent sur lui : son poids et la résistance de l'air. Celle-ci étant très variable suivant les circonstances, on la supprime habituellement et on étudie la chute des corps dans un espace privé d'air. Dans ces conditions, on trouve : 1° que *tous les corps tombent également vite* : on le démontre par le tube de Newton et par le marteau d'eau ; 2° que *le mouvement est uniformément accéléré*, c'est-à-dire que les vitesses croissent proportionnellement aux temps et les espaces proportionnellement aux carrés des temps.

EXERCICES SUR LE CHAPITRE III

5. Un corps abandonné à lui-même est tombé d'une hauteur de 8829^{cm} ; quel espace a-t-il parcouru pendant la dernière seconde de sa chute ?

L'accélération imprimée par la pesanteur est 981^{cm} par seconde.

6. Pendant combien de temps un corps doit-il tomber pour parcourir 100^m pendant les deux secondes qui suivent ?

CHAPITRE IV

MESURE DES POIDS ET DES MASSES. — BALANCE.

---

25. Mesure des poids. — Le poids d'un corps étant une force, doit s'évaluer en unités de force, c'est-à-dire en *dynes*. Une dyne est la force constante qui, dans un mouvement uniformément accéléré, imprimerait au gramme-masse une augmentation de vitesse de 1^{cm} par seconde.

Ce n'est guère que dans les recherches scientifiques que l'on a besoin de connaître l'intensité de la force qui sollicite un corps à tomber. Cette intensité varie d'ailleurs légèrement d'un lieu à un autre ; ainsi, le poids du gramme, par exemple, est 981 dynes à Paris ; il est environ 978 dynes à l'équateur et 983 dynes dans le voisinage des poles. Dans les transactions commerciales, la seule chose qu'il importe de connaître, c'est la *masse* du corps, laquelle est invariable et proportionnelle à la quantité de matière que le corps contient. Par suite d'une confusion, on emploie généralement, dans le langage usuel, le mot *poids* pour le mot *masse* ; quand on dit qu'un corps pèse 10^{gr}, cela veut dire que sa masse est 10^{gr} ; son poids est en réalité $10 \times 981 = 9810$ dynes à Paris.

Pour determiner approximativement le poids d'un corps, on le suspend à un dynamometre comme le peson à ressort (12), gradue en dynes ou en kilogrammes-poids. Cet instrumen est peu sensible ; aussi quand on veut connaitre le poids avec exactitude, préfere-t-on appliquer la formule $P = Mg$: on détermine la masse M du corps à l'aide de la balance, puis on multiplie cette masse par la valeur de g dans l'endroit où l'on opère.

26. Mesure des masses. — La masse d'un corps s'obtient en cherchant, à l'aide de la balance, combien elle renferme de fois le *gramme-masse*.

Le gramme-masse est la millième partie de la masse du kilogr. étalon déposé aux Archives ; il équivaut à très peu près à la masse d'un centimètre cube d'eau distillée à 4°.

Pour pouvoir comparer les masses des corps, il est nécessaire d'avoir des multiples et des sous-multiples du gramme-masse. Ces multiples et sous-multiples, disposés ordinairement dans des boites spéciales (*fig.* 25), sont appelés vulgairement des *poids marqués* ; en réalité, ce sont des *masses marquées*. On les associe de manière à pouvoir obtenir tous les nombres compris entre 1 et 10, 10 et 100, etc. ; il y a donc, outre le gramme-masse, deux masses contenant chacune deux fois la masse du gramme (2^{gr}), une masse contenant cinq fois cette masse (5^{gr}), une

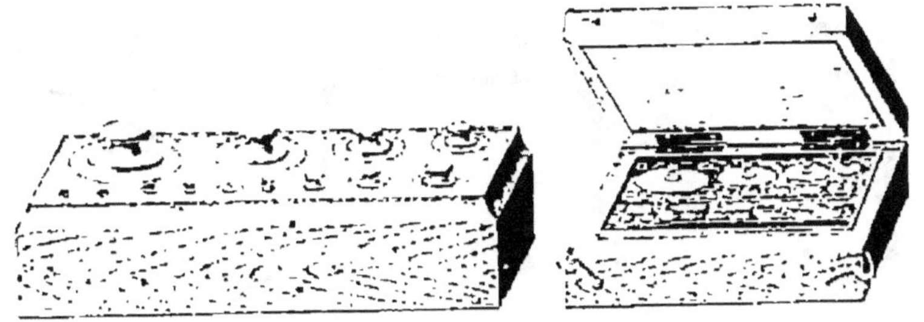

Fig. 25. — Boîtes de masses marquées.

masse de 10^{gr}, deux masses de 20^{gr}, . . . ; de même pour les sous-multiples. Les multiples se construisent en laiton ou en fonte ; les sous-multiples sont en platine ou en aluminium et ont un coin légèrement relevé, ce qui permet de les saisir avec des pinces.

BALANCE

27. Définition et description. — La balance est un instrument qui sert à déterminer la masse d'un corps par une opération appelée pesée.

La balance ordinaire se compose essentiellement d'une barre mobile appelée *fléau*, aux extrémités de laquelle sont suspendus deux *plateaux* de même poids destinés à recevoir les corps à peser ou les masses marquées (*fig.* 26). Le fléau est traversé en son milieu par un prisme triangulaire en agate appelé *couteau*, dont l'arête inférieure repose en avant et en arrière sur les deux parties d'un même plan horizontal en agate constituant la *chape*.

Enfin une *aiguille* verticale est fixée au fléau, et son extré
mité, mobile le long d'un arc de cercle divisé, recouvre le
zéro de la graduation lorsque le fléau est horizontal.

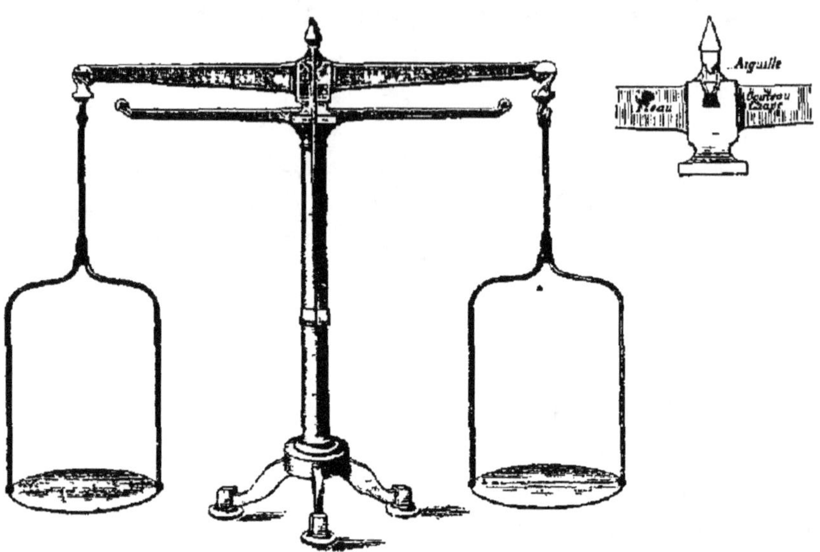

Fig. 26 — Balance ordinaire de Collot.

28. Détermination d'une masse. — Dans toute balance,
le fléau est construit de telle sorte que son centre de gravité soit dans le plan vertical qui passe par l'arête inférieure du couteau lorsque le fléau est horizontal, et un peu
au-dessous de cette arête. Il en résulte d'abord que l'équilibre est *stable*, c'est-à-dire que le fléau dévié de sa position d'équilibre tend à y revenir de lui-même après
quelques oscillations (**22**); ensuite, que le fléau est horizontal quand il n'y a rien dans les plateaux : si l'on admet
que ces plateaux ont des poids égaux ainsi que les deux
bras du fléau, la résultante passe, dans les deux cas, par
l'arête inférieure du couteau et n'a d'autre effet que
d'appuyer cette arête sur la chape. Plaçons maintenant

dans un des plateaux le corps dont nous voulons déterminer la masse **M** (*fig.* 27); ce corps exerce sur le plateau une certaine pression repré-
sentée par son poids
P. Si nous voulons que
le fléau reste horizon-
tal, il faudra ajouter
dans l'autre plateau
des masses marquées

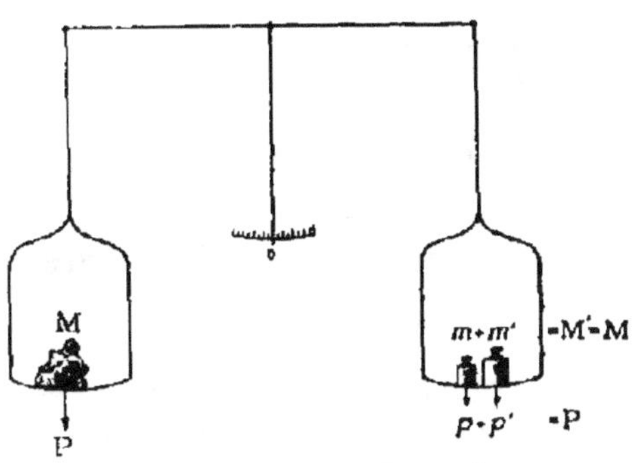

Fig. 27. — Simple pesée.

jusqu'à ce que le poids de ces masses soit rigoureusement
égal à celui de la masse **M**. Le nombre de grammes
$M'(m + m')$ lu sur les masses marquées représente la
masse du corps : en effet, on a, pour la masse **M**, $P = Mg$,
et pour les masses marquées, $P = M'g$, donc $M' = M$.
L'opération que nous venons d'effectuer s'appelle une
simple pesée; elle n'est exacte que si la balance est juste.

29. Conditions de justesse d'une balance. — On dit
qu'une balance est juste lorsque l'aiguille recouvre le zéro
de la graduation, aussi bien quand les plateaux sont vides
que quand ils sont pressés par des poids égaux.

Il y a trois conditions de justesse :

1° *Les deux bras du fléau doivent être parfaitemen*
égaux. Si cette condition est remplie, le centre de gravité
du fléau considéré seul se trouve dans le plan passant par
l'arête inférieure du couteau et perpendiculaire à l'arête
du fléau. De plus, le fléau placé horizontalement se tient
en équilibre quand on applique à ses extrémités des poids
égaux; la résultante de ces poids, ainsi que le poids du
fléau, sont alors détruits par la résistance de la chape.

2° *Les plateaux doivent avoir le même poids.* Cette condition résulte des considérations précédentes.

3° Enfin, *les plateaux doivent être très librement suspendus aux extrémités du fléau,* afin que le centre de gravité commun d'un plateau et des corps qu'il contient soit sur la verticale qui passe par le point de suspension du même plateau.

Double pesee. — Les deux premières conditions de justesse ne sont jamais réalisées rigoureusement dans la pratique. Elles ne sont cependant pas indispensables, et il est possible de déterminer exactement la masse d'un corps si l'on emploie la *méthode de la double pesée,* imaginée par Borda. Le corps à peser étant placé dans un des plateaux, on

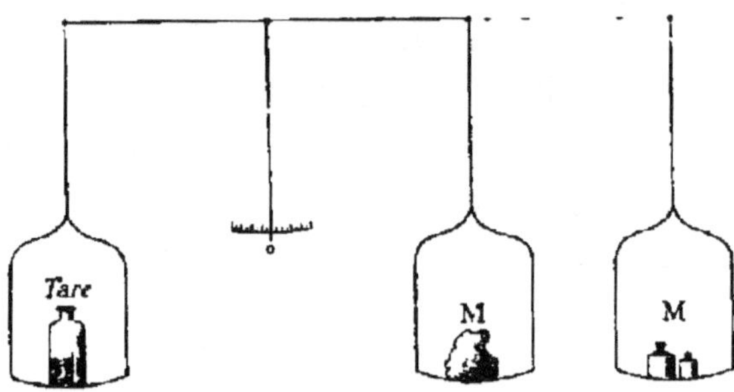

Fig. 28. — Double pesée.

lui fait équilibre dans l'autre plateau avec des corps quelconques, grenaille de plomb, fragments de papier ou de métal ; c'est ce qu'on appelle *faire la tare (fig.* 28). Quand l'équilibre est établi, on enlève le corps et on le remplace par des masses marquées jusqu'à ce qu'il y ait de nouveau équilibre. Ces masses sont évidemment égales à la masse du corps, car elles produisent le même effet dans les mêmes circonstances.

30. Conditions de sensibilité d'une balance. — La sensibilité d'une balance s'indique par la masse plus ou moins grande qu'il faut placer dans l'un des plateaux pour rompre l'équilibre du fléau. C'est la qualité qui caractérise une bonne balance, car on peut, par la double pesée, se soustraire aux conditions de justesse.

Une balance est d'autant plus sensible :

1° que les bras du fléau sont plus longs ;

2° que le poids du fléau est moindre ;

3° que le centre de gravité du fléau est plus rapproché de l'arête inférieure du couteau.

C'est surtout dans les balances dites *de précision* que l'on cherche à réaliser ces conditions. Les balances de ce genre que l'on rencontre dans les laboratoires sont ordinairement sensibles *au milligramme*, c'est-à-dire que leur aiguille se déplace visiblement lorsqu'on ajoute un milligr. dans un des plateaux après que l'équilibre a été établi ; si, dans ces conditions, elles peuvent supporter une charge totale de 100^{gr} par exemple, elles sont sensibles au cent-millième.

Cette sensibilité peut d'ailleurs être augmentée : en employant des procédés spéciaux pour observer les déplacements de l'aiguille, on arrive aujourd'hui couramment à apprécier avec ces balances le $\dfrac{1}{20}$ de milligramme.

Remarque. — Considérons une balance dont le fléau AOB est horizontal et en équilibre (*fig.* 29). Mettons dans l'un des plateaux la faible charge p pour laquelle la balance est sensible ; le fléau s'incline d'un certain angle α et prend une nouvelle position d'équilibre A'OB'. En effet, la verticale qui passe par le centre de gravité ne rencontrant plus le point O, le poids P

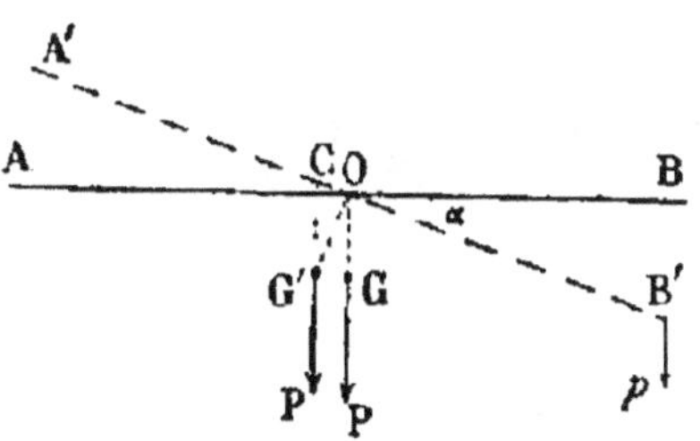

Fig. 29. — Sensibilité de la balance.

du fléau, poids que l'on peut considérer comme appliqué

en C, n'est plus détruit par la résistance de l'axe de rotation: il tend dès lors à équilibrer la charge p. D'après la règle de composition des forces parallèles (14), cet équilibre est établi lorsqu'on a

$$\frac{OC}{OB'} = \frac{p}{P}, \qquad \text{d'où} \qquad p = P . \frac{OC}{OB'}.$$

On voit d'après cela que la charge p qui amène l'inclinaison du fléau est d'autant plus petite: 1° que le poids P du fléau est plus petit; 2° que OC est plus petit et par suite que le centre de gravité est plus rapproché de O; 3° que OB' est plus long. Dans la pratique, on mesure la sensibilité d'une balance par le déplacement de l'aiguille sur l'arc gradué pour une charge déterminée, par exemple le milligramme.

31. Balance de précision. — Une balance de précision est toujours enfermée dans une cage en verre qui la protège contre la poussière et aussi contre les agitations de l'air pen-

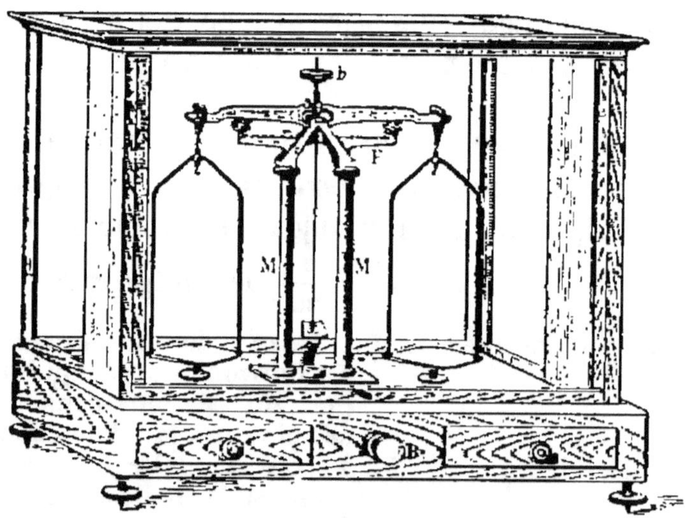

Fig. 30. — Balance de précision.

dant les pesées. La *fig.* 30 représente une balance d'analyse construite par la maison Collot. Le fléau est en bronze d'aluminium et a la forme d'un losange très allongé, légèrement dévié au centre de manière à le rendre plus léger. Il est traversé par trois petits prismes triangulaires ou couteaux en agate : l'un, au milieu, repose par son arête inférieure sur une chape en agate bien polie et supporte tout le poids de la partie mobile ; les deux autres, aux extrémités, ont l'arête dirigée en haut et soutiennent, par l'intermédiaire d'une surface plane en agate, deux étriers et plateaux en nickel massif. Les arêtes des trois couteaux sont parallèles et situées dans un même plan. Enfin une longue aiguille descendante est fixée au fléau ; son extrémité se meut devant un arc divisé, placé entre les deux montants en fonte M, M qui portent la chape.

Pour éviter l'usure qui se produirait si les couteaux reposaient continuellement sur les plans correspondants, on adapte au-dessous du fléau une pièce en fonte F, appelée *fourchette*, que l'on peut élever ou abaisser à volonté à l'aide d'un bouton B placé à l'extérieur de la cage. C'est sur cette pièce que l'on fait reposer le fléau, non seulement quand on ne se sert pas de la balance, mais encore pendant les pesées, quand on met une masse dans un des plateaux ou qu'on l'en retire ; sans cette dernière précaution, les secousses imprimées par la main pourraient ébrécher les couteaux. Quant à la sensibilité de la balance, on peut l'augmenter ou la diminuer à volonté à l'aide d'un bouton *b* qui permet de relever ou d'abaisser le centre de gravité du fléau ; mais il ne faut pas oublier qu'en général plus on augmente la sensibilité, plus les pesées deviennent longues.

32. Premières notions sur les densités. — On appelle densité ou, mieux, masse spécifique d'un corps homogène, solide ou liquide, la masse de l'unité de volume de ce corps. En Physique, l'unité de volume étant le centimètre cube, la densité est la masse d'un cent. cube et se mesure en grammes-masse ; c'est ainsi, par exemple, que la masse d'un cent. cube ou, autrement dit, la densité du fer est $7^{gr},8$; la densité du mercure est $13^{gr},596$; celle du platine, 21^{gr}.

Représentons par *d* la densité d'un corps dont le volume est V^{cc} ; la masse M de ce corps sera évidemment donnée par la formule

$$M = V \times d \text{ gr.}$$

On en tire

$$d = \frac{M}{V}$$

c'est-à-dire que la densité d'un corps est le quotient de sa masse par son volume. Appliquons cette formule à l'eau, dont la densité, par définition, est 1^{gr} à 4°; nous aurons

$$M = V,$$

ce qui montre que, pour l'eau, la masse et le volume sont exprimés par le même nombre.

Principe de la détermination des densités. — Il résulte des considérations précédentes que si le corps a une forme qui permet de calculer son volume par la géométrie, on obtiendra sa densité en divisant sa masse, obtenue à l'aide de la balance, par son volume évalué en cent. cubes. Si le corps a une forme quelconque, il suffit de remarquer que son volume peut être remplacé par la masse d'un égal volume d'eau, puisque le volume de ce corps en cent. cubes est exprimé par le même nombre que la masse du même volume d'eau en grammes. Nous verrons plus tard les différentes méthodes qui permettent de déterminer cette dernière masse.

REMARQUE. — Le volume d'un solide ou d'un liquide variant avec la température, il en est de même de la masse de l'unité de volume et, par suite, de la densité. Dans les tables de densités, celles-ci sont évaluées en *grammes-masse par centimètre cube à 0° du thermomètre ordinaire*. Une formule simple permet de déduire de la densité d'un corps à 0° sa densité à une température quelconque.

33. Premières notions sur les poids spécifiques. — On appelle *poids spécifique d'un corps homogène le poids de l'unité de volume de ce corps.* En Physique, d'après les unités adoptées aujourd'hui, le poids spécifique est le poids du centimètre cube; il s'évalue en dynes.

Entre le poids spécifique et la densité d'un même corps, définis comme nous venons de le faire, il existe une relation très simple. On a en effet

$$p = dg,$$

p désignant le poids spécifique (17). Cette relation montre que le poids spécifique est proportionnel à la densité et qu'il varie d'un lieu à un autre suivant l'accélération imprimée par la pesanteur. A Paris, le poids spécifique du fer, par exemple, est $7,8 \times 981$ dynes; à l'équateur, il est $7,8 \times 978$ dynes.

RÉSUMÉ DU CHAPITRE IV

Le *poids* d'un corps s'évalue en dynes. Une dyne est la force constante qui imprime à la masse du gramme une augmentation de vitesse de 1^{cm} par seconde. Dans les transactions commerciales on cherche à connaître, non le poids d'un corps, poids qui varie d'un lieu à un autre, mais sa masse, laquelle est invariable et proportionnelle à la quantité de matière que le corps contient. Dans le langage usuel, on confond généralement la masse avec le poids.

La *masse* d'un corps s'évalue en grammes-masse Le gramme-masse est la millième partie de la masse du kilogramme-étalon des Archives. On en construit des multiples et des sous-multiples (vulgairement poids marqués) afin de pouvoir comparer les masses des corps.

La *balance* sert à comparer les masses des corps en utilisant leurs poids. La balance ordinaire se compose d'une barre mobile (fléau), reposant par l'arête inférieure d'un prisme triangulaire (couteau) sur un plan horizontal (chape); aux extrémités du fléau sont suspendus deux plateaux de même poids; enfin une aiguille fixée au fléau recouvre le zéro d'un arc gradué lorsque le fléau est horizontal. Pour déterminer la masse d'un corps par simple pesée, on place le corps dans un des plateaux : il agit sur ce plateau par son poids et fait incliner le fléau de son côté. On ajoute alors des masses marquées dans l'autre plateau jusqu'à ce que l'aiguille revienne au zéro de la graduation; les masses marquées ont le même poids que le corps et, par suite, même masse. Cette opération n'est exacte que si la balance est juste, c'est-à-dire si l'aiguille recouvre le zéro aussi bien quand les plateaux sont vides que quand ils sont pressés par des poids égaux.

Pour qu'une balance soit juste, il faut que les deux bras du fléau soient égaux; de plus, les plateaux doivent avoir le même poids et être très librement suspendus. On peut déterminer une masse avec précision même avec une balance qui n'est pas juste, en opérant par double pesée.

Une balance est plus ou moins sensible suivant que la surcharge à placer dans un des plateaux pour rompre l'équilibre du fléau est plus ou moins faible. La sensibilité d'une balance est d'autant plus grande que les bras du fléau sont à la fois plus longs et plus légers, et que le centre de gravité du fléau est plus rapproché de l'axe de rotation. On réalise le plus possible ces conditions dans la balance de précision.

On appelle *densité* ou *masse spécifique* d'un corps homogène la masse d'un cent. cube de ce corps. Elle représente le quotient de la masse totale du corps par son volume et s'évalue en grammes-masse. Pour l'eau dont la densité est 1ᵍʳ à 4°, la masse et le volume sont exprimés par le même nombre. Si le corps a une forme régulière, on obtient sa densité en divisant sa masse par son volume; si la forme est quelconque, on divise la masse par la masse d'un volume d'eau égal au volume du corps.

Le *poids spécifique* d'un corps homogène est le poids d'un cent. cube de ce corps. Il s'évalue en dynes et est lié à la densité par la formule $p = dg$.

EXERCICES SUR LE CHAPITRE IV

7. Un corps a une masse équivalente à celle de 5ˡⁱᵗ d'eau à 4° Quel est son poids : 1° à Paris; 2° à l'équateur?

8. Quel serait le genre d'équilibre de la balance si le centre de gravité, tout en étant toujours dans le plan vertical qui passe par l'axe de rotation quand le fléau est horizontal, se trouvait : 1° sur cet axe; 2° au-dessus de cet axe?

9. Une boule de verre a 2ᶜᵐ de rayon; la densité du verre est 2,6; quelle est la masse de cette boule?

10. On a un cylindre de liège dont la base a 3ᶜ𐞥 et la hauteur 4ᶜᵐ, la masse de ce cylindre est 2ᵍʳ,88. On demande : 1° la densité du liège; 2° son poids spécifique.

HYDROSTATIQUE

CHAPITRE V

ÉTUDE DES LIQUIDES EN ÉQUILIBRE

---

34. Propriétés générales des liquides. — L'*hydrostatique*
a principalement pour objet l'étude des conditions d'équilibre des liquides.

Les liquides sont caractérisés par la facilité avec laquelle
leurs molécules peuvent glisser les unes sur les autres; c'est
ce qu'on exprime en disant qu'ils sont *fluides* (du latin
fluidus, qui coule).

La *compressibilité* des liquides est très faible : la diminution de volume qu'ils subissent sous l'influence des plus
fortes pressions est sensiblement négligeable, et ils reprennent d'ailleurs exactement leur volume primitif quand la
compression cesse d'agir, ce qui fait dire que les liquides
sont parfaitement *élastiques*.

En Hydrostatique, on admet que les liquides ont une
fluidité parfaite et qu'ils sont tout à fait incompressibles,
bien qu'aucun liquide ne possède rigoureusement ces deux
propriétés.

Considérons un liquide ainsi défini et en équilibre. Comme

il est pesant, il exerce des efforts ou, autrement dit, des *pressions* sur le fond et sur les parois latérales du vase qui le contient ; de plus, les couches supérieures pesant sur les couches inférieures les compriment et font naître des réactions de bas en haut. Outre les pressions dues à la pesanteur, le liquide est ou peut être soumis à des actions extérieures, comme la pression de l'air qui est au-dessus de sa surface libre, les pressions mécaniques exercées en un point quelconque de sa masse. Toutes ces pressions sont normales aux surfaces pressées quand le liquide est en équilibre ; elles se mesurent en unités de pression.En Physique, l'unité de pression est égale à l'unité de force s'exerçant sur l'unité de surface, c'est-à-dire égale à *une dyne s'exerçant sur* 1ᶜᵠ. Avant d'étudier les pressions dues au poids du liquide, nous verrons comment se transmettent les pressions en général. Les principaux théorèmes d'hydrostatique se démontrent rigoureusement par la mécanique ; nous nous contenterons de les vérifier par l'expérience le plus approximativement possible.

TRANSMISSION DES PRESSIONS

35. Principe de Pascal. — Ce principe, appelé aussi principe de la transmission des pressions, s'énonce de la manière suivante : Toute pression exercée normalement sur l'unité de surface d'un liquide en équilibre se transmet intégralement et en tous sens, tant dans l'intérieur du liquide que contre les parois du vase qui le contient. Si l'on suppose que le liquide est soustrait à l'action de la pesanteur, chaque unité de surface des parois reçoit cette même pression.

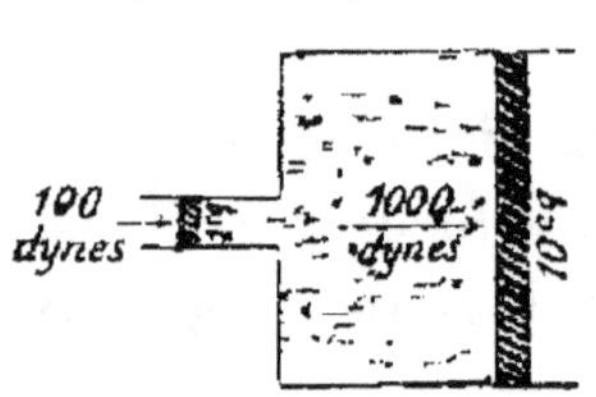

Fig. 31. — Interprétation du principe de Pascal.

Pour bien faire comprendre le principe de Pascal, considérons un système de deux tubes cylindriques situés dans le prolongement l'un de l'autre (*fig.* 31) et ayant pour section, le premier 1ᶜᵠ, le second 10ᶜᵠ. Imaginons dans ce système un liquide en équilibre, soustrait à l'influence de la pesanteur et maintenu aux extrémités par deux parois mobiles ou pistons. Si l'on exerce extérieurement sur le petit piston une pression normale d'intensité 100 dynes, par exemple, le grand piston supportera de dedans en dehors une pression totale égale à $100 \times 10 = 1000$ dynes, et si l'on veut empêcher ce grand piston d'être refoulé au dehors, il faudra exercer sur lui de dehors en dedans une pression normale égale aussi à 1000 dynes. La valeur de cette pression ne changerait pas si le grand piston, au lieu d'être parallèle au petit piston, occupait une position quelconque sur les parois supérieure et inférieure du grand cylindre ; donc chaque unité de surface des parois reçoit une même pression égale à 100 dynes. En général, soit f la pression exercée normalement sur une surface s d'un liquide en équilibre soustrait à l'influence de la pesanteur ; la pression F reçue par une surface quelconque S du vase qui contient le liquide a pour valeur

$$F = f \times \frac{S}{s}.$$

Le principe de Pascal fournit donc, en quelque sorte, un moyen de multiplier les forces. La principale application de ce principe est la *presse hydraulique*, qui permet en effet de vaincre une force considérable avec un effort relativement faible. Comme le fonctionnement de cette presse ne peut être bien compris que si on connait les pompes, nous n'en ferons la description qu'après avoir étudié celles-ci (93).

Application du principe de Pascal aux liquides pesants. — Tous les liquides étant pesants, il est impossible de vérifier rigoureusement par l'expérience le principe de Pascal. On peut cependant en faire une vérification approximative quand les pressions dues au poids du liquide sont négligeables devant les pressions exercées extérieurement, ce qui a lieu daus la presse hydraulique. Quand ces pressions sont du même ordre de grandeur, la pression que supporte une portion de paroi est la somme des pressions dues à la pesanteur et des pressions exercées extérieurement ; on peut dire dans ce cas que si une portion de paroi subit une augmentation de pression, cette augmentation se transmet en tous sens et sans rien perdre de sa valeur.

Pressions à l'intérieur des liquides. — Les pressions exercées sur la surface d'un liquide se transmettent non seulement aux parois du vase qui le contient, mais aussi à toute portion de surface du liquide lui-même. On considère alors les surfaces pressées comme des surfaces planes, infiniment minces et de poids négligeable. Dans le cas, par exemple, d'une pression f exercée sur une unité de surface extérieure d'un liquide non pesant en équilibre, on démontre que chaque unité de surface de l'intérieur du liquide supporte la même pression f. Cette pression est toujours normale ; elle est indépendante de la forme et de l'orientation de l'unité de surface considérée ; d'où il résulte que celle-ci se trouve soumise à deux forces égales à f et directement opposées, puisqu'elle est en équilibre. Quand on considère au contraire un liquide pesant en équilibre, la pression sur l'unité de surface croît avec la profondeur ; néanmoins si on prend une surface suffisamment petite et si on la fait tourner autour d'un point donné, la grandeur de la pression qu'elle subit est sensiblement indépendante de son orientation ; c'est ce qu'on exprime en disant que, dans un liquide pesant en équilibre, la pression est la même en tous sens autour d'un même point.

36. Uniformité de pression sur un plan horizontal. — Dans un liquide pesant en équilibre, toutes les unités de surface d'un même plan horizontal supportent la même pression, ou, en d'autres termes, des surfaces égales prises sur un même plan horizontal sont également pressées.

Pour démontrer approximativement ce théorème, on se sert d'un tube de verre épais, dont l'ouverture inférieure, parfaitement rodée et plane, est fermée par un *obturateur*. Celui-ci, constitué par un disque plan en verre ou mieux

par un fragment de carte mince, est maintenu contre
l'ouverture à l'aide d'un fil fixé en son milieu (*fig.* 32).
Après avoir choisi, dans un vase contenant de l'eau en

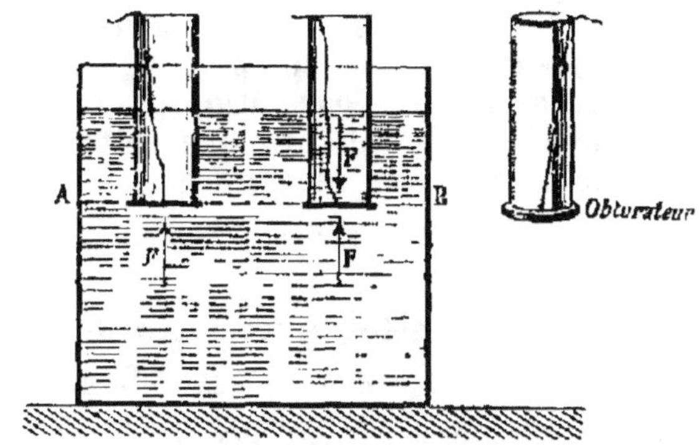

Fig. 32. — Évaluation de la pression sur un plan horizontal.

équilibre, un plan horizontal quelconque **AB**, on y introduit le tube verticalement de manière que l'obturateur
soit dans ce plan, puis on lâche le fil ; l'obturateur reste
fixé au tube sous l'effet de la pression F exercée par le
liquide de bas en haut. Pour contre-balancer cette dernière
pression, on verse peu à peu de l'eau dans le tube ; l'obturateur ne se détache que lorsque le niveau de l'eau est le
même à l'intérieur qu'à l'extérieur. La pression exercée
par la colonne d'eau versée mesure la pression F supportée
par une surface du plan **AB** égale à la surface de l'obturateur. Si on déplace le tube de façon que l'obturateur
reste toujours dans le plan horizontal **AB**, on constate qu'il
se détache toujours sous la pression de la même colonne
d'eau ; donc, dans tout ce plan, des surfaces égales supportent la même pression de bas en haut, et, comme le
plan est en équilibre, ces surfaces supportent également la
même pression de haut en bas.

REMARQUE. — Il résulte du théorème précédent que tous les plans horizontaux que l'on peut considérer dans un liquide en équilibre constituent des surfaces d'égale pression ou, comme on dit ordinairement, des *surfaces de niveau*. La surface libre d'un liquide en équilibre est aussi une surface de niveau, car elle supporte en tous ses points la même pression, qui est la pression exercée par l'atmosphère ; on vérifie d'ailleurs à l'aide du fil à plomb (20) que cette surface est horizontale, du moins sur une étendue qui n'est pas trop considérable.

37. Variation de la pression avec la profondeur. — Deux unités de surface situées à des niveaux différents dans un même liquide en équilibre ne supportent pas la même pression ; celle qui est située au niveau inférieur supporte une pression plus forte, et la différence des pressions est égale au poids d'une colonne cylindrique de liquide ayant pour base l'unité de surface et pour hauteur la distance verticale des deux unités de surface.

La vérification approximative de ce théorème se fait encore avec le tube à obturateur. Répétons l'expérience précédente (36), mais en plaçant l'obturateur dans un plan horizontal A′B′ situé au-dessous du plan horizontal AB (*fig.* 33) ; cet obturateur tombera encore dès que le niveau de l'eau dans le tube sera le même qu'à l'extérieur. La pression F′ qui, dans le plan A′B′, s'exerce de bas en haut sur l'obturateur, est équilibrée par le poids de la colonne

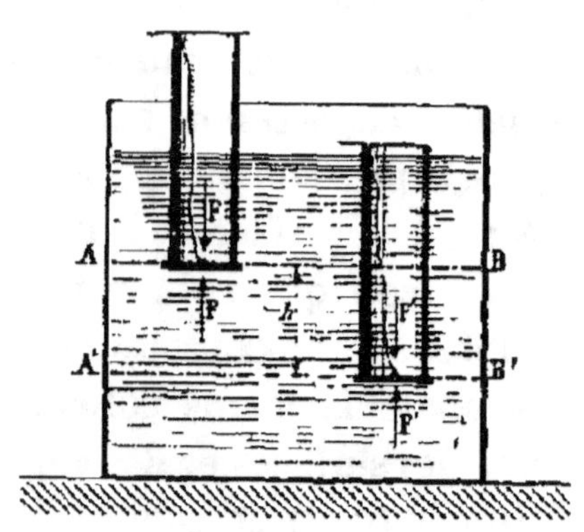

Fig. 33. — **Variation de la pression avec la profondeur.**

d'eau que nous avons versée dans le tube ; elle est par suite supérieure à la pression F qui s'exerçait sur l'obturateur dans le plan AB. La différence entre ces deux pressions est évidemment égale au poids d'une colonne d'eau ayant pour base l'obturateur et pour hauteur la distance verticale des plans AB et A'B'. Comme ces deux plans sont en équilibre, deux surfaces égales chacune à celle de l'obturateur et situées l'une dans le plan A'B', l'autre dans le plan AB, supportent de haut en bas la même différence de pression que de bas en haut.

En général, considérons deux surfaces égales chacune à s^{cq} et appartenant à deux plans horizontaux dont la distance verticale est h^{cm} ; appelons p le poids spécifique ou poids de l'unité de volume du liquide. La différence des pressions supportées par ces deux surfaces sera égale à shp dynes. On peut aussi évaluer cette différence en grammes-poids, sachant que le gramme-poids vaut, à Paris, 981 dynes.

<h3 style="text-align:center">ÉVALUATION DES PRESSIONS DUES A LA PESANTEUR</h3>

38. Pression sur le fond horizontal d'un vase. — La pression supportée par le fond horizontal d'un vase contenant un liquide est égale au poids d'une colonne cylindrique de liquide ayant pour base le fond du vase et pour hauteur la distance verticale du fond à la surface libre.

Considérons en effet une unité de surface ab sur le fond d'un vase contenant un liquide en équilibre (*fig.* 34) ; elle supporte une pression égale au poids d'une colonne cylindrique de liquide ayant pour base ab et pour hauteur h. Comme il en est de même pour chaque unité de surface du fond A'B', les pressions exercées sur ce fond constituent autant de forces

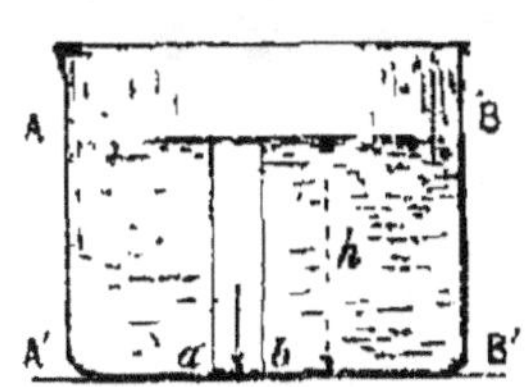

Fig. 34. — Pression sur le fond d'un vase.

sions exercées sur ce fond constituent autant de forces

parallèles qu'il contient d'unités de surface, et la résultante de ces pressions est égale à leur somme, c'est-à-dire au poids du cylindre ABB'A', de base A'B' et de hauteur h.

Si on appelle S la surface du fond A'B', h sa distance à la surface libre, p le poids spécifique du liquide, la pression F sur le fond est donnée par la formule

$$F = S \times h \times p,$$

dans laquelle F sera exprimé en dynes si S est exprimé en centimètres carrés et h en centimètres.

Cette formule ne donne exactement la valeur de la pression exercée sur le fond du vase que si le liquide est placé dans le vide ; dans le cas ordinaire, il faut ajouter au produit Shp la pression exercée par l'atmosphère sur une surface de même étendue que le fond et placée sur la surface libre.

On voit d'après ce qui précède que la pression sur le fond d'un vase est indépendante de la forme du vase ; elle

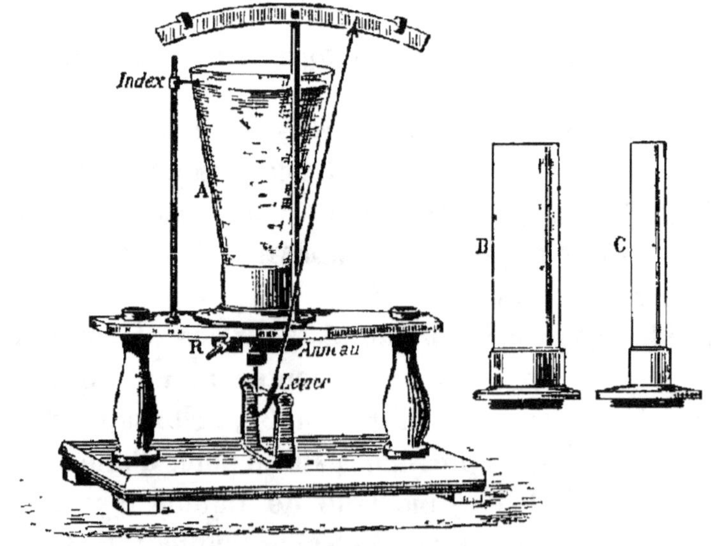

Fig. 35. — Dynamomètre hydrostatique de Pellat.

ne dépend que de la surface du fond et de sa distance à la surface libre. Pour le démontrer, on emploie divers appa-

reils, dont le plus commode est le *dynamomètre hydrostatique* de M. Pellat (*fig.* 35). Il se compose essentiellement
de trois vases sans fond A, B, C, de formes très différentes,
que l'on peut visser séparément sur un même anneau
fermé inférieurement par une membrane de caoutchouc.
Celle-ci constitue pour le vase qui la surmonte un fond
mobile, qui s'enfonce plus ou moins suivant la pression
qu'exerce sur lui l'eau contenue dans le vase ; ses déplacements sont amplifiés par un levier et indiqués par une
longue aiguille mobile sur un cadran. Après avoir vissé
sur l'anneau le vase A, par exemple, on y verse de l'eau ;
l'aiguille s'avance sur le cadran ; on marque l'endroit où
elle s'arrête quand le niveau de l'eau a atteint un index
horizontal. Le vase est alors vidé par un robinet et remplacé par le vase B; en versant de l'eau dans ce dernier
jusqu'à l'index, on voit l'aiguille s'arrêter au même
endroit que la première fois. Il en serait de même avec le
vase C. Donc, dans les trois cas, la pression supportée
par le fond du vase est la même.

Il est facile de déterminer la valeur de cette pression en
dynes. Un des vases étant vissé sur l'anneau et vide, on dépose sur la membrane de caoutchouc des masses marquées
jusqu'à ce que l'aiguille indique la même pression que précédemment. En multipliant le nombre de grammes lu sur ces
masses par 981, on aura en dynes la pression qui était exercée
par l'eau sur le fond. On peut montrer ainsi que, pour le
vase cylindrique B, la pression sur le fond est égale au poids
de l'eau qu'il contenait. Pour le vase A, cette pression est
inférieure au poids de l'eau qu'on avait dû y verser ; elle est
supérieure à ce poids pour le vase C.

39. Pressions sur les parois latérales planes d'un vase.
— La pression exercée par un liquide pesant en équilibre sur
une portion de surface d'une paroi plane latérale est égale au

poids d'une colonne cylindrique de liquide ayant pour base cette surface et pour hauteur la distance verticale de son centre de gravité à la surface libre.

On montre l'existence des pressions sur les parois latérales en y pratiquant des ouvertures à différents niveaux : le liquide s'échappe avec d'autant plus de force que l'ouverture est plus rapprochée du fond; il forme un jet qui est d'abord normal à la paroi et se recourbe ensuite vers le bas sous l'influence de la pesanteur.

Pour évaluer approximativement les pressions exercées sur les parois latérales, on emploie un tube coudé à obturateur, que l'on enfonce verticalement dans de l'eau en équilibre (*fig.* 36). L'obturateur joue dans ce cas le rôle d'une portion de paroi latérale égale à sa propre surface. On verse de l'eau dans le tube pour équilibrer la pression F exercée extérieurement : l'obturateur ne se détache que lorsque le niveau est le même à l'intérieur du tube qu'à l'extérieur.

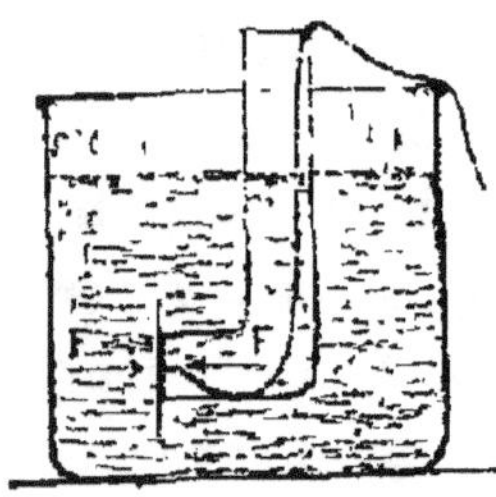

Fig. 36. — Évaluation des pressions latérales.

Effets des pressions latérales. — La pression exercée par un liquide sur une portion de paroi latérale ne dépendant que de la hauteur à laquelle il s'élève au-dessus, on conçoit que l'on puisse produire des pressions considérables avec une quantité de liquide relativement faible. Pascal fit à ce sujet une curieuse expérience : il assujettit solidement un tube long et étroit sur le fond supérieur d'un tonneau plein d'eau, puis il versa de l'eau dans le tube; dès que celle-ci s'éleva à une hauteur un peu considérable, les douves du tonneau s'écartèrent sous l'influence des pressions considérables que l'eau exerçait sur elles.

On doit tenir compte des pressions qui s'exercent latéralement et sur les fonds pour la construction des digues, barrages, vannes, portes d'écluses, réservoirs en tôle ou en maçonnerie, etc. Les digues sont plus épaisses à leur base qu'au sommet, et les tôles formant le fond et les parois inférieures d'un réservoir sont plus épaisses en ces endroits qu'à la partie supérieure.

Enfin les pressions latérales sont utilisées dans les *vases à réaction*. Considérons un petit vase cylindrique rempli d'eau et soutenu par un flotteur (*fig.* 37); sur deux portions égales de paroi a et a', diamétralement opposées, les pressions exercées par le liquide

Fig. 37. — Vase à réaction.

sont égales et de sens contraires et se font équilibre. Si l'on supprime la portion de paroi a, la pression qui s'exerçait sur cette portion fait jaillir le liquide; la pression qui s'exerce sur a' n'étant plus contre-balancée, tend à imprimer au vase un mouvement en sens inverse de l'écoulement. Le *tourniquet hydraulique* (*fig.* 38) repose sur le même principe. Il se compose d'un vase de verre portant inférieurement un tube dont les extrémités sont

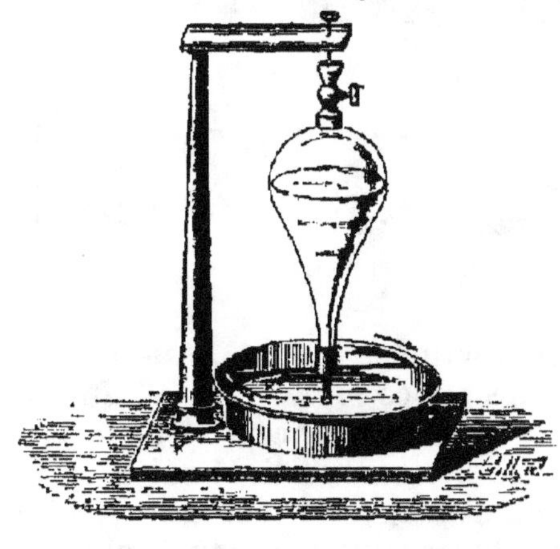

Fig. 38. — Tourniquet hydraulique.

recourbées en sens contraires. Le vase repose sur un pivot et peut tourner autour d'un axe vertical. Dès qu'il contient de l'eau, celle-ci s'écoule par les extrémités du tube et l'appareil tout entier prend un mouvement de rotation en sens contraire de l'écoulement.

Dans l'industrie, on utilise les réactions produites par l'écoulement des liquides dans certains moteurs hydrauliques connus sous le nom de *turbines*. Ces moteurs se composent généralement d'une cuve cylindrique en fonte munie d'un couvercle et percée inférieurement d'une série d'ouvertures

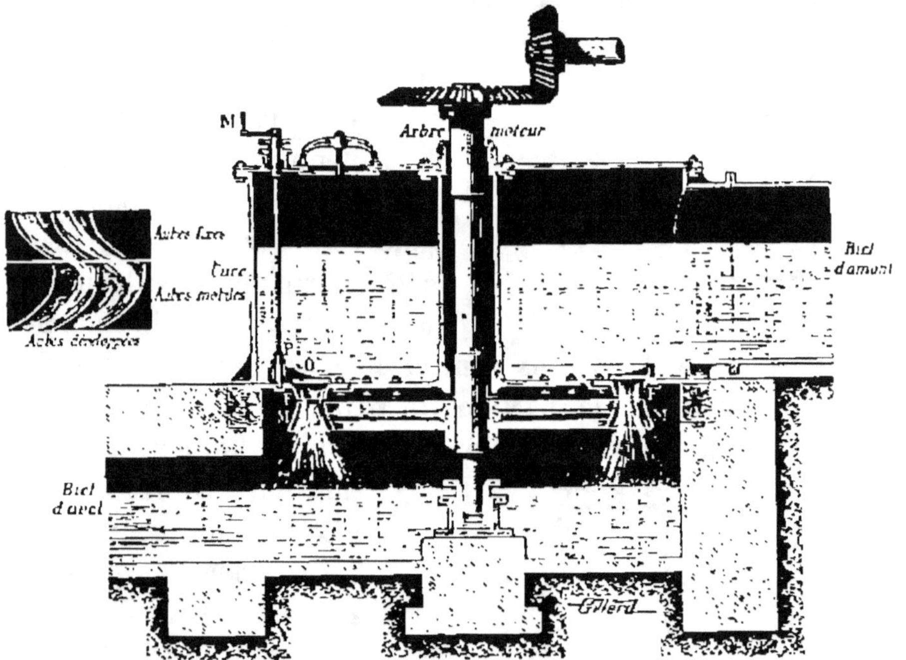

Fig. 39. — Turbine à réaction.

ou aubes fixes F, F' à parois inclinées (*fig*. 39). Au-dessous de ces aubes fixes se trouvent des aubes mobiles M, M', inclinées en sens contraire et constituant la turbine proprement dite. Celle-ci est calée sur un arbre moteur vertical qui traverse la cuve dans un fourreau-guide et transmet, par une poulie ou par des roues d'engrenage, le mouvement aux appareils à actionner. L'eau arrive du bief d'amont dans la cuve et pénètre dans les canaux formés par les aubes fixes ; elle en sort dans la direction de ces aubes, va réagir sur les parois des aubes mobiles, qu'elle met ainsi en mouvement, et s'échappe finalement dans le bief d'aval. On règle la vitesse de la turbine en faisant varier par une vanne la quantité d'eau qui pénètre dans la cuve. Si l'on veut régler cette vitesse avec plus de précision, on agit sur un obturateur circulaire O portant une série de pleins et de vides qui ouvrent plus ou moins les aubes fixes et donnent un débit d'eau variable suivant la force à transmettre et la vitesse à obtenir. Cet obturateur se manœuvre par l'intermédiaire d'un pignon denté P et d'un arbre vertical à manivelle M.

40. Pressions sur l'ensemble des parois. — Toutes les pressions exercées par un liquide pesant en équilibre sur l'ensemble des parois du vase qui le contient ont une résultante unique égale au poids du liquide.

Ce théorème important s'applique à un vase de forme quelconque. Il se démontre rigoureusement par la Mécanique, mais on peut le vérifier suffisamment par l'expérience en plaçant successivement sur un plateau de balance plusieurs vases de forme quelconque mais ayant le même poids et contenant la même quantité d'eau : la balance accuse toujours la même augmentation de poids, et cette augmentation est précisément égale au poids du liquide contenu dans chaque vase. Il est bon de remarquer que dans cette expérience toutes les parois étant solidaires, transmettent au plateau de la balance, non pas les pressions exercées sur le fond seulement (38), mais la résultante de toutes les pressions exercées sur l'ensemble des parois, résultante qui est égale au poids du liquide.

CONDITIONS D'ÉQUILIBRE DES LIQUIDES PESANTS

41. Équilibre d'un liquide dans un vase. — Pour qu'un liquide soit en équilibre dans un vase, *il faut que toutes* *l s unités de surface d'un même plan horizontal pris à un niveau quelconque dans le liquide supportent la même pres-sion.* De plus, si le liquide a une surface libre, c'est-à-dire s'il ne remplit pas complètement un vase clos, par exemple, *la surface libre du liquide doit être plane et horizontale.* Ces deux conditions d'équilibre ont été démontrées (36).

42. Équilibre d'un liquide dans des vases communi-cants. — Lorsqu'un système de vases communicants con-tient un même liquide, celui-ci n'est en équilibre *qu'autant que les surfaces libres dans tous les vases sont situées dans un même plan horizontal.*

En effet, considérons un plan horizontal AB commun à plusieurs vases com-municants (*fig.* 40); sur ce plan et dans chaque vase prenons une unité de surface; toutes ces unités de surface doivent sup-porter la même pres-sion que si leur distance à la surface libre est la même.

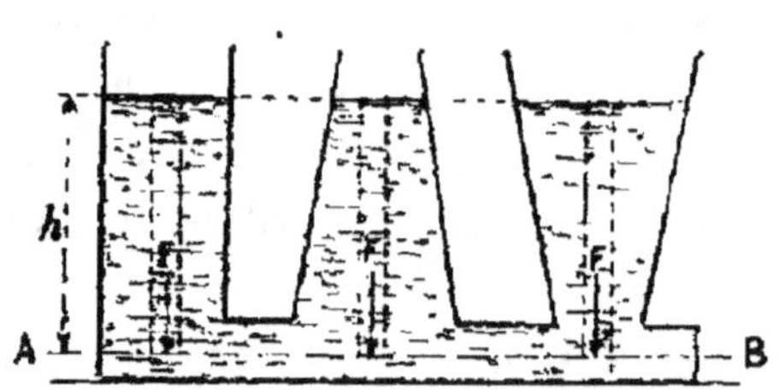

Fig. 40. — Surface libre d'un liquide dans des vases communicants.

sion, et il ne peut en être ainsi que si leur distance à la surface libre est la même.

Vérification. — Pour vérifier cette condition d'équilibre, on emploie l'appareil représenté par la fig. 41. Il se compose d'un large vase portant inférieurement un tube horizontal muni d'un ro-binet et d'une tubulure. Le vase étant rempli d'eau, on

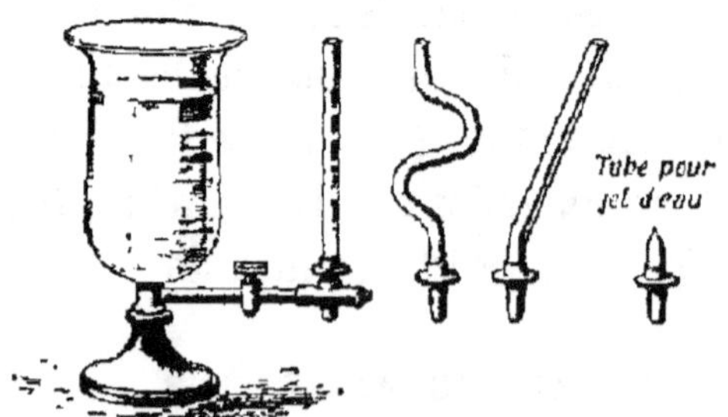

Fig. 41. — Vérification expérimentale de l'équilibre d'un liquide dans des vases communicants.

fixe successivement dans la tubulure des tubes de forme différente et on constate que l'eau s'élève dans chacun de ces tubes jusqu'à ce qu'elle atteigne le niveau de la surface libre dans le vase.

Applications. — L'équilibre d'un liquide dans des vases communicants présente une foule d'applications ; nous citerons le niveau d'eau, les jets d'eau, la distribution de l'eau dans les villes, les puits ordinaires et les puits artésiens, les écluses.

Le *niveau d'eau* est un instrument d'arpentage qui sert à mesurer la différence de niveau de deux points d'un terrain. Il se compose essentiellement d'un tube de laiton dont les extrémités, coudées à angle droit, supportent deux petites éprouvettes en verre (*fig.* 42). Pour s'en servir, on dispose le

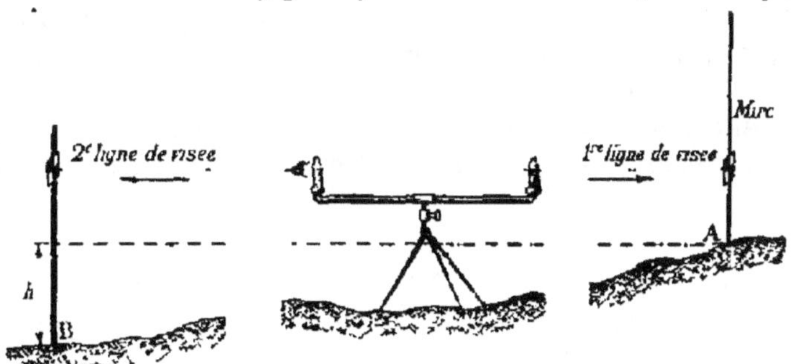

Fig. 42. — Emploi du niveau d'eau.

tube horizontalement sur un trépied, puis on y verse de l'eau colorée, jusqu'à ce qu'elle atteigne à peu près les 3/4 de la hauteur des éprouvettes, et enfin on place l'appareil entre les deux points A et B dont on veut déterminer la distance verticale. Un aide se transporte alors au point A avec une mire (on appelle ainsi une règle divisée munie d'une plaque partagée en quatre carrés peints avec des couleurs voyantes) ; il y fixe cette mire verticalement et, suivant les signes de l'opérateur placé près du niveau, il élève ou abaisse la plaque jusqu'à ce que le centre de celle-ci coïncide avec le plan horizontal passant par les surfaces libres du liquide dans les deux éprouvettes. La même opération est ensuite répétée au point B. La différence h entre les deux distances successives

du centre de la plaque au pied de la mire donne la différence
de niveau des deux points A et B.

Pour avoir un *jet d'eau*, il faut disposer un réservoir d'eau
dans un endroit sensiblement plus élevé que l'orifice par
lequel l'eau doit jaillir. Celle-ci tend à s'élever au même niveau que dans le réservoir, mais elle n'atteint pas tout à fait
cette hauteur; cela tient à la fois aux frottements du liquide
dans les tuyaux de conduite, à la résistance que l'air oppose
au jet et à la chute des gouttelettes qui retombent sur celles
qui montent. La distribution de l'eau dans les villes est réalisée
d'une manière analogue : le réservoir général d'alimentation
(château d'eau) est placé *en charge*, c'est-à-dire à un niveau
plus élevé que tous les points qu'il s'agit de desservir.

Les *puits artésiens*, ainsi appelés parce qu'ils ont d'abord
été creusés dans l'ancienne province d'Artois, sont des trous
étroits, forés à la sonde, qui pénètrent jusqu'à une nappe
d'eau souterraine et dans lesquels l'eau s'élève naturellement
à une hauteur plus ou moins grande. Imaginons une couche
perméable de sable plongeant dans le sol et emprisonnée, sauf
sur les bords, entre deux couches imperméables, comme des

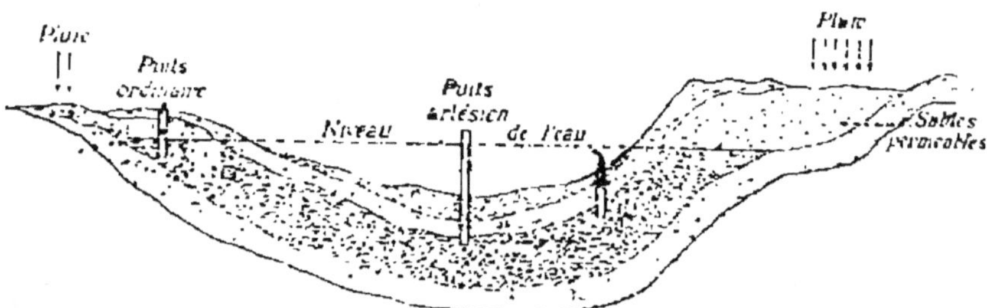

Fig. 43. — Disposition théorique des puits artésiens et des puits ordinaires.

couches d'argile (*fig.* 43). L'eau de pluie qui tombe sur les
bords de cette espèce de cuvette s'infiltre dans la couche de
sable, s'y accumule sans issue possible, et forme une nappe
qui peut quelquefois s'élever à un niveau voisin du sol. Cela
posé, si vers le centre de la cuvette on fore un puits assez
profond pour atteindre la nappe aquifère, l'eau tendra à
reprendre son niveau et pourra jaillir à la surface du sol. Le
plus souvent on adapte à l'ouverture du puits un réservoir
d'où l'eau s'écoule dans des tuyaux de conduite. Si enfin on
fore des puits en des points du sol situés à des niveaux plus

élevés que celui de la nappe, l'eau s'y élèvera jusqu'à ce qu'elle ait atteint ce dernier niveau et on aura un puits ordinaire.

Les puits artésiens les plus connus sont ceux de Grenelle et de Passy, à Paris, qui ont, le premier 548^m, le second 570^m de profondeur. Ils sont alimentés par des sables aquifères qui, par suite de la disposition en cuvette des couches du bassin de Paris, se relèvent vers l'Est avec les deux couches d'argile qui l'emprisonnent et n'émergent à la surface du sol qu'au plateau de Langres, en Champagne.

43. Équilibre de plusieurs liquides dans un vase. — Lorsque plusieurs liquides qui n'exercent l'un sur l'autre ni action chimique ni action dissolvante sont contenus dans un même vase, il faut, pour qu'il y ait équilibre :

1° *que la surface libre et les surfaces de séparation des liquides deux à deux soient des plans horizontaux;*

2° *que les liquides soient superposés par ordre de poids spécifique décroissant de bas en haut.*

On vérifie cette dernière condition au moyen de la *fiole des quatre éléments* (*fig.* 44). C'est un tube fermé aux deux bouts et contenant : une huile légère, de l'alcool coloré, de l'eau saturée de carbonate de potassium pour qu'elle ne se mélange pas à l'alcool, et enfin du mercure. Quand on agite le tube, les liquides paraissent se mélanger, mais dès qu'on laisse le tube au repos, le mercure, dont le poids spécifique est le plus grand, tombe au fond, puis viennent successivement : l'eau chargée de carbonate, l'alcool, l'huile; de plus, les surfaces de séparation de ces liquides sont horizontales.

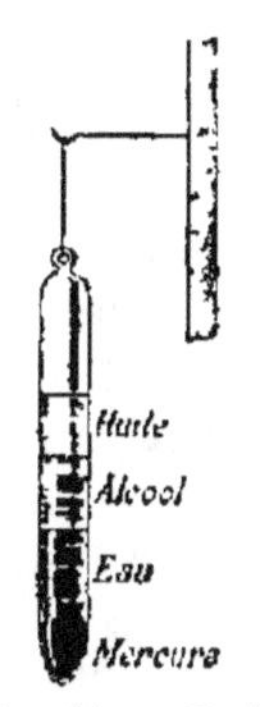

Fig 44. — Fiole des 4 éléments

Le *niveau à bulle d'air* est une application de la superposition d'un liquide et d'un gaz dans un même vase; il sert principalement à vérifier si une surface plane est horizontale. La

Fig. 45. — Niveau à bulle d'air.

partie principale de cet instrument (*fig.* 45) est un tube
de verre légèrement arqué,
fermé aux deux bouts et
rempli presque entièrement
par un liquide très mobile
comme l'alcool ou l'éther. Ce
tube est enchâssé dans une gaîne de laiton, fixée sur une tablette dressée également en laiton. L'instrument est réglé de
telle manière que lorsque la tablette repose sur un plan bien
horizontal, celui-ci se trouve être parallèle à la surface du
liquide dans le tube; la bulle d'air qu'on y a laissée, au remplissage, occupe alors le sommet de la courbure, et ses extrémités correspondent à deux repères fixes, qui sont ordinairement constitués par des bandes transversales de laiton
appliquées sur le tube. Supposons maintenant que l'on veuille
s'assurer de l'horizontalité d'une surface plane; on placera
le niveau sur cette surface dans deux directions sensiblement
perpendiculaires : si dans ces deux positions successives la
bulle d'air vient se placer exactement entre les deux repères,
la surface est horizontale, puisqu'elle contient deux droites
horizontales.

Ce niveau, à cause de sa sensibilité et de son petit volume,
est souvent disposé sur une planchette à trépied et lunette,
pour remplacer dans les travaux de nivellement le niveau
d'eau ordinaire des arpenteurs. Enfin certaines machines
mobiles (locomobiles, machines à battre, etc.), ainsi que les
instruments de physique de précision, qu'il importe de fixer
bien horizontalement après chaque déplacement, sont munis
d'un niveau à bulle d'air.

**44. Équilibre de plusieurs liquides dans des vases
communicants.** — Étant donnés deux liquides différents
dans deux vases communicants, il y a équilibre *quand les
hauteurs des deux surfaces libres au-dessus de la surface de
séparation sont en raison inverse des poids spécifiques des
deux liquides.*

Pour le démontrer expérimentalement, on emploie ordinairement un système de deux tubes verticaux réunis par un tube horizontal et fixés sur une planchette graduée (*fig.* 46).

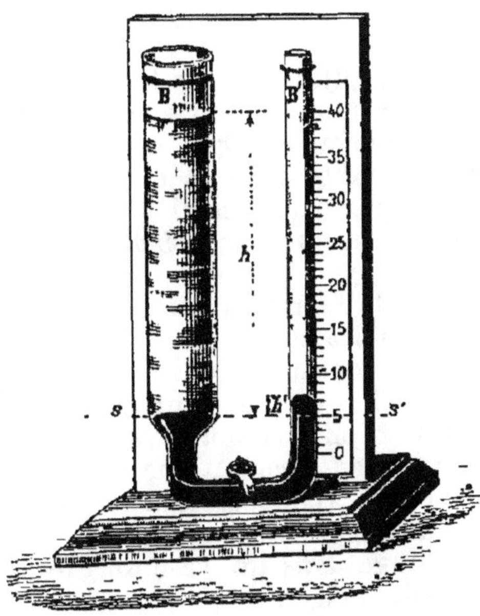

Fig. 46. — Équilibre de deux liquides dans deux vases communicants.

On verse du mercure dans l'appareil, puis de l'eau dans une des branches; la pression de l'eau déprime le mercure et le force à s'élever dans l'autre branche. Quand l'équilibre est établi, on mesure la hauteur de la colonne de mercure qui surmonte la surface commune de séparation ss', et on trouve qu'elle est 13 fois ½ plus petite que la hauteur de l'eau versée. Le principe se trouve ainsi vérifié, car le poids spécifique du mercure est 13 fois ½ plus grand que celui de l'eau.

Remarque. — La condition d'équilibre précédente peut se démontrer théoriquement d'une façon très simple. En effet, quand l'équilibre est établi, la pression est la même sur deux unités de surface prises de part et d'autre dans le plan de séparation ss' ; par suite, le poids de la petite colonne de mercure qui surmonte l'unité de surface dans la branche B' est égal au poids de la colonne d'eau qui surmonte l'unité de surface dans la branche B. En désignant par p le poids spécifique de l'eau, par p' le poids spécifique du mercure, on a donc $hp = h'p'$, ou, ce qui revient au même, $\dfrac{h}{h'} = \dfrac{p'}{p}$.

On peut dire aussi que les hauteurs sont en raison inverse

des densités, puisque, dans un même lieu, le rapport des poids spécifiques de deux corps est égal au rapport de leurs densités.

45. Premières notions de capillarité. — La capillarité constitue, en quelque sorte, une exception aux conditions d'équilibre des liquides. Les phénomènes qu'elle produit ont d'abord été observés dans des tubes dont le diamètre était assez étroit pour pouvoir être comparé à celui d'un cheveu ; c'est ce qui leur a fait donner le nom de *phénomènes capillaires*.

Si l'on examine la surface libre d'un liquide en équilibre, on voit que près des parois verticales elle cesse d'être plane ; à un centimètre environ de ces parois la surface commence à se relever ; elle remonte le long de la paroi en formant une courbe dont la concavité est tournée vers le haut (*fig.* 47). D'après cela, si l'on plonge dans un vase un tube dont le diamètre est inférieur à 2^{cm}, non seulement la surface libre du liquide dans ce tube ne sera pas horizontale, mais elle sera à un niveau plus élevé que dans le vase et formera une courbe concave.

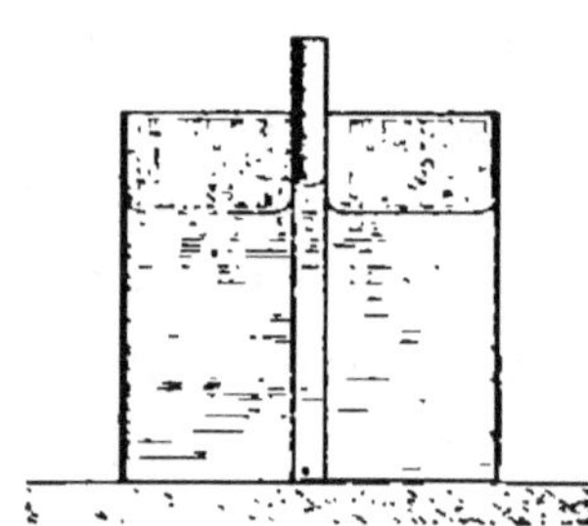

Fig. 47. — Ascension capillaire d'un liquide qui mouille les parois.

Supposons maintenant que l'on place dans le même appareil un liquide qui ne mouille pas les parois, du mercure par exemple. Un phénomène inverse se produira. Il y aura une dépression convexe le long des parois ; le mercure s'élèvera dans le tube à un niveau inférieur au niveau extérieur et sa surface libre sera une courbe convexe (*fig.* 48).

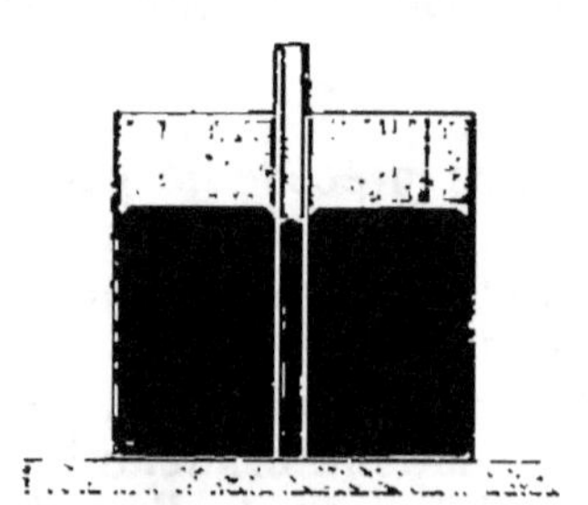

Fig. 48. — Dépression capillaire d'un liquide qui ne mouille pas les parois.

La capillarité joue un rôle important dans l'ascension de la sève chez les végétaux. C'est à la capillarité que sont dues l'imbibition rapide d'un morceau de sucre ou de craie plongé dans l'eau par un de ses points, l'ascension rapide de l'huile ou de l'alcool dans une mèche de coton. On attribue à un phénomène de capillarité l'ascension de l'eau dans les terres arables, eau qui provient des couches profondes et plus humides qu'elles. Ce fait a une grande importance en temps de sécheresse.

RÉSUMÉ DU CHAPITRE V

Les liquides sont des corps fluides, très peu compressibles et parfaitement élastiques. En Hydrostatique, on admet que leur fluidité est parfaite et leur incompressibilité absolue.

La transmission des pressions dans les liquides est soumise au principe de Pascal : *Les pressions exercées sur une portion de la surface d'un liquide se transmettent intégralement et dans tous les sens, proportionnellement aux surfaces pressées.* La dernière partie de ce principe n'est vraie que si l'on suppose le liquide dénué de poids; en réalité, les pressions dues à la pesanteur s'ajoutent aux pressions exercées extérieurement; aussi le principe de Pascal ne peut-il être vérifié par l'expérience que lorsque le poids du liquide est négligeable devant ces dernières pressions, comme cela a lieu dans la presse hydraulique.

Quand un liquide est en équilibre, toutes les unités de surface appartenant à un même plan horizontal supportent la même pression. Réciproquement, tout plan dans lequel des surfaces égales sont également pressées est horizontal (surface de niveau). Il en est ainsi notamment pour la surface libre du liquide.

La différence des pressions entre deux unités de surface situées à des niveaux différents dans un liquide en équilibre est égale au poids d'un cylindre de liquide ayant pour base l'unité de surface et pour hauteur la distance verticale des deux niveaux. On évalue approximativement cette différence de pression avec un tube à obturateur.

La pression supportée par le fond horizontal d'un vase contenant un liquide est égale au poids d'un cylindre de liquide ayant pour base le fond du vase et pour hauteur la distance verticale du fond à la surface libre. Cette pression est donc indépendante de la forme du vase; on le vérifie avec le dynamomètre hydrostatique de Pellat. Sur une portion de paroi latérale, la pression exercée par le liquide est égale au poids d'un cylindre de liquide ayant pour base cette portion et pour hauteur la distance verticale de son centre de gravité à la surface libre. Les pressions latérales sont utilisées dans les appareils à réaction (tourniquet hydraulique, turbines, etc.). Enfin les pressions exercées par un liquide sur l'ensemble des parois du vase qui le contient ont une résultante unique égale au poids du liquide.

Quand un liquide est contenu dans plusieurs vases communicants, les surfaces libres de ce liquide sont sur un même plan horizontal. Les principales applications de ce principe sont le niveau d'eau, qui sert à mesurer la différence de niveau de deux points d'un terrain; les jets d'eau, les puits artésiens.

Plusieurs liquides contenus dans un même vase sont en équilibre lorsqu'ils sont superposés par ordre de poids spécifique décroissant de bas en haut et lorsque la surface libre et les surfaces de séparation sont des plans horizontaux. Le niveau à bulle d'air, qui sert principalement à reconnaître si un plan est horizontal, est fondé sur la superposition d'un liquide et d'un gaz (bulle d'air) dans un tube dont le support est bien horizontal.

Quand des liquides différents sont contenus dans deux vases communicants, les hauteurs de ces liquides au-dessus de la surface de séparation sont en raison inverse de leurs poids spécifiques, ou, ce qui revient au même, de leurs densités.

EXERCICES SUR LE CHAPITRE V

11. Un vase contient un liquide que l'on suppose soustrait à l'influence de la pesanteur. Il est surmonté de deux tubes cylindriques dont l'un a un diamètre triple de l'autre. Dans les tubes glissent deux pistons qui y maintiennent le liquide au même niveau. On exerce sur le premier piston une pression égale à 1000 dynes; quelle pression devra-t-on exercer sur l'autre piston pour l'empêcher de remonter? On évaluera successivement cette dernière pression en dynes et en grammes-poids.

12. Quelle est la pression supportée par le fond d'un vase cylindrique contenant du mercure, sachant que le rayon du cercle qui forme le fond est 5^{cm} et que la surface libre du liquide est à 125^{mm} au-dessus du fond. On évaluera cette pression d'abord en dynes, puis en kilogrammes-poids. Le poids spécifique du mercure est $13,5 \times 981$ dynes.

13. Une colonne d'eau de $15^{cm},5$ de hauteur et une colonne d'un autre liquide de $31^{cm},7$ de hauteur se font équilibre dans les branches d'un tube en U. On demande : 1° le poids spécifique du second liquide (33); 2° sa densité; 3° sa densité par rapport à l'eau. On donne : poids spécifique de l'eau, 981 dynes; densité de l'eau, 1^{gr}.

CHAPITRE VI

PRINCIPE D'ARCHIMÈDE ET APPLICATIONS

---

46. Considérations générales. — L'expérience du tube
à obturateur nous a montré que les liquides exercent sur
les corps qui y sont plongés des pressions, aussi bien de
bas en haut (36) que latéralement (39). Toutes les pressions
exercées ainsi sur un même corps ont une résultante
unique, que l'on appelle la *poussée* du liquide. La poussée
est dirigée de bas en haut ; elle est d'autant plus forte que
le volume du corps immergé est plus grand, par suite que
le volume du liquide déplacé est plus considérable. Ainsi
l'eau supporte une grosse poutre et non une légère
aiguille ; un énorme navire flotte à sa surface, tandis
qu'un simple grain de sable s'y enfonce ; cela tient à ce
que l'aiguille et le grain de sable ne déplacent qu'une
petite quantité d'eau dont la poussée est inférieure à leur
poids, tandis que la poussée de l'eau que pourrait déplacer
le navire ou la poutre serait bien supérieure à leurs poids.

Quand on enfonce verticalement une éprouvette vide
dans l'eau, on éprouve une résistance de plus en plus
grande à cause de l'augmentation graduelle de la poussée ;
mais si l'on verse de l'eau dans l'éprouvette, il arrive un
moment où elle devient assez lourde pour contre-balancer
la poussée et pour s'enfoncer d'elle-même. De plus, si les
parois de l'éprouvette sont assez minces pour que son
poids puisse être sensiblement négligé, on constate que la
poussée est équilibrée lorsque la hauteur d'eau versée est

égale à la hauteur de la partie immergée, ce qui montre approximativement que cette poussée est égale au poids de l'eau déplacée. C'est Archimède le premier qui détermina la valeur exacte de la poussée subie par les corps immergés.

47. Principe d'Archimède : Tout corps plongé dans un liquide en équilibre éprouve une poussée verticale dirigée de bas en haut et égale au poids du liquide qu'il déplace. Cette poussée est appliquée en un point appelé *centre de poussée*, qui n'est autre que le centre de gravité du volume du liquide dont le corps tient la place.

1° Vérification expérimentale. — La vérification la plus simple et la plus générale du principe d'Archimède se fait avec l'appareil de M. Boudréaux et une balance ordinaire,

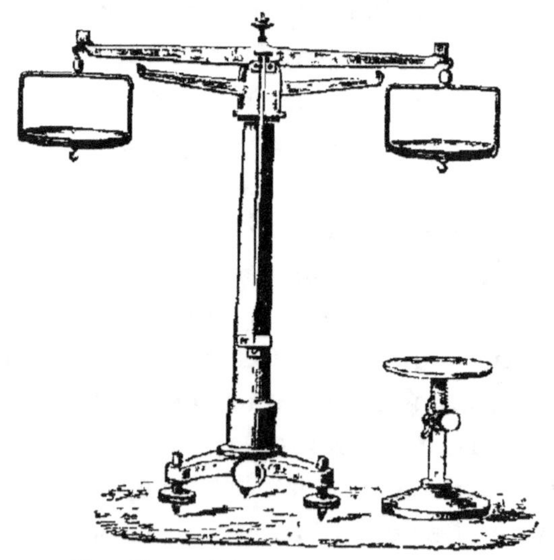

Fig. 49. — Balance hydrostatique

de préférence une *balance hydrostatique*. On appelle ainsi une balance spéciale à haute colonne et à courts plateaux munis au-dessous d'un crochet (*fig.* 49). Les constructeurs

la livrent ordinairement avec un support à crémail-
lère.

L'appareil de M. Boudréaux comprend simplement un
grand vase **V** muni d'une tubulure latérale servant de
trop-plein, et deux petits vases *v*, *v'*, identiques (*fig.* 50).

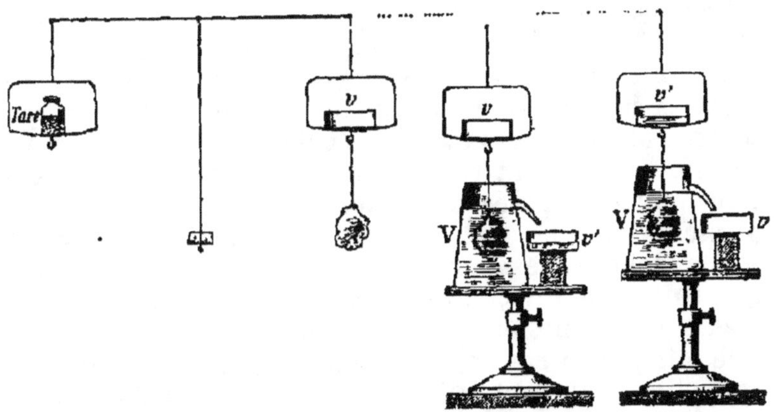

Fig 50. — Vérification expérimentale du principe d'Archimède.

Le corps que l'on veut immerger étant fixé par un fil **sous**
l'un des plateaux, on place sur celui-ci un des petits vases
vide et on fait la tare dans l'autre plateau. On dispose alors
le vase **V**, plein d'eau jusqu'à la tubulure, sur le support
et on remonte celui-ci jusqu'à ce que le corps soit complètement immergé. Le corps fait sortir un volume d'eau
égal au sien ; on recueille cette eau dans le petit vase *v'* ; en
même temps, l'équilibre est rompu. Pour le rétablir, il
suffit de remplacer le vase *v* par le vase *v'* ; donc la poussée éprouvée par le corps est égale au poids de l'eau
déplacée.

2° **Démonstration par le raisonnement**. — Considérons
un liquide en équilibre ; isolons par la pensée une masse

de ce liquide de forme quelconque (*fig.* 51) et supposons que

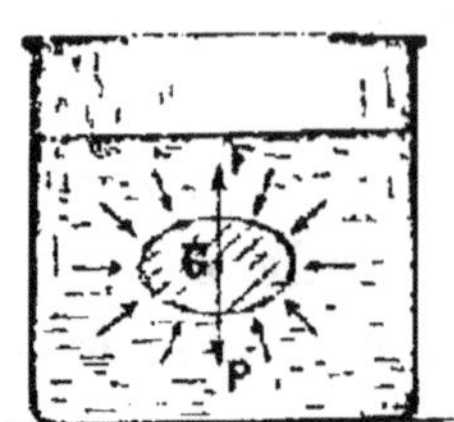

Fig. 51. — Démonstration rationnelle du principe d'Archimède.

les molécules qui la composent, au lieu de pouvoir glisser facilement les unes sur les autres, soient invariablement liées (21); cela ne peut rien changer à l'état d'équilibre du liquide. Cette masse se comporte alors comme un corps solide et, par suite, les actions exercées sur elle par la pesanteur peuvent être remplacées par une force unique, son poids P, appliqué au centre de gravité G de son volume; elle est de plus soumise à des pressions normales exercées sur toute sa surface par le liquide qui l'entoure. Or, ces pression contre-balancent exactement le poids, puisque la masse est en équilibre; elles ont donc une **résultante** unique F égale et directement opposée au poids. Remplaçons maintenant la masse de liquide que nous venons de considérer par un solide réel ayant exactement la même forme; ce solide, quelle que soit **sa nature**, supportera les mêmes pressions que la masse précédente et subira par suite la même poussée verticale, dirigée de bas en haut, égale au poids du liquide déplacé et appliquée au centre de gravité du volume du liquide dont le solide tient la place.

48. Conséquences du principe d'Archimède. — Il résulte du principe d'Archimède que tout corps immergé dans un liquide en équilibre est soumis à deux forces : 1° son *poids* P, appliqué à son centre de gravité ; 2° la *poussée* F, dirigée en sens contraire et appliquée au centre de poussée (47). Ne considérons pour l'instant que des corps homogènes : le centre de gravité et le centre de poussée coïncident ; le poids et la poussée sont directement opposés et la résultante de ces deux forces est égale à leur différence. Trois cas peuvent se présenter :

1° *Le poids est supérieur à la poussée :* $P > F$. — Le corps abandonné à lui-même dans le liquide est soumis à la **résultante** $P - F$, résultante qui est constante; par suite, il tombe d'un mouvement uniformément accéléré, avec une accélération γ plus petite que l'accélération g que lui imprimerait son poids P en chute libre. On réalise ce cas en mettant un morceau de plomb dans l'eau (*fig.* 52), ou encore un morceau de platine dans le mercure.

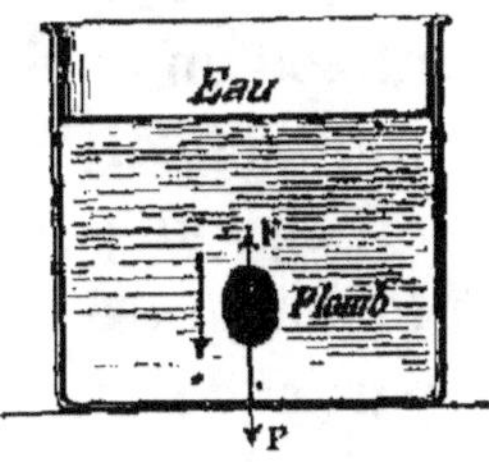

Fig. 52 — Le poids est supérieur à la poussée.

Appelons V le volume du corps exprimé en cent. cubes, p son poids spécifique, p' le poids spécifique du liquide dans lequel il est immergé. Le poids du corps est Vp ou Vdg (33), la poussée Vp' ou $Vd'g$ et la résultante (poids apparent) $Vg(d - d')$ dynes. *Ex.* : Soient 10^{cc} de plomb (densité 11,4) plongés dans l'eau. Dans l'air, la masse de ce morceau de plomb est 114^{gr} (en ne tenant pas compte de la poussée de l'air) et son poids 114×981 dynes ; dans l'eau, la masse n'a évidemment pas changé, mais la force qui la sollicite à tomber n'est plus que $10 \times 981(11,4 - 1)$ ou 104×981 dynes, c'est-à-dire 104 grammes-poids.

2° *Le poids est égal à la poussée :* **P = F.** — Les deux forces se font équilibre et le corps peut rester immobile dans le liquide. Tel est le cas d'une bille d'ivoire plongée dans de l'acide sulfurique concentré (*fig.* 53).

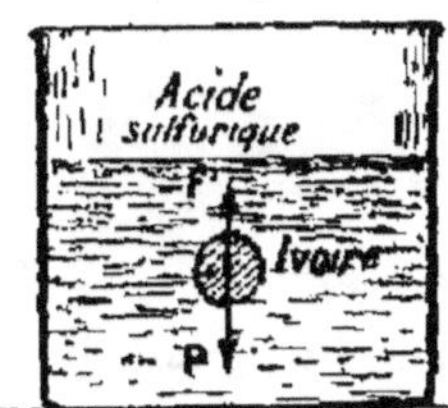

Fig. 53. — Le poids est égal à la poussée

3° *Le poids est inférieur à la poussée :* **P < F.** — Dans ce cas, la poussée étant supérieure au poids, le corps immergé est sollicité de bas en haut par la résultante constante $F - P$; il remonte d'un mouvement uniformément accéléré et finit par sortir en partie du liquide. Au fur et à mesure qu'il émerge, la poussée décroît progressivement en même temps que le volume du liquide déplacé, et il arrive un moment où cette poussée est égale au poids du corps. Celui-ci est alors en équilibre : on dit qu'il flotte.

On réalise ce cas en plaçant un bouchon dans l'eau (*fig 54*), ou du plomb dans le mercure.

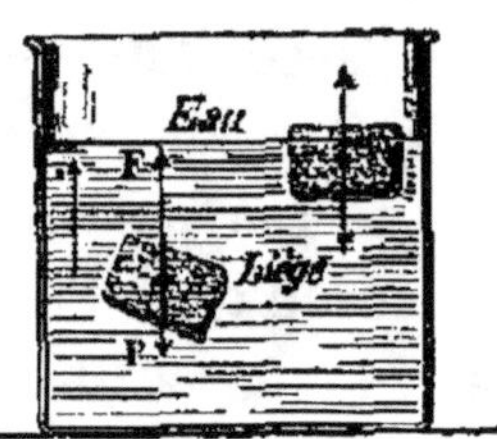

Fig. 54. — Le poids est inférieur à la poussée.

D'après ce qui précède, pour qu'un corps homogène flottant soit en équilibre à la surface d'un liquide, il faut que le poids du corps soit égal au poids du liquide déplacé. On le démontre très simplement avec une partie de l'appareil de M. Boudréaux (47). Le vase V étant rempli d'eau jusqu'au trop-plein, on y introduit une sphère de bois (*fig. 55*); celle-ci flotte et fait sortir une certaine quantité d'eau, que l'on recueille dans un des

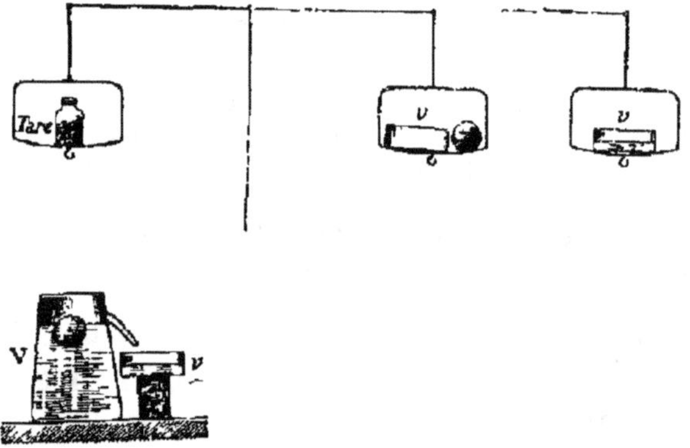

Fig 55. — Le poids d'un corps flottant est égal au poids du liquide déplacé

petits vases. On constate ensuite que le poids de l'eau ainsi recueillie est précisément égal au poids de la sphère de bois.

Remarque. — Quand le corps immergé est hétérogène, ce qui est le cas général, son centre de gravité ne coïncide plus avec le centre de poussée, mais les deux forces P et F, bien qu'ayant des points d'application distincts, sont parallèles et de sens contraires, de sorte que leur résultante est encore égale à leur différence.

Les trois cas examinés plus haut peuvent encore se présenter. On les réalise en mettant un œuf successivement dans l'eau pure, dans l'eau contenant du sel en proportions convenables et dans l'eau saturée de sel, ou encore au moyen d'un petit appareil appelé *ludion*.

Le ludion est une figurine en émail soutenue par une petite boule de verre creuse percée d'une ouverture à la partie inférieure ; le tout est placé dans une éprouvette presque pleine d'eau et fermée hermétiquement par une membrane élastique

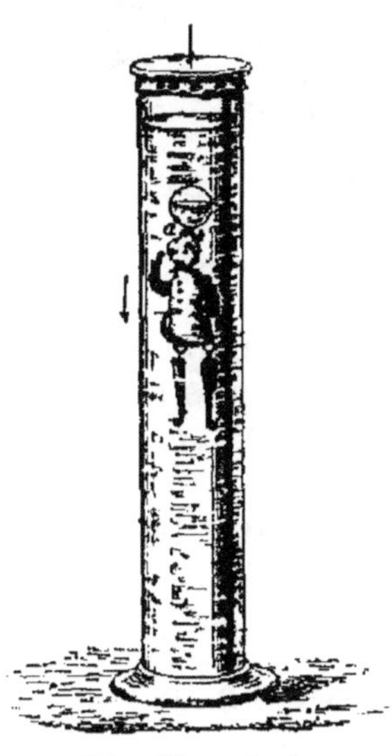

Fig. 56. — Ludion.

(*fig.* 56). Au commencement la petite boule ne contient que de l'air et elle émerge en partie à la surface du liquide ; mais si l'on exerce une pression sur la membrane, l'eau, se trouvant comprimée par l'air qui est au-dessus, pénètre dans la boule : le poids devient supérieur à la poussée et le ludion descend. En diminuant un peu la pression, on peut arriver, après plusieurs tâtonnements, à maintenir le ludion en équilibre au milieu du liquide. Enfin si l'on fait cesser la pression, l'air contenu dans la boule se détend, réagit en chassant l'eau qui y a pénétré, et le ludion devenu plus léger revient flotter à la surface du liquide.

Lorsqu'un corps hétérogène flotte à la surface d'un liquide, il ne suffit pas, pour qu'il y ait équilibre, que son poids soit égal au poids du liquide déplacé ; il faut encore que son centre de gravité et le centre de poussée soient sur une même verticale.

49. **Réciproque du principe d'Archimède :** *Tout corps plongé dans un liquide exerce sur ce liquide des pressions qui ont une résultante verticale dirigée de haut en bas et égale au poids du liquide déplacé.* Cette résultante s'appelle la contre-poussée ; elle est une conséquence de ce principe : « la réaction est égale à l'action. »

Pour démontrer cette réciproque, on se sert encore du petit appareil de M. Boudréaux. Le vase V, rempli d'eau jusqu'au

trop-plein, est placé sur un des plateaux d'une balance de
Roberval, en même temps qu'un des petits vases vides (*fig.* 57).
On fait la tare, puis on immerge complètement un corps de

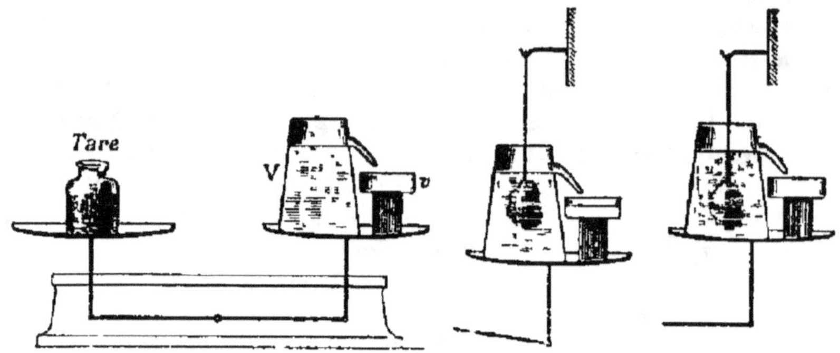

Fig. 57. — Réciproque du principe d'Archimède.

forme quelconque, suspendu par un fil à un support. Aussitôt
le plateau qui porte le vase V s'abaisse par suite de la contre-
poussée. On enlève alors le petit vase v, lequel a reçu un
volume d'eau égal à celui du corps; on le vide et on le remet
en place : l'équilibre est rétabli, ce qui montre que la contre-
poussée est égale au poids du liquide déplacé.

APPLICATIONS DU PRINCIPE D'ARCHIMÈDE

**50. Détermination de la densité des solides et des li-
quides.** — Rappelons d'abord que l'on obtient la densité
d'un solide ou d'un liquide en divisant sa masse par la
masse d'un égal volume d'eau (32). La détermination pré-
cise des densités devant trouver place dans le tome III,
nous nous contenterons de décrire ici une méthode simple
et qui donne des résultats suffisants dans la pratique. Cette
méthode, appelée *méthode de la balance hydrostatique*,
s'applique aussi bien aux liquides qu'aux solides.

1° Densité des solides. — Soit à déterminer la densité
d'un solide plus dense que l'eau et insoluble dans ce

liquide, un morceau de soufre par exemple. On le place sur un des plateaux de la balance hydrostatique, puis on attache sous le même plateau un fil métallique très fin qui servira à le soutenir dans l'eau, et on fait la tare (*fig.* 58).

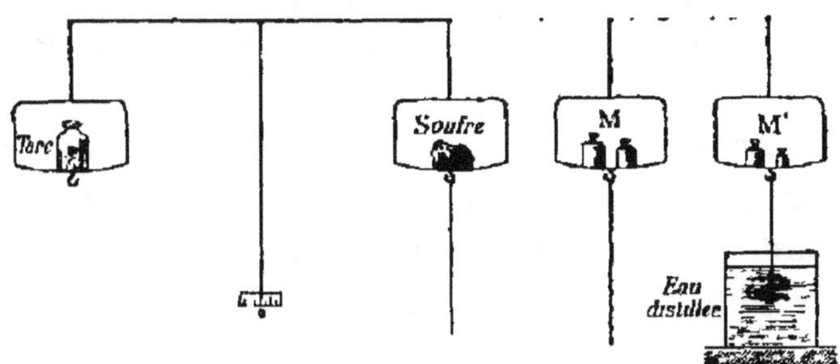

Fig. 58. — Détermination de la densité d'un solide
par la balance hydrostatique.

En enlevant le corps et en le remplaçant par des masses marquées jusqu'à ce qu'il y ait de nouveau équilibre, on obtient sa masse M par double pesée. Les masses marquées sont alors enlevées à leur tour, puis le corps est suspendu à l'aide du fil et immergé avec une très petite longueur de fil dans de l'eau distillée : l'équilibre est rompu. Pour le rétablir, il faut ajouter sur le même plateau des masses M' dont le poids, d'après le principe d'Archimède, fasse équilibre au poids d'eau déplacée. Les masses M' et l'eau déplacée ayant même poids, ont aussi même masse ; donc la densité du solide est représentée par le quotient $\dfrac{M}{M'}$.

En réalité, les densités sont définies à 0° ; d'autre part, ce n'est qu'à 4° qu'un cent. cube d'eau a pour masse 1^{gr} ; mais comme on ne cherche pas à atteindre une grande précision par cette méthode, on se contente du quotient $\dfrac{M}{M'}$ pour la densité.

Remarque. — La méthode de la balance hydrostatique fournit le moyen d'obtenir le volume d'un corps de forme quelconque. En effet, le volume du corps, exprimé en cent. cubes, est représenté par le même nombre que la masse d'eau déplacée, exprimée en grammes-masse (32). Si donc la masse d'eau déplacée par un corps est 10^{gr} par exemple, le volume de ce corps est 10^{cc}, en ne tenant pas compte des variations de la densité de l'eau avec la température.

2° Densité des liquides. — On suspend au dessous d'un des plateaux de la balance hydrostatique une boule de verre lestée avec du mercure ou de la grenaille de plomb et on établit la tare (*fig.* 59). On fait alors plonger cette

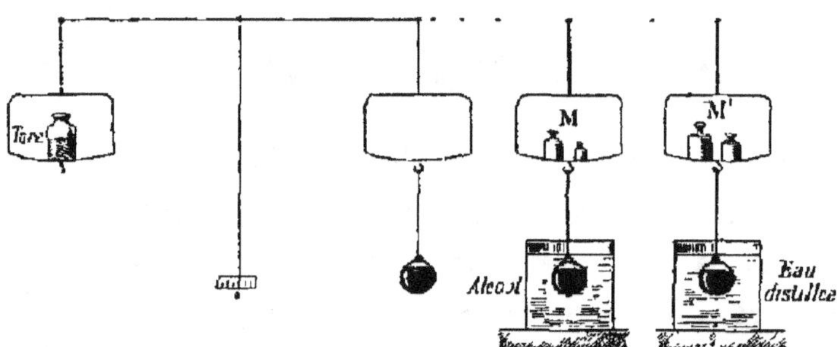

Fig. 59 — Détermination de la densite d'un liquide
par la balance hydrostatique.

boule dans le liquide à étudier, l'alcool par exemple, et on rétablit l'équilibre par des masses marquées M, lesquelles représentent la masse du liquide déplacé par la boule. On fait plonger de même la boule dans de l'eau distillée ; les masses marquées M' qu'il faut ajouter sur le plateau, du même côté, pour rétablir l'équilibre représentent la masse de l'eau déplacée. La densité du liquide est très sensiblement égale au quotient $\dfrac{M}{M'}$.

51. Aréomètres. — On appelle aréomètres des flotteurs lestés de manière à s'enfoncer verticalement dans les liquides.

Les aréomètres que l'on emploie dans la pratique sont à *poids constant* et à *volume variable ;* leur poids seul fait équilibre au poids du liquide qu'ils déplacent, et le volume du liquide déplacé est d'autant plus grand que ce liquide est plus léger.

Ils servent le plus souvent à déterminer rapidement le degré de concentration des différents liquides usuels. On leur donne la forme d'un flotteur cylindrique ou ovoïde en verre creux, lesté inférieurement par une petite ampoule contenant du mercure ou de la grenaille de plomb (*fig.* 60) ; ce flotteur est surmonté par une tige cylindrique portant la graduation. Lorsqu'un aréomètre à volume variable est placé dans un liquide, il y a équilibre lorsque le liquide déplacé et l'aréomètre ont le même poids, et, par suite, la même masse.

Pèse-acides de Baumé. — Cet aréomètre, imaginé en 1811 par Baumé, pharmacien à Paris, est destiné aux liquides plus denses que l'eau. Pour graduer un pèse-acides, on le leste de manière qu'il s'enfonce jusque vers le haut de la tige dans l'eau pure ; on marque 0 au point d'affleurement (*fig.* 60). On le plonge ensuite dans de l'eau salée formée avec 15 parties de sel et 85 parties d'eau. Cette dissolution étant plus dense que l'eau, l'instrumene s'enfonce moins ; on marque 15 au point d'affleurement. Il ne reste plus qu'à diviser l'intervalle entre 0 et 15 en 15 parties égales et à prolonger les degrés jusqu'au bas de la tige. La graduation va de 0 à 45 dans les pèse-acides ordinaires ou faibles, de 0 à 70 dans les pèse-acides concentrés ; elle est tracée ordinairement sur une bande de papier que l'on introduit dans le tube avant de le fermer à la lampe.

Les pèse-acides marquent 66° dans l'acide sulfurique concentré, 20 à 21° dans la dissolution courante d'acide chlorhydrique du commerce, 36° dans l'acide azotique ordi-

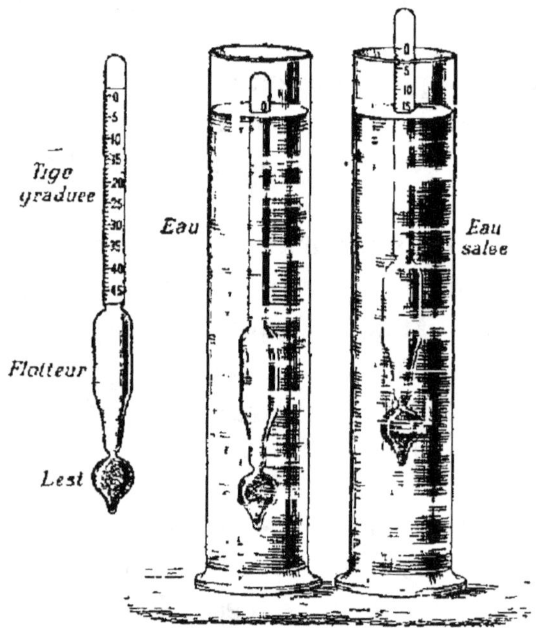

Fig. 66. — Pèse-acides ordinaire et son mode primitif de graduation

naire; ils sont très utiles soit pour surveiller la fabrication et la concentration des acides, des sirops de sucre, des lessives, des dissolutions salines, etc., soit pour s'assurer de leur valeur, la plupart de ces corps étant vendus d'après leur concentration.

REMARQUE. — Pour la graduation des pèse-acides, on remplace fréquemment l'eau salée qui indique le degré 15 par un liquide de concentration connue, comme l'acide sulfurique concentré. Ce dernier donne le degré 66. Afin de n'avoir pas à diviser chaque fois l'intervalle 0-66 en parties égales, on se base sur ce que les échelles de deux pèse-acides de même espèce sont semblables. On dispose parallèlement l'échelle du pèse-acides à graduer et l'échelle d'un pèse-acides gradué directement (pèse-acides étalon), puis on joint les deux divisions 0 et les deux divisions 66 (*fig.* 61). Il ne reste plus qu'à joindre le point de rencontre de ces deux droites aux différentes divisions de l'étalon : les points où ces nouvelles droites rencontrent l'autre échelle donnent les degrés correspondants.

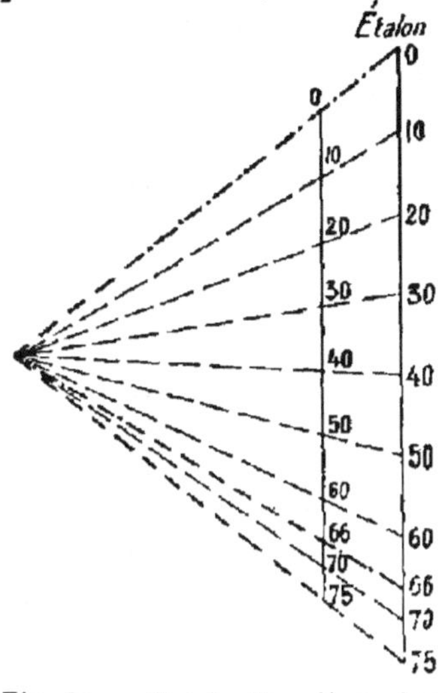

Fig. 61 — Graduation d'un pèse-acides concentré par comparaison.

Pèse-liqueurs de Baumé. — Le pèse-liqueurs est destiné aux liquides moins denses que l'eau; sa graduation est arbitraire comme celle du pèse-acides.

L'instrument est lesté de telle sorte qu'il affleure au bas de la tige dans de l'eau salée formée avec 10 parties de sel et 90 parties d'eau ; ce point d'affleurement est le zéro de la graduation (*fig.* 62). On plonge ensuite l'aréomètre dans l'eau pure; il s'enfonce plus que dans l'eau salée et on marque 10 au point d'affleurement. On divise enfin l'intervalle 0-10 en 10 parties égales et on prolonge les divisions jusqu'au sommet de la tige. La graduation va de 10 à 45° dans les pèse-liqueurs ordinaires, et de 10 à 70° dans les pèse-éthers.

Le pèse-liqueurs et le pèse-éthers sont utilisés principalement pour déterminer la richesse de l'ammoniaque et la concentration des différents éthers. L'ammoniaque se vend, suivant sa teneur en gaz dissous, à 22, 25 ou 28°; l'éther ordinaire rectifié se vend, suivant sa concentration, à 56, 62 ou 65°.

Alcoomètre centésimal de Gay-Lussac. — L'alcoomètre

de Gay-Lussac est un aréomètre qui, par une simple lecture,
fait connaitre la proportion pour cent en volumes d'alcool
pur contenu dans un liquide alcoolique à 15° centigrades.

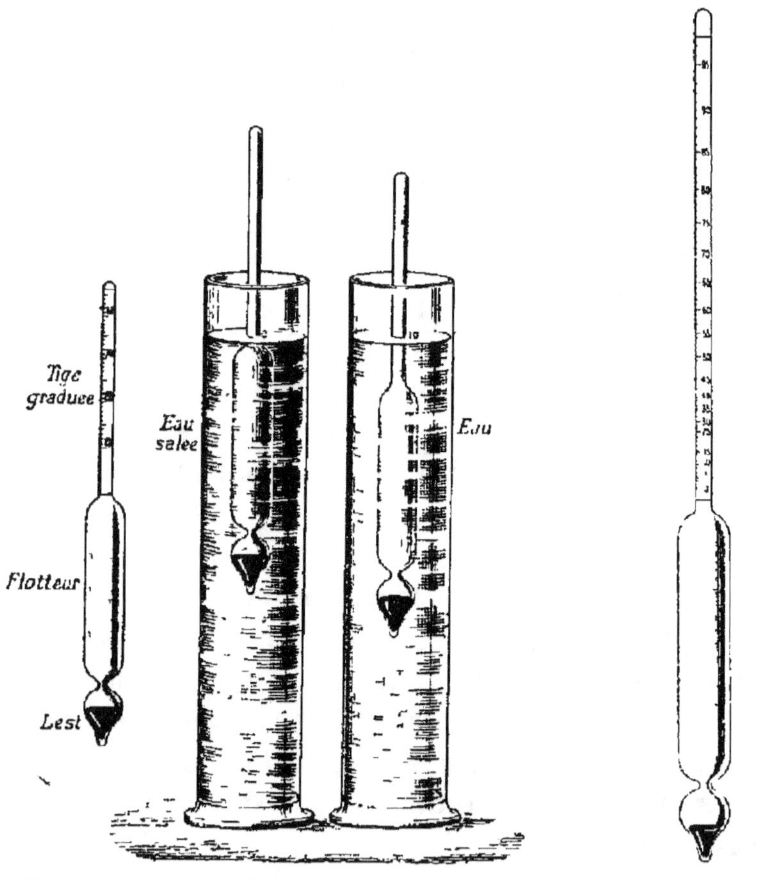

Fig. 62. — Pese-liqueurs et son mode primitif
de graduation.

Fig. 63 — Alcoomètre
de Gay-Lussac.

Quand on veut graduer directement un alcoomètre, on
le leste de manière que le point d'affleurement soit au bas
de la tige dans l'eau pure à 15°; on marque zéro en ce
point (*fig.* 63). On plonge ensuite l'instrument dans différents liquides à 15°, contenant 5, 10, 15, 20, ... volumes

d'alcool pur auxquels on ajoute assez d'eau distillée pour avoir chaque fois 100 volumes; on marque successivement 5, 10, 15, 20, ... aux différents points d'affleurement. Les intervalles ainsi obtenus sont d autant plus écartés qu'on s'approche davantage du sommet de la tige; on les divise chacun en cinq parties égales pour achever la graduation.

Cette graduation de 5 en 5 est nécessaire par suite de la diminution de volume qui se produit quand on mélange de l'eau et de l'alcool, diminution qui varie suivant la proportion de ces deux liquides dans le mélange; on la fait une fois pour toutes sur un alcoomètre qui servira d'étalon et avec lequel on pourra graduer par comparaison d'autres alcoomètres.

L'alcoomètre de Gay-Lussac ne donne des indications exactes que dans les liquides alcooliques ne contenant que de l'eau et de l'alcool; les boissons fermentées (vin, cidre, etc.) tiennent en dissolution des substances qui modifient la densité et doivent préalablement subir une distillation spéciale. Enfin, la richesse d'un liquide alcoolique n'est donnée par une simple lecture qu'autant que sa température est 15°; si la température est moins élevée, par exemple, la densité du liquide augmente et l'alcoomètre s'y enfonce moins, faisant lire ainsi une richesse trop faible. Gay-Lussac a construit des tables qui permettent, étant donnés la température du liquide alcoolique et le degré indiqué par l'alcoomètre, d'en déduire la richesse en alcool.

L'alcoomètre de Gay-Lussac est adopté par l'administration des contributions indirectes pour contrôler le service des distilleries et par le commerce des alcools pour toutes les transactions.

Les alcoomètres en usage doivent être contrôlés par l'Etat; ils sont donc assimilés aux *poids et mesures*.

52. Applications diverses. — Outre la détermination des densités par la balance hydrostatique et l'emploi des aréomètres, le principe d'Archimède a des applications très variées. Il explique pourquoi un navire s'enfonce moins dans la mer que dans l'eau douce, pourquoi les poissons peuvent descendre ou monter dans l'eau en comprimant plus ou moins leur vessie natatoire. Lorsqu'on veut renflouer un navire

échoué sur un bas-fond, on lui accole généralement des
bateaux chargés; ceux-ci, quand on les décharge, tendent à
se soulever et à soulever en même temps le navire auquel ils
sont accolés.

Enfin nous citerons, comme étant particulièrement des
applications des conditions d'équilibre des corps flottants,
les *ceintures de sauvetage*, les *bouées ordinaires*, les *bouées de
sauvetage*, les *flotteurs* destinés à indiquer le niveau de l'eau
dans les chaudières des machines à vapeur ou le niveau des
liquides dans les bacs-jauge.

RESUMÉ DU CHAPITRE VI

La résultante de toutes les pressions exercées par un liquide en
équilibre sur un solide qui y est immergé s'appelle la *poussée* du
liquide; elle est dirigée de bas en haut et est égale au poids du liquide
déplacé. Ce principe, énoncé par Archimède, se vérifie expérimentalement avec l'appareil très simple de M Boudréaux.

Comme conséquence du principe d'Archimède, tout corps plongé
dans un liquide est soumis à deux forces de sens contraires : son poids
P et la poussée F exercée par le liquide. Si le corps est homogène,
ces deux forces ont un même point d'application, qui est le centre de
gravité du corps. Trois cas peuvent se présenter : 1° le poids est
supérieur à la poussée : le corps tombe, sollicité par une force égale
à $P - F$ (poids apparent); 2° le poids est égal à la poussée : le corps
est en équilibre dans le liquide; 3° le poids est inférieur à la poussée : le corps remonte, sollicité par la force $F - P$; il émerge peu
à peu à la surface du liquide, et la poussée diminuant progressivement
finit par devenir égale à P. Le corps flotte alors; il est en équilibre
si les points d'application de P et F sont sur la même verticale.

La réaction étant égale à l'action, tout corps plongé dans un liquide
exerce sur ce liquide des pressions dont la résultante est dirigée de
haut en bas et égale au poids du liquide déplacé.

Les principales applications du principe d'Archimède sont la détermination de la densité d'un corps par la balance hydrostatique et
l'emploi des aréomètres.

Pour avoir la densité d'un solide, on détermine d'abord sa masse M
par double pesée, puis on détermine la poussée qu'il éprouve lorsqu'il est plongé dans l'eau; les masses marquées M' dont le poids
équilibre cette poussée représentent la masse d'un volume d'eau égal
à celui du corps. La densité est le quotient $\dfrac{M}{M'}$. Quand il s'agit d'un
liquide, on plonge une boule lestée dans ce liquide et dans l'eau, et
on détermine dans chaque cas la masse d'un volume de liquide égal

.. celui de la boule et la masse d'un même volume d'eau. La densité du liquide est le quotient de ces deux masses.

Les *aréomètres* sont des flotteurs lestés de manière à s'enfoncer verticalement dans les liquides. Ceux qu'emploie l'industrie sont à volume variable; ils sont tout en verre et comprennent une tige portant la graduation, un renflement cylindrique ou ovoïde et une ampoule contenant le lest. Ils servent surtout à déterminer le degré de concentration des liquides usuels.

Le pèse-acides et le pèse-liqueurs de Baumé ont une graduation arbitraire. Le pèse-acides est destiné aux liquides plus lourds que l'eau; les deux degrés qui ont fixé la graduation sont le degré 0 (dans l'eau pure) et le degré 15 (dans l'eau salée formée de 15^p de sel et 85^p d'eau). Dans le pèse-liqueurs, destiné aux liquides plus légers que l'eau, le 0 est au contraire au bas de la tige; il correspond à l'eau salée formée de 10^p de sel et 90^p d'eau; le degré 10 correspond à l'eau pure.

Enfin l'alcoomètre de Gay-Lussac donne par une simple lecture la proportion pour cent en volumes d'alcool pur contenu dans un mélange d'eau et d'alcool à 15°; il a été gradué de 5 en 5 avec des mélanges d'eau et d'alcool contenant successivement 5, 10, 15, ... volumes d'alcool pur sur 100 volumes du mélange.

EXERCICES SUR LE CHAPITRE VI

14. Un cylindre droit en bois d'orme (densité 0^{gr},8) flotte sur l'eau de manière que son axe soit vertical. On demande la hauteur qui émerge au-dessus de l'eau. La hauteur totale du cylindre est 30^{cm}.

15. Une boule de verre lestée avec du mercure est suspendue sous un des plateaux d'une balance hydrostatique. On l'équilibre par une tare, puis on la fait plonger successivement dans de l'alcool et dans de l'eau; il faut, pour rétablir l'équilibre, ajouter 8^{gr},1 dans le premier cas et 10^{gr},125 dans le second. On demande : 1° la densité de l'alcool; 2° le volume de la boule

16. Un alliage d'or et d'argent est équilibré dans l'air par une masse de 195^{gr}. Quand il est plongé dans l'eau, il ne faut plus qu'une masse de 180^{gr} pour lui faire équilibre. Quel est le volume de l'alliage et quelle est la proportion des deux métaux qu'il contient? On néglige la poussée de l'air. Densité de l'or, 19; de l'argent, 10.

17. Un pèse-acides de Baumé marque 5° dans du lait pur et 2° dans du lait étendu d'eau. On demande : 1° la densité du lait pur; 2° la densité du lait étendu; 3° la proportion d'eau ajoutée. La densité de l'eau salée qui a servi à marquer le degré 15 est 1,116.

PNEUMATIQUE

CHAPITRE VII

PRESSION ATMOSPHÉRIQUE. — BAROMÈTRES.

---

53. Propriétés générales des gaz. — La *pneumatique* a pour objet l'étude des conditions d'équilibre des gaz et de leurs principales propriétés.

Les gaz sont caractérisés par la répulsion qui s'exerce entre leurs molécules ; introduits dans un espace quelconque, ils le remplissent tout entier et ne se terminent pas par une surface libre. Cette propriété, appelée *expansibilité*, a déjà été démontrée (6).

Les gaz sont *très compressibles* et *parfaitement élastiques*, nous l'avons démontré avec le briquet à air (6). Nous avons vu, de plus, que la compression dégage de la chaleur. Inversement, un gaz comprimé qui revient à son volume primitif ou, autrement dit, qui se *détend*, se refroidit.

Enfin, *le poids spécifique d'un gaz est très faible* par rapport au poids spécifique d'un solide ou d'un liquide en général ; aussi a-t-on cru pendant longtemps que les gaz n'é'aient pas soumis à l'action de la pesanteur. Une expérience due à Otto de Guéricke montre au contraire que tous les gaz sont pesants ; on la répète aujourd'hui de la manière suivante : on prend un grand ballon de verre muni d'une garniture à robinet : on le suspend plein d'air sous l'un des plateaux d'une bonne balance et on fait la tare (*fig*. 64). On enlève alors le ballon, on y raréfie l'air

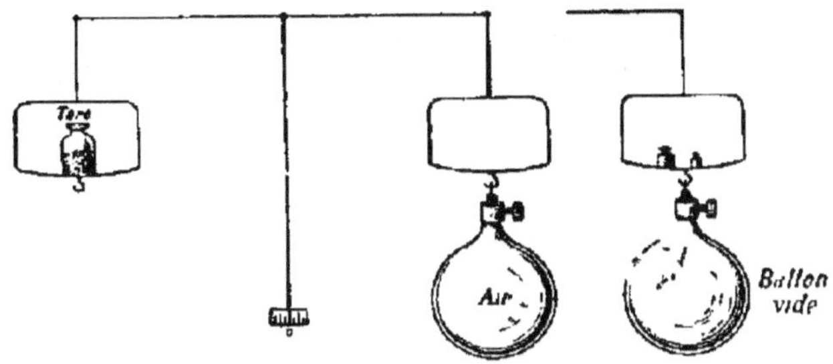

Fig 64 — Expérience montrant que l'air est pesant.

le plus possible à l'aide d'une machine pneumatique, puis on ferme le robinet et on le suspend de nouveau sous le même plateau. L'équilibre est rompu et le fléau s'incline du côté de la tare ; donc l'air est pesant. Si l'on répète la même expérience en remplaçant l'air du ballon par un gaz quelconque, on obtient un résultat analogue ; donc tous les gaz sont pesants.

L'expérience précédente, outre qu'elle prouve que tous les gaz sont pesants, permet de déterminer approximativement leur poids et leur masse par unité de volume. En effet, si après avoir suspendu le ballon vide on ajoute sur le plateau correspondant des masses marquées jusqu'à ce qu'il y ait de nouveau équilibre, le poids de ces masses est évidemment le même que le poids du gaz que l'on a extrait du ballon. On trouve ainsi, par exemple, que la masse d'un cent. cube d'air dans les conditions ordinaires est sensiblement $0^{gr},0013$, ce qui donne pour le poids du même volume d'air $0,0013 \times 981$ dynes.

54. Principes d'hydrostatique appliqués aux gaz. — La plupart des principes d'hydrostatique peuvent être appliqués aux gaz en équilibre ; en particulier, la différence de pression entre deux unités de surface prises à des niveaux horizontaux différents dans un gaz en équilibre est égale au poids d'une colonne gazeuse ayant pour base l'unité de surface et pour hauteur la distance verticale des deux niveaux. Quand cette distance verticale n'est pas très grande, la différence de pression peut être sensiblement négligée devant la force élastique à cause du faible poids spécifique du gaz ; il en est ainsi pour les gaz contenus dans des vases clos. Dans ce cas, on peut dire que la force élastique du gaz est la même en tous les points des parois du vase.

ÉTUDE DE LA PRESSION ATMOSPHÉRIQUE

55. Atmosphère et pression atmosphérique. — On donne le nom d'*atmosphère* à la couche d'air qui enveloppe complètement notre globe. Sa hauteur est inconnue, ou du moins, elle est très incertaine, car les méthodes que l'on a employées pour l'évaluer conduisent à des résultats variant entre 60 et 300^{km} ; quoi qu'il en soit, la densité de l'air décroît rapidement à mesure qu'on s'élève, et les ballons-sondes, c'est-à-dire les ballons qu'on lance dans les hautes régions pour les étudier, arrivent à franchir plus des $\frac{9}{10}$ de la masse de l'atmosphère tout en ne dépassant pas 17^{km} de hauteur. La pression exercée par cette immense couche gazeuse sur chaque unité de surface (1^{cq}) des corps qui y sont plongés s'appelle la *pression atmosphérique.*

Bien que la pression atmosphérique ait une valeur relativement considérable, nous ne nous apercevons pas habituellement de son existence. Elle s'exerce en effet dans tous les sens sur la surface d'un même corps placé dans l'air, et on peut dire que toutes ces pressions se font équilibre, car leur résultante est égale, comme nous le verrons, au poids de l'air déplacé et est, par suite, sensiblement négligeable. Ainsi une surface plane, comme une membrane, une feuille de papier, supporte sur ses deux faces des pressions égales et de sens contraires. Dès lors, si nous diminuons ou si nous supprimons la pression exercée par l'atmosphère sur l'une des faces, nous mettrons en évidence la pression exercée sur l'autre face.

56. Principales expériences qui montrent l'existence de la pression atmosphérique. — 1° Remplissons complètement d'eau une éprouvette ordinaire et appliquons une feuille de papier sur le liquide (*fig.* 65). Si nous retournons l'éprouvette avec précaut⋅⋅, nous constaterons que le liquide ne s'échappe pas. Cela tient à ce que le poids de la colonne d'eau contenue dans l'éprouvette est inférieur à la pression exercée de bas en haut par l'atmosphère.

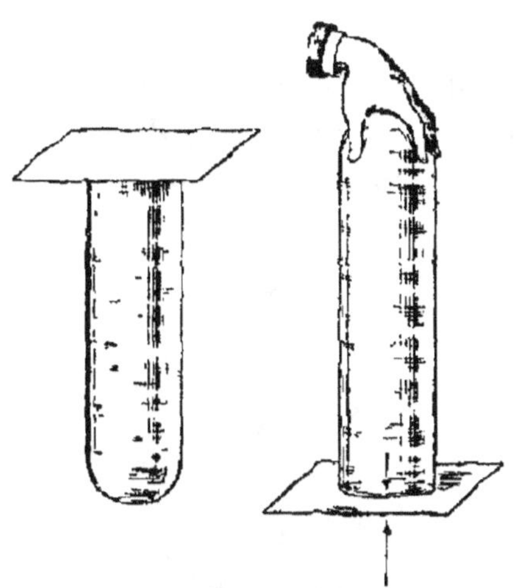

Fig. 65. — Pression atmosphérique de bas en haut.

2° Plaçons sur la plateforme de la machine pneumatique un manchon de verre dont les bords inférieurs, bien rodés, sont graissés de suif (*fig.* 66) : fermons ce manchon hermétiquement à sa partie supérieure par une portion de vessie ou une feuille de fort papier, puis raréfions l'air contenu à son intérieur : nous verrons aussitôt la membrane se déprimer sous l'effet de la pression atmosphérique et finir par crever avec un bruit assez fort, dû à la rentrée brusque de l'air dans le manchon.

3° Enfin nous citerons encore la célèbre expérience dite des *hémisphères de Magdebourg*, imaginée par Otto de Guéricke, bourgmestre de cette ville.

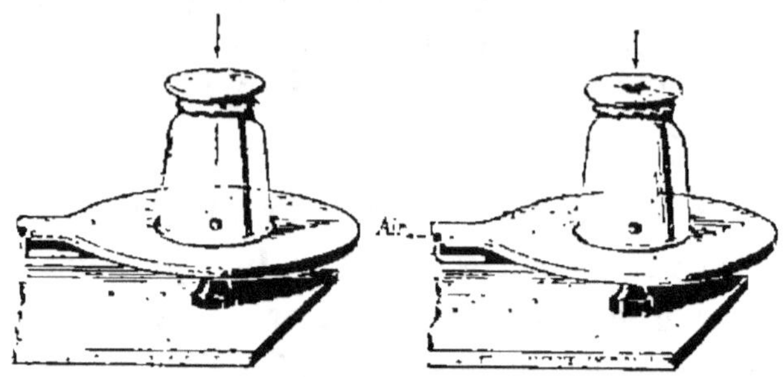

Fig. 66. — Expérience du crève-vessie.

Deux hémisphères métalliques creux sont appliqués exactement l'un sur l'autre par l'intermédiaire d'une bande de cuir graissé (*fig.* 67). L'hémisphère inférieur porte une

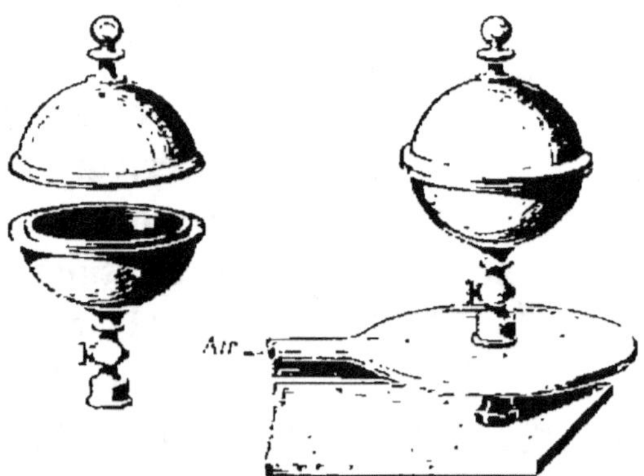

Fig. 67. — Hémisphères de Magdebourg.

garniture à robinet que l'on peut visser sur le canal d'aspiration de la machine pneumatique. Tant que l'appareil renferme de l'air, on sépare facilement les hémisphères l'un de l'autre, car la pression exercée par l'atmosphère est sensiblement équilibrée par la force élastique de l'air intérieur, mais dès que celui-ci est suffisamment raréfié, il faut, pour produire la séparation, un effort très considérable, et cela quel que soit le sens dans lequel on exerce la traction.

57. Expérience de Torricelli. — Torricelli, élève de Galilée, fit en 1643 une expérience célèbre qui, tout en prouvant l'existence de la pression atmosphérique, permet de la mesurer.

Pour répéter cette expérience, on prend un tube de verre d'environ 90^{cm} de longueur, fermé à l'une de ses extrémités ; on le remplit complètement de mercure, puis, bouchant l'ouverture avec le doigt, on retourne le tube et on le plonge verticalement dans une cuvette contenant du mercure (*fig.* 68). Après avoir retiré le doigt, on voit le mercure descendre dans le tube et s'arrêter en équilibre à une hauteur de 76^{cm} environ au-dessus du niveau du mercure dans la cuvette, laissant ainsi au-dessus de lui un *espace complètement privé d'air.*

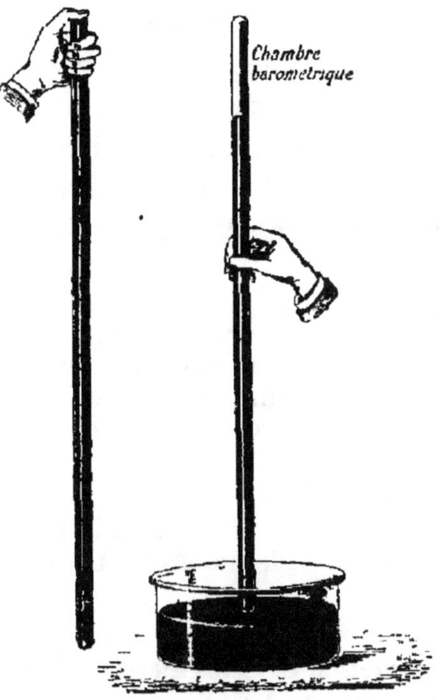

Fig. 68. — Expérience de Torricelli.

EXPLICATION DE L'EXPÉRIENCE DE TORRICELLI. — Prenons deux unités de surface, l'une *s*, sur la surface libre du mercure dans la cuvette ; l'autre s', sur le même plan horizontal, mais à l'intérieur du tube (*fig.* 69). Ces deux surfaces appartenant à un même plan horizontal situé dans un même liquide en équilibre, supportent la même pression. Or la surface s supporte la pression atmosphérique ; la surface s' supporte une pression égale au poids d'une colonne de mercure ayant pour base s' et pour hauteur la distance verticale entre les niveaux du mercure dans le tube et dans la cuvette. Donc cette dernière pression fait équilibre à la pression atmosphérique.

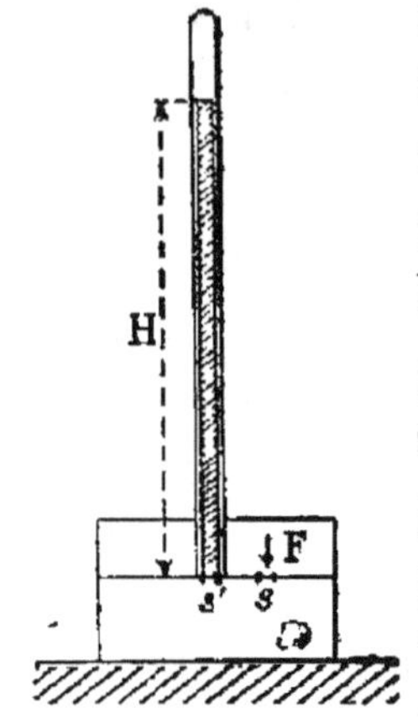

Fig. 69. — **Explication** de l'expérience de Torricelli.

Appelons F la pression exercée par l'atmosphère sur la surface s (1^{eq}), H la hauteur du mercure dans le tube de Torricelli, p le poids spécifique du mercure ; on aura, d'après ce qui précède,

$$F = Hp = Hdg \quad \text{dynes.}$$

Sur une surface contenant S fois l'unité de surface, la pression exercée par l'atmosphère serait évidemment S fois plus grande.

58. Conséquences de l'expérience de Torricelli. — On peut déduire de l'expérience de Torricelli plusieurs conséquences importantes :

1° **La** pression atmosphérique restant constante, la hauteur verticale du mercure dans le tube de Torricelli reste constante ; elle est indépendante de la forme, du diamètre et de l'inclinaison du tube.

Cette conséquence, analogue à celle que nous avons déjà établie pour la pression sur le fond horizontal mobile d'un vase (38), se déduit de la formule précédente. On peut la vérifier expérimentalement en renversant dans une même cuvette des tubes de Torricelli de forme et de diamètre différents, droits ou inclinés : on constate que les niveaux supérieurs du mercure dans les tubes sont dans un même plan horizontal et que la distance verticale de ce plan à la surface du mercure dans la cuvette est la même pour tous les tubes.

2° Si la pression atmosphérique augmente ou diminue, la hauteur de la colonne mercurielle doit monter ou baisser en même temps.

En effet, dans la formule $F = hp$, p restant constant, si F augmente, h doit augmenter, et si F diminue, h doit diminuer. On peut d'ailleurs vérifier cette conséquence par l'expérience en observant au même moment des tubes de Torricelli qu'on a placés à différentes altitudes. Pascal chargea son beau-frère Périer de répéter, avec des aides, l'expérience de Torricelli simultanément à la base et au sommet du Puy-de-Dôme ; on trouva que la colonne mercurielle était moins élevée d'environ 8^{cm} au sommet qu'à la base de la montagne.

3° Si l'on répète l'expérience de Torricelli avec un liquide autre que le mercure, la hauteur de ce liquide qui fera équilibre à la pression atmosphérique sera d'autant plus grande que le liquide sera moins dense.

Soit H' la hauteur d'un liquide de densité d' qui équilibre la pression atmosphérique ; on a évidemment

$$F = Hdg = H'd'g,$$

d'où l'on tire
$$\frac{H}{H'} = \frac{d'}{d}.$$

Cette dernière conséquence fut vérifiée par Pascal à Rouen en 1646 ; en employant un tube de 15^m de long, préalablement rempli de vin rouge, il constata que ce liquide, qui est environ 13 fois 1/2 moins dense que le mercure, avait son niveau à une hauteur de $10^m,40$, c'est-à-dire à une hauteur environ 13 fois 1/2 plus grande que celle du mercure.

59. Évaluation de la pression atmosphérique. — Supposons que la hauteur du mercure dans le tube de Torricelli soit de 76^{cm} à $0°$, et cherchons la valeur de la pression atmosphérique à laquelle cette colonne fait équilibre sur 1^{cq}. La densité du mercure à 0° étant 13,596, nous aurons

$$F = Hdg = 76 \times 13,596 \times 981 = 1013575 \text{ dynes.}$$

Telle est, dans ce cas, la valeur de la pression exercée par l'atmosphère sur 1^{cq}.

Évaluons maintenant cette pression en grammes-poids. Le gramme-poids valant 981 dynes à Paris, il suffit de diviser le résultat précédent par 981, ce qui donne

$$F = \frac{1013575}{981} = 1033 \text{ grammes-poids.}$$

Enfin, par abréviation, on évalue souvent la pression atmosphérique simplement par la hauteur du mercure. On dira par exemple : la pression atmosphérique est de 76^{cm}. On veut dire par là que la pression atmosphérique est celle qu'une colonne de mercure de 76^{cm} à 0° exercerait sur 1^{cq} au lieu de l'observation.

BAROMÈTRES

60. Définition et classification. — On appelle baromètres des instruments destinés principalement à mesurer la pression atmosphérique. — Les uns reposent directement sur l'expérience de Torricelli : ce sont les *baromètres à mercure*, que l'on distingue suivant leur forme générale en baromètres à cuvette et baromètres à siphon ; les autres reposent sur les déformations que font subir les variations de la pression atmosphérique à un appareil métallique clos et vide d'air, ce sont les *baromètres anéroïdes*, appelés aussi quelquefois baromètres métalliques.

Remarque. — Le mercure est le seul liquide employé dans

la construction des baromètres dont le principe repose sur l'expérience de Torricelli, et pour plusieurs raisons : c'est lui qui exige le tube le moins long, car il est le plus dense des liquides; il peut facilement être obtenu pur, et enfin il donne une chambre barométrique vide, car il n'émet pour ainsi dire pas de vapeurs à la température ordinaire.

61. Baromètres à cuvette. — Ils comprennent trois types : le baromètre ordinaire à cuvette, le baromètre normal et le baromètre de Fortin.

1° Baromètre ordinaire à cuvette. — Ce baromètre se compose d'un tube de Torricelli plongeant par sa pointe inférieure effilée dans une cuvette de forme spéciale (*fig.* 70). Le tube et la cuvette sont raccordés au moyen d'une peau de chamois qui ne s'oppose pas à l'action de la pression atmosphérique sur le mercure de la cuvette; ils sont fixés sur une planchette qui porte latéralement un thermomètre. La quantité de mercure de la cuvette est réglée de manière que ce liquide n'atteigne jamais les bords; il en résulte que son niveau est sensiblement constant malgré les variations de la pression atmosphérique. Si celle-ci diminue, un peu de mercure passe du tube dans la cuvette, mais le liquide ne fait que s'étaler un peu plus sur le fond; l'inverse se produit si la pression augmente.

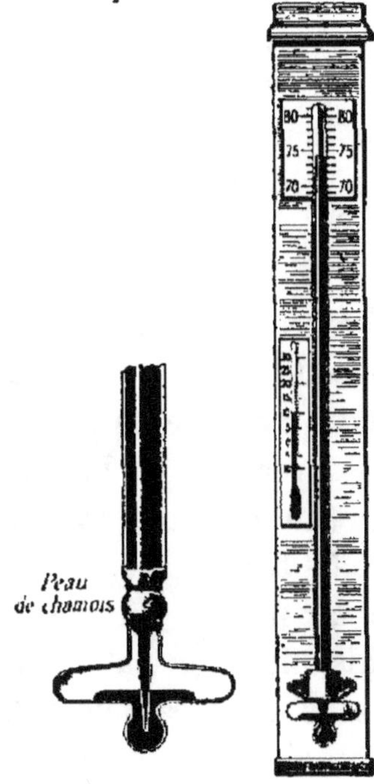

Fig. 70. — Baromètre ordinaire à cuvette. (Baromètre d'appartement.)

Le baromètre ordinaire à cuvette est rarement utilisé
comme baromètre de précision; il sert le plus souvent de
baromètre d'appartement. Dans ce dernier cas, une graduation en millimètres est appliquée sur la planchette de
part et d'autre de la partie supérieure du tube; le zéro de
cette graduation correspond comme toujours au niveau
fixe du mercure dans la cuvette.

2° Baromètre normal. — Le baromètre normal, imaginé
par Regnault, est le plus simple et le plus parfait de tous
les baromètres. Il diffère essentiellement du baromètre

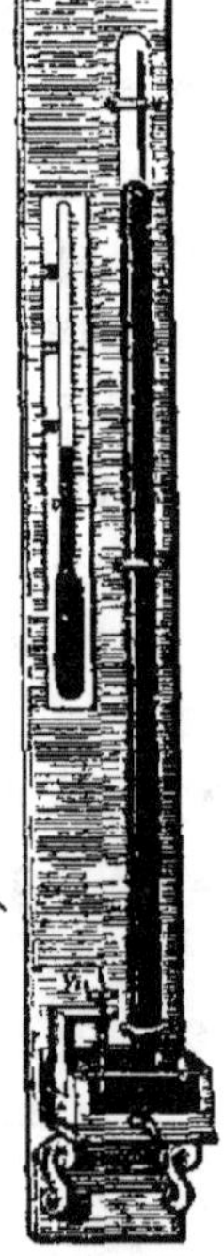

Fig 71. — Ba-
romètre de
Regnault.

précédent en ce que le tube est assez large
(22 à 25^{mm}) pour supprimer la dépression capillaire (45); ce tube plonge par sa pointe
inférieure effilée dans le mercure d'une cuve
prismatique en fonte à parois de glace (*fig*.
71). Une équerre en fer fixée aux parois de
la cuve porte une vis verticale terminée en
pointe à ses deux extrémités. Lorsque la
pointe inférieure de cette vis est en contact
exact avec la surface du mercure, la pression
atmosphérique est mesurée par la longueur
entre les deux pointes (mesurée une fois pour
toutes), augmentée de la distance verticale de
la pointe supérieure au niveau du mercure
dans le tube. Cette distance verticale se mesure à distance à l'aide d'un cathétomètre,
sorte de lunette horizontale pouvant se déplacer le long d'une règle verticale graduée.

Sainte-Claire Deville a modifié le baromètre de Regnault de
manière à permettre de faire des lectures directes : une règle
de cuivre divisée en millimètres est fixée parallèlement au

tube sur la même planchette (*fig.* 72) ; elle se termine inférieurement par une pointe d'ivoire dont l'extrémité correspond

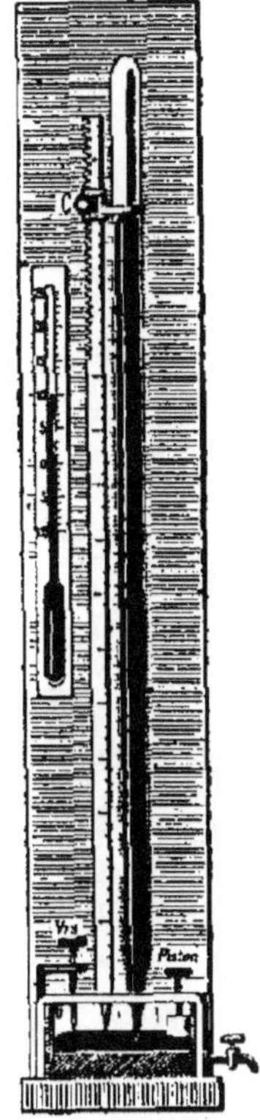

Fig. 72.— Baromètre normal de Sainte-Claire Deville

exactement au zéro de la graduation. Pour déterminer la hauteur barométrique, on fait d'abord affleurer le mercure de la cuvette à la pointe d'ivoire en y enfonçant plus ou moins un piston en fonte poli, puis on fait glisser le long de la règle un curseur C muni d'un vernier au 1/10 et d'un petit anneau cylindrique entourant le tube jusqu'à ce que le plan inférieur de l'anneau soit tangent au sommet de la colonne mercurielle. On lit ainsi la hauteur barométrique à moins de 1/10 de millimètre près.

Enfin, on construit aujourd'hui des baromètres normaux qui permettent de faire des observations encore plus précises grâce à une disposition qui montre très nettement le niveau du mercure dans le tube et à un tube en S qui, installé à cheval sur le bord de la cuvette, donne avec précision le niveau du mercure dans celle-ci (modification de M. Leduc).

3° **Baromètre de Fortin.** — Le baromètre de Fortin présente sur les précédents le grand avantage d'être portatif, avantage qu'il doit à la disposition spéciale de sa cuvette. Celle-ci est à fond mobile (*fig.* 73) : elle se compose d'un cylindre de verre mastiqué sur un cylindre de buis, autour duquel est solidement fixée une peau de chamois que l'on peut abaisser ou relever à volonté à l'aide d'une vis. Une gaine de laiton recouvre toute la partie inférieure de la cuvette ; enfin, à la partie supérieure de celle-ci se trouve

une pointe d'ivoire, qui doit toujours affleurer à la surface
du mercure quand on veut faire une observation.

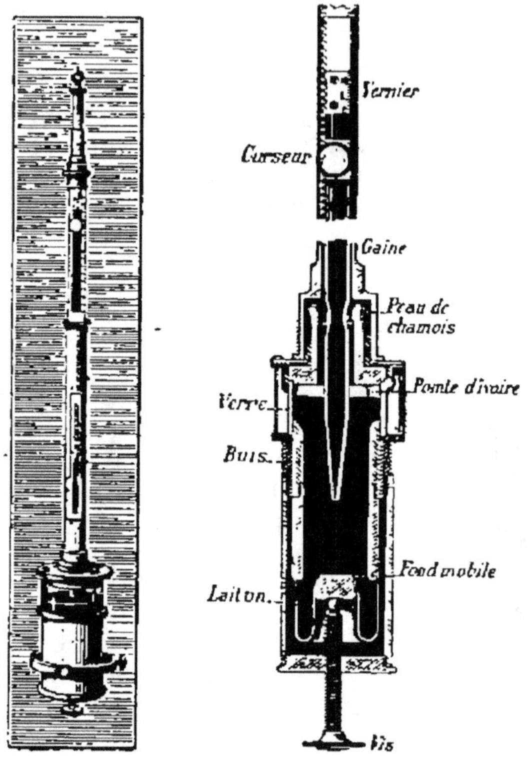

Fig. 73. — Baromètre de Fortin.

Le tube du baromètre de Fortin a de 8 à 12^{mm} de diamètre; il est fixé sur la cuvette par l'intermédiaire d'une
peau de chamois et est enveloppé dans une gaine en laiton
percée de deux fenêtres longitudinales vers le sommet
de la colonne mercurielle. La graduation commence à
640^{mm}; elle est faite sur cuivre argenté. Un curseur se
déplace le long de cette graduation et porte un vernier au
1/10 de millimètre.

Le baromètre de Fortin est utilisé aussi bien comme baro-

...etre fixe que comme baromètre de voyage. Quand on veut le transporter, on soulève la peau de chamois jusqu'à ce que la cuvette et le tube soient complètement remplis de mercure, puis on enferme le tout dans un étui en cuir. En voyage, avant de faire une observation, on installe verticalement le baromètre sur un support spécial muni d'une *suspension à la Cardan* (*fig.* 74), puis on abaisse la peau de chamois jusqu'à ce que le niveau du mercure dans la cuvette affleure à la pointe d'ivoire.

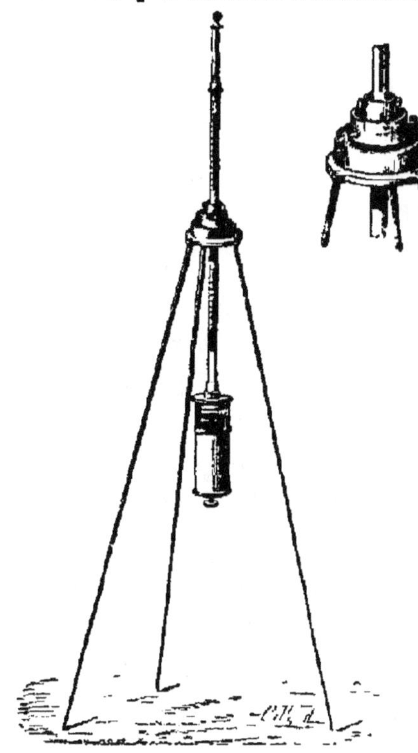

Fig 74. — Suspension à la Cardan.

62. Baromètres à siphon. — *Principe* : Considérons un tube de verre recourbé à deux branches inégales, la plus petite ouverte, la plus grande fermée (*fig*. 75) ; remplissons complètement de mercure cette dernière, en inclinant le tube à plusieurs reprises, puis redressons l'appareil verticalement : nous verrons le mercure quitter le sommet de la grande branche et prendre une certaine position d'équilibre. Imaginons le plan horizontal AB qui passe par la surface de séparation du mercure et de l'air ; deux unités de surface *s* et *s'* de ce plan, prises l'une dans la petite branche, l'autre dans la

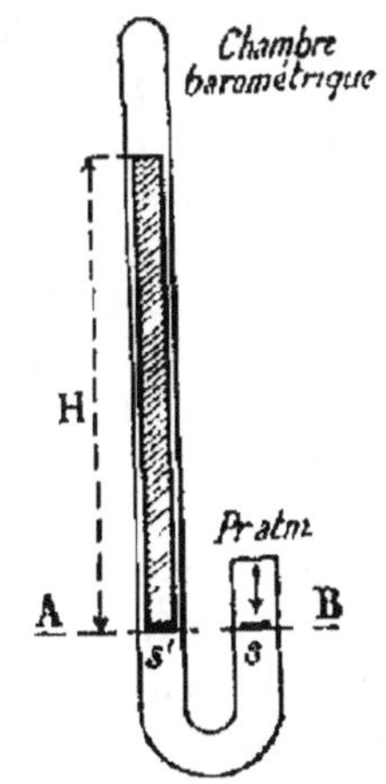

Fig. 75. — Principe du baromètre à siphon.

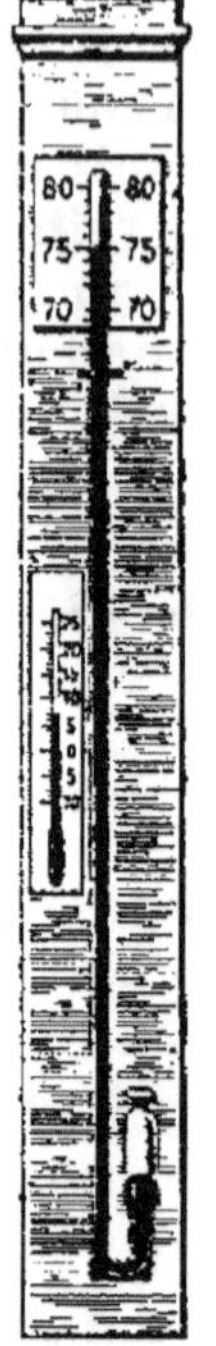

Fig 76 — Baromètre d'appartement a siphon

grande, supportent la même pression. Or s supporte la pression atmosphérique, s' supporte le poids d'une colonne de mercure ayant pour hauteur sa distance à la surface libre dans la même branche, c'est-à-dire la différence des niveaux du mercure dans les deux branches ; donc cette colonne mesure la pression atmosphérique.

Baromètre à siphon de Gay-Lussac. — Le baromètre d'appartement à siphon ne diffère du baromètre ordinaire à cuvette que par la forme de son tube barométrique, lequel est recourbé en siphon (*fig.* 76). La petite branche a une section assez grande pour qu'on n'ait pas à tenir compte des variations de niveau ; elle est fermée par une membrane qui empêche les poussières extérieures de pénétrer jusqu'au mercure.

Dans le baromètre destiné aux mesures de précision, le tube a une section analogue à celle du baromètre normal ; il est formé de trois parties soudées l'une à l'autre : une grande branche terminée inférieurement par une pointe effilée, une petite branche percée latéralement d'un très petit orifice, et une branche intermédiaire capillaire sur une partie de sa longueur (*fig.* 77). Cette disposition, due à Bunten, a pour but de prévenir toute rentrée d'air dans la chambre barométrique ; si, quand on retourne le tube, quelques bulles d'air passent par la partie capillaire, elles vont se loger à la partie supérieure de la branche intermédiaire. Enfin, le tube est enveloppé d'une gaine de laiton qui porte deux fenêtres longitudinales, en regard de la grande branche et de la petite branche.

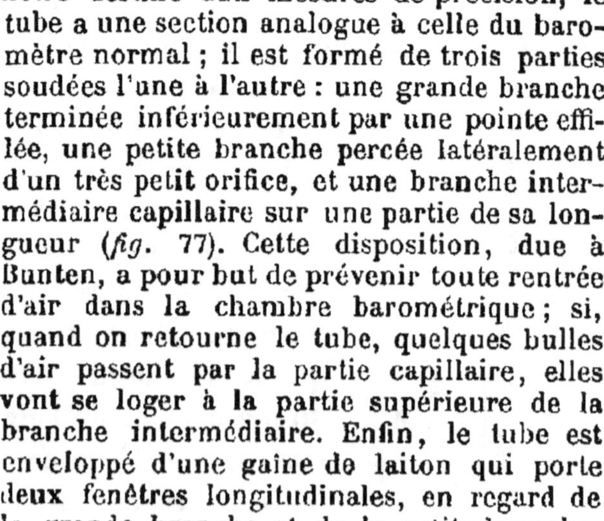

Fig. 77. — Tube du baromètre de précision à siphon.

La hauteur barométrique se mesure à l'aide de deux échelles ayant leur zéro au même point, vers le milieu de la grande branche ; ces échelles, graduées en sens contraires, portent deux curseurs à vernier permettant d'apprécier le 1/10 de millimètre. La hauteur barométrique est évidemment la somme des nombres correspondant aux deux niveaux du mercure.

Le baromètre de Gay-Lussac peut servir de baromètre de voyage comme le baromètre de Fortin. Avant de le transporter, on le renverse lentement et on le retourne, puis on l'enferme dans un étui. Quand on veut faire une observation, on redresse l'instrument et on le place sur la suspension à la Cardan.

**63. Construction des baromètres à mercure. — La condition essentielle pour avoir un bon baromètre à mercure est que la chambre barométrique ne contienne aucune trace d'air ni de vapeur d'eau. Il faut donc, même quand on veut construire un baromètre ordinaire, employer du mercure neuf ou bien purifié, ainsi que des tubes préalablement lavés aux acides, à l'eau, à l'alcool, puis soigneusement séchés. On purge ensuite complètement le mercure d'air et d'humidité en le portant à l'ébullition dans le tube même et sur toute sa longueur.

Quant aux baromètres de précision, leur construction exige des manipulations et surtout un outillage spécial que nous n'avons pas à décrire ici

**64. Baromètres anéroïdes. — Les baromètres anéroïdes ne sont pas des baromètres de précision, parce que l'élasticité des appareils métalliques servant à leur construction varie avec le temps ; mais ils sont très commodes et peuvent être rendus très portatifs; aussi sont-ils à peu près seuls employés par les météorologistes et les voyageurs. On les gradue par comparaison avec un baromètre à mer

cure. Les deux principaux types sont le baromètre de Vidi
et le baromètre de Bourdon.

Baromètre de Vidi. — La partie essentielle du baromètre de Vidi (*fig.* 78) est une caisse métallique mince

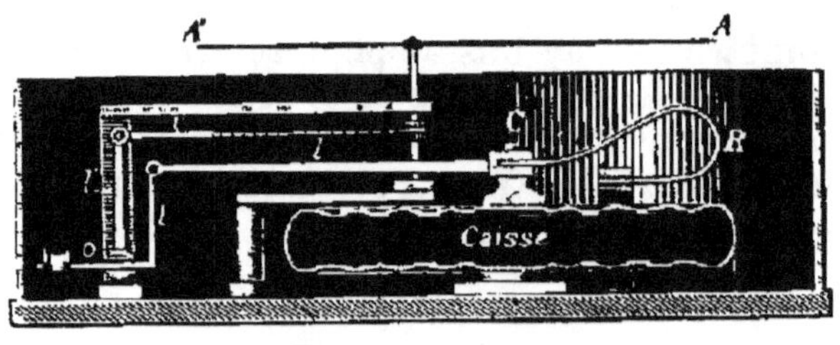

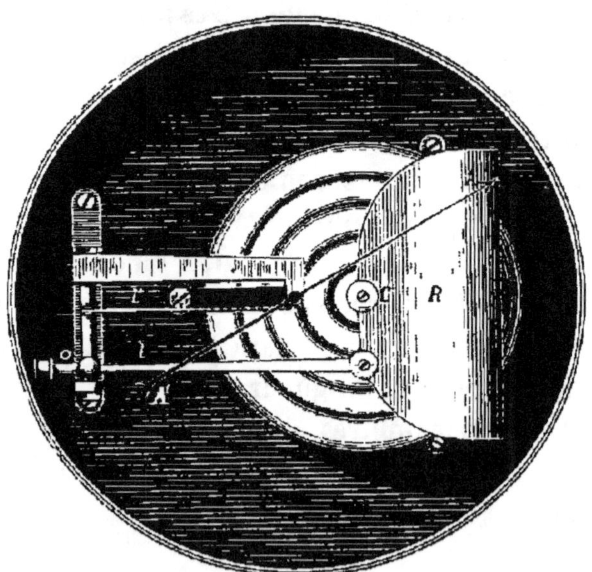

Fig. 78. — Baromètre anéroïde de Vidi.

fermée hermétiquement et contenant de l'air très raréfié.
La base supérieure de cette caisse, cannelée circulairement pour accroître la flexion, supporte les variations de
la pression atmosphérique et se trouve plus ou moins
déprimée, malgré une lame-ressort antagoniste R qui

tend à la soulever. Les déplacements de son centre sont très faibles, mais ils sont amplifiés considérablement par deux leviers *ll*, *l'l'* qui les transmettent par une série de pièces intermédiaires, savoir : une courte colonne métallique C fixée au centre même, la lame-ressort R, un axe de rotation *o*, et enfin une petite chainette qui s'enroule sur un axe de rotation portant l'aiguille.

Baromètre de Bourdon. — Dans ce baromètre, la pression atmosphérique agit sur un tube mince en laiton, fermé

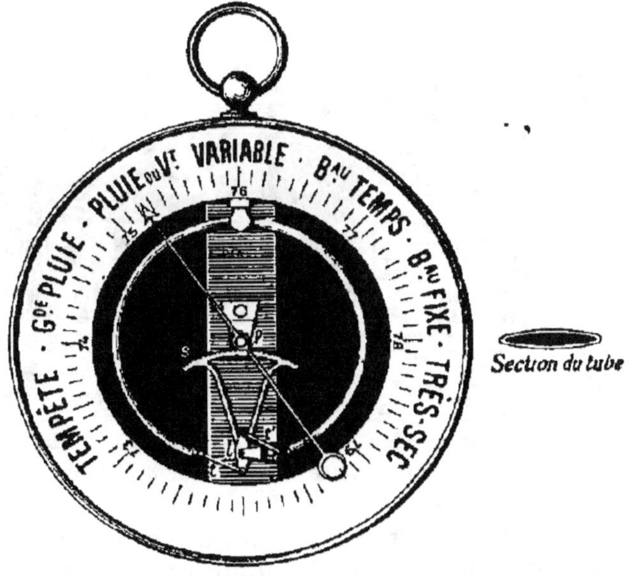

Fig. 79 — Baromètre ancroïde de Bourdon.

à ses deux extrémités et contenant également de l'air très raréfié. Ce tube est aplati et courbé circulairement (*fig.* 79). Quand la pression atmosphérique augmente, la courbure augmente et les extrémités se rapprochent ; quand la pression atmosphérique diminue, la courbure diminue et les extrémités s'écartent. Ces déplacements sont transmis à une aiguille mobile sur un cadran divisé par l'intermédiaire de deux petites tiges *t*, *t'* articulées à un levier *l* et d'un secteur denté *s* qui engrène avec un pignon *p* portant l'aiguille.

Baromètres enregistreurs. — Les baromètres enregistreurs, imaginés par Richard, ont pour but de noter d'une façon continue les variations de la pression atmosphérique en un lieu donné.

Ils se composent essentiellement d'une chambre anéroïde formée de petites boîtes circulaires minces, soudées par leurs bords (*fig.* 80). L'air est très raréfié dans cette chambre, de

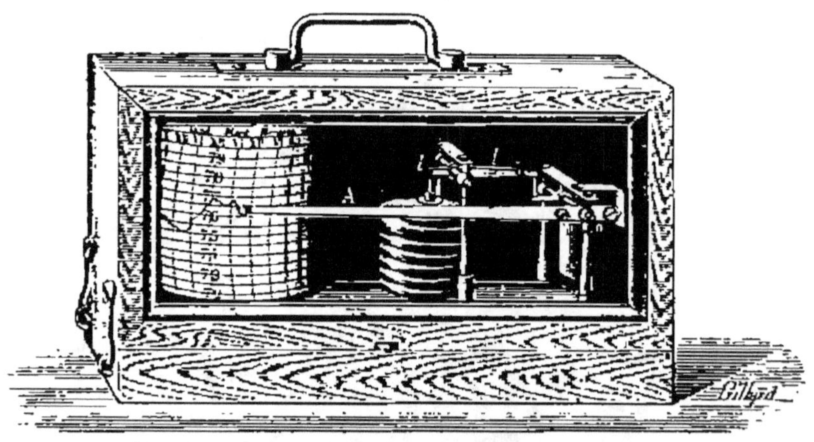

Fig. 80. — Baromètre enregistreur de Richard

sorte qu'elle se raccourcit plus ou moins suivant que la pression atmosphérique augmente ou diminue, et cela malgré un ressort antagoniste placé à l'intérieur. Ces variations de hauteur sont transmises à une longue aiguille A en aluminium par l'intermédiaire d'un levier coudé *ll* et d'un axe de rotation O. Enfin l'extrémité de l'aiguille porte une plume à réservoir d'encre, qui appuie légèrement sur une feuille de papier divisée, enroulée sur un cylindre entraîné par un mouvement d'horlogerie.

65. Usages des baromètres. — Les principaux usages des baromètres sont la détermination de la pression atmosphérique, la mesure des hauteurs et la prévision du temps.

1° Détermination de la pression atmosphérique. — Quand on veut obtenir une hauteur barométrique avec précision, il faut faire subir plusieurs corrections à la hauteur trouvée par l'expérience ; la plus importante est la correction relative à la température. La densité du mercure variant, comme nous le verrons, avec la température, c'est à 0° que l'on établit la hauteur de la colonne de mercure capable d'équilibrer la pression atmosphérique. Si, par exemple, au moment de l'observation la température est supérieure à 0°, ce qui est le cas ordinaire, le mercure s'est dilaté et on lit une hauteur trop grande ; d'un autre côté, quand la graduation est tracée sur une règle métallique, les divisions se sont écartées et on lit une hauteur trop faible. Nous apprendrons bientôt à corriger cette double erreur.

Quand le baromètre a un diamètre inférieur à 2^{cm}, comme le baromètre de Fortin, par exemple, il faut aussi tenir compte de la dépression capillaire (45) ; pour cela, on compare à un même moment la hauteur de ce baromètre à celle d'un baromètre normal ; la différence donne la correction fixe que l'on doit faire subir à toutes les observations. Enfin dans les expériences de haute précision où g intervient, on convient, comme cet élément varie avec la latitude et avec l'altitude, de ramener par le calcul les observations barométriques à ce qu'elles seraient à 45° de latitude et au niveau de la mer.

2° Mesure des hauteurs. — La densité de l'air étant environ 10500 fois plus petite que celle du mercure, une colonne mercurielle de 1^{mm} ferait équilibre à une colonne d'air de même section mais 10500 fois plus haute. Cela posé, si la densité de l'air restait la même à toutes les altitudes, chaque diminution de 1^{mm} de la colonne barométrique indiquerait une élévation de $10^m,50$. Cette évaluation ne peut servir que pour des hauteurs qui ne dépassent pas sensiblement 100^m, car la densité de l'air décroit rapidement à mesure que l'on s'élève ; pour des hauteurs plus grandes, on emploie des formules spéciales, dites *formules barométriques*.

Voici la formule donnée par Babinet pour des hauteurs **ne** dépassant pas 1000 à 1200^m :

$$X^m = 16000[1 + 0,002(T + t)]\left(\frac{H - h}{H + h}\right).$$

H et T sont la hauteur barométrique et la température à la station la moins élevée ; h et t la hauteur barométrique et la température à l'autre station.

Quand on veut mesurer la hauteur d'une montagne ou faire un nivellement barométrique avec une certaine précision, on se sert des baromètres portatifs de Fortin ou de Gay-Lussac. Les voyageurs qui, en pays de montagnes, veulent savoir approximativement à quelle hauteur ils se trouvent, se servent de petits baromètres anéroïdes de poche,

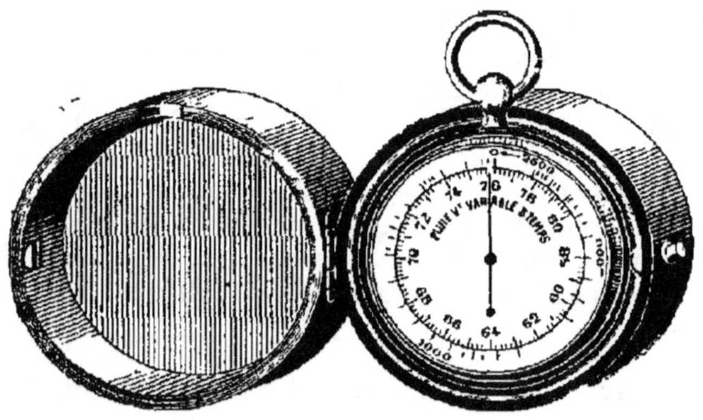

Fig. 81. — Baromètre de montagne, de 0 a 2500^m

dits *baromètres de montagne* (*fig.* 81), protégés par un écrin en cuir et portant deux graduations, l'une pour la pression atmosphérique, l'autre pour la mesure des hauteurs.

3° Prévision du temps. — Depuis longtemps on a remarqué un lien entre les variations accidentelles de la hauteur barométrique et l'état du ciel. Dans nos régions, par exemple, les vents qui dominent sont les vents du Nord-Est et les vents du Sud-Ouest. Les premiers sont froids et font monter le baromètre, l'air froid étant plus dense que l'air chaud ; de plus, comme ils n'ont guère traversé que des continents, ils sont peu humides et leur arrivée annonce ordinairement le beau temps. Les vents du Sud-Ouest sont au contraire chauds et humides ; leur arrivée fait baisser le baromètre et amène ordinairement la pluie. En se basant en partie sur ces remarques générales, on adapte en France aux baromètres destinés à la prévision du temps une graduation spéciale (tempête, grande pluie, pluie ou vent, variable, beau temps, beau fixe, très sec) (*fig.* 82) ; toutes ces indications correspondent à des variations de pression de 9^{mm}, le « variable » étant en regard de la hauteur moyenne du lieu (76^{cm} pour la latitude de 50° et au niveau de la mer).

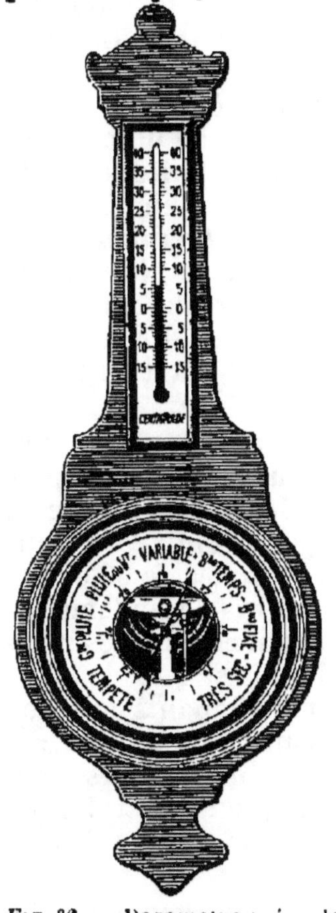

Fig. 82 — Baromètre anéroïde destiné à la prévision du temps.

Les indications de cette nature données par le baromètre sont loin d'être absolues. Si l'on veut calculer le temps probable, il faut faire entrer en ligne de compte non seulement

les variations de la pression atmosphérique, mais aussi les
variations de la température, l'aspect du ciel, les signes
qu'une longue expérience a fait regarder comme infaillibles
pour la localité, etc. En général, les oscillations lentes et
continues rendent probables les indications données par le
baromètre ; les oscillations brusques présagent des bourras-
ques ou des tempêtes. Presque tous les grands États de
l'Europe ont d'ailleurs organisé un service régulier d'observations barométriques, exécutées à peu près à la même
heure et chaque jour, sur un grand nombre de points. Ces
observations, centralisées, servent à établir les bulletins de la
prévision du temps. Les principaux résultats, en cas d'ur-
gence, sont télégraphiés aux autorités, qui prennent alors
toutes les mesures nécessaires pour parer à la sécurité de
leurs administrés (tempêtes maritimes et terrestres, inonda-
tions, etc.). Ces prévisions influent également sur le cours
marchand des denrées en raison de l'action de l'état du temps
sur les récoltes.

Quant à la graduation spéciale d'un baromètre, elle doit
varier avec la latitude, l'altitude et surtout la situation particulière de chaque contrée. Au niveau de la mer, à l'équateur,
la hauteur moyenne correspond à 75^{cm},8 et non à 76^{cm} ; elle
atteint son maximum (76^{cm},3) entre les latitudes de 30 et 40°.
D'un autre côté, la hauteur moyenne diminue rapidement à
mesure qu'on s'élève : à la Paz (Bolivie), qui est une des villes
les plus élevées du globe (3720^{m}), elle n'est que de 48^{cm}.
Enfin, c'est surtout la direction des vents régnants qui doit
fixer les indications du baromètre dans une région : à
Buenos-Ayres, les vents du Sud-Est, froids et humides, font
monter le baromètre et amènent la pluie ; en Australie, les
vents chauds font baisser le baromètre, mais comme ils sont
secs, ils amènent le beau temps.

Outre les variations accidentelles que nous venons d'étudier, le baromètre présente dans toutes les régions des
variations diurnes régulières, dont la cause n'est pas très
bien connue. Les variations diurnes ne s'observent que difficilement dans les régions tempérées, parce qu'elles y sont
souvent masquées par les variations accidentelles, mais à
l'équateur et dans le voisinage, elles se manifestent très
nettement ; chaque jour, on voit la colonne barométrique
monter et descendre régulièrement de manière à présenter
deux minima, vers 4^h du matin et 4^h du soir, et deux maxima,

vers 10ʰ du matin et 10ʰ du soir. L'amplitude de l'oscillation de jour (de 10ʰ du matin à 4ʰ du soir) atteint jusqu'à 2ᵐᵐ,5.

RÉSUMÉ DU CHAPITRE VII

Les gaz sont caractérisés par leur *expansibilité* : introduits dans une enveloppe quelconque, ils l'occupent entièrement et exercent sur les parois une certaine pression dont la valeur par unité de surface s'appelle la *force élastique* du gaz. Ils sont *très compressibles* et parfaitement élastiques (expérience du briquet à air). Enfin ils sont *pesants,* mais leur poids spécifique est très faible : on démontre par exemple que l'air est pesant en suspendant successivement à un plateau de balance un ballon vide et le même ballon plein d'air.

L'atmosphère qui entoure la Terre exerce une pression sur tous les corps avec lesquels elle est en contact. L'existence de cette pression se démontre par diverses expériences (crève-vessie, hémisphères de Magdebourg) ; l'expérience de Torricelli permet en outre de la mesurer. Torricelli remplit de mercure un tube d'environ 80ᶜᵐ de longueur, puis il le renversa verticalement dans une cuvette contenant du mercure ; il vit le liquide quitter le sommet du tube et se maintenir à une hauteur d'environ 76ᶜᵐ, laissant au-dessus de lui un espace vide (chambre barométrique). La colonne de mercure ainsi soulevée fait équilibre à la pression exercée par l'atmosphère sur une surface égale à la section du tube. On évalue cette pression soit en dynes, soit en grammes-poids (1 033 par centimètre carré quand la hauteur est de 76ᶜᵐ), soit simplement en colonne de mercure.

Les baromètres sont destinés surtout à mesurer la pression atmosphérique. On les distingue en baromètres à mercure (baromètres à cuvette, baromètres à siphon) et baromètres anéroïdes.

Dans le *baromètre ordinaire à cuvette,* le tube de Torricelli plonge par sa pointe inférieure effilée dans une cuvette à niveau invariable ; la partie supérieure du tube porte une graduation en millimètres dont le 0 correspond au niveau du mercure dans la cuvette.

Le *baromètre normal* est un baromètre de précision dont le tube est assez gros pour qu'on évite la dépression capillaire ; la hauteur barométrique est égale à la longueur d'une vis dont la pointe inférieure affleure le mercure de la cuvette, augmentée de la distance de la pointe supérieure au niveau du mercure dans le tube. Le *baromètre de Fortin* est également un baromètre de précision, mais il est portatif ; le fond de la cuvette est une peau de chamois que l'on peut abaisser ou relever à volonté et qui doit affleurer à une pointe d'ivoire dans toutes les observations.

Le *baromètre à siphon* se compose d'un tube recourbé à deux branches inégales, la plus petite ouverte, la plus grande fermée ; la pression atmosphérique est mesurée par la différence des niveaux du mercure dans les deux branches.

La construction des baromètres à mercure exige des précautions spéciales (mercure pur, tubes propres et secs); il importe en effet que la chambre barométrique ne contienne aucune trace d'air ni de vapeur d'eau.

Le principe des *baromètres anéroïdes* repose sur les déformations que les variations de la pression atmosphérique font subir à un appareil métallique clos et vide d'air. Ce sont des baromètres très commodes, utilisés surtout par les voyageurs et les météorologistes. Dans le baromètre de Vidi, la pression atmosphérique s'exerce sur la base supérieure d'une caisse close contenant de l'air très raréfié; les déformations du centre de cette base sont transmises par l'intermédiaire de leviers qui les amplifient à une aiguille mobile sur un cadran divisé. Dans le baromètre de Bourdon, la pression agit sur un tube mince en laiton, vide d'air, dont les extrémités se rapprochent ou s'écartent suivant que cette pression augmente ou diminue.

Les baromètres servent, nous l'avons dit, à déterminer la pression atmosphérique; mais ils servent aussi à mesurer les hauteurs, à prévoir le temps. Quand on veut déterminer une hauteur barométrique avec précision, on ramène la hauteur observée à 0° et on tient compte de la dépression capillaire s'il y a lieu. Pour la mesure des hauteurs, on emploie des formules barométriques spéciales; ce n'est que pour des hauteurs inférieures à une centaine de mètres que ces formules compliquées sont inutiles, chaque dépression de 1^{mm} de mercure correspondant à une élévation de $10^m,50$. Enfin, dans la prévision du temps, il faut aussi tenir grand compte de la direction des vents régnants, des variations de température, des remarques locales, etc.; en France, le « variable » des baromètres correspond à 76^{cm} (à la latitude de 50° et au niveau de la mer); la « pluie » correspond aux pressions plus basses, le « beau temps » aux pressions plus élevées.

EXERCICES SUR LE CHAPITRE VII

18. La hauteur barométrique étant de $75^{cm},6$, quelle est, en dynes et en grammes-poids, la pression exercée par l'atmosphère sur 1^{m_q} ?

19. La base supérieure d'une caisse cylindrique, close et vide d'air, est un cercle de 5^{cm} de rayon. Quelle pression supporte-t-elle de la part de l'atmosphère ? La hauteur barométrique est de 77^{cm}. On évaluera successivement la pression en dynes et en kilogrammes-poids.

20. On veut construire un baromètre à acide sulfurique. Quelle est la hauteur minima du tube qu'on devra employer et quelle sera la hauteur du liquide soulevé ? La hauteur barométrique est de 74^{cm},5 au moment de l'expérience. Densité de l'acide sulfurique 1,8.

21. Un baromètre ordinaire avec sa cuvette est plongé verticale ment dans l'eau ; la hauteur de l'eau au-dessus du niveau du mercure dans la cuvette est de 1^m,20 ; calculer la hauteur du mercure dans le baromètre. La hauteur barométrique est de 75^{cm}.

CHAPITRE VIII

COMPRESSIBILITÉ ET EXPANSIBILITÉ DES GAZ

LOI DE MARIOTTE ET APPLICATIONS

66. Énoncé de la loi de Mariotte. — Quand on comprime progressivement un gaz, comme dans le briquet à air, par exemple (6), on éprouve une résistance de plus en plus grande ; cela tient à ce que plus le volume du gaz diminue, plus sa force élastique augmente. L'abbé Mariotte en France et Boyle en Angleterre découvrirent presque simultanément qu'à une même température, il existe une relation très simple entre la variation de volume d'un gaz et la variation de sa force élastique. Cette relation, connue généralement sous le nom de loi de Mariotte, s'énonce de la manière suivante :

A une même température, la force élastique d'une même masse gazeuse varie en raison inverse de son volume.

Quand un gaz est en équilibre, sa force élastique est égale à la pression qu'il supporte et se mesure par cette pression. On peut donc employer indifféremment les expressions « *force élastique d'un gaz* » et « *pression supportée par un gaz* », d'où cet autre énoncé de la loi de Mariotte :

A une même température, les volumes occupés successivement par une même masse gazeuse sont inversement proportionnels aux pressions qu'elle supporte.

67. Vérifications approximatives de la loi de Mariotte. — La loi de Mariotte se vérifie facilement, et avec une ap-

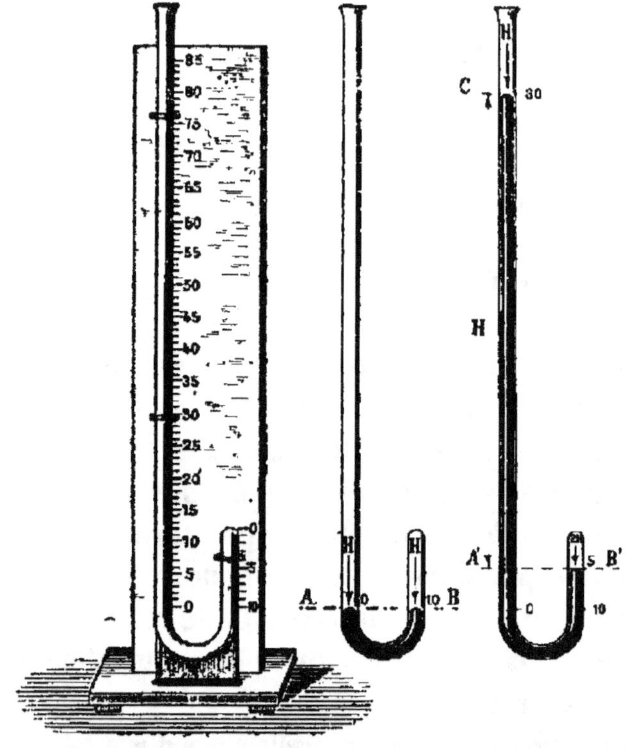

Fig 83. — Vérification de la loi de Mariotte. (Pressions superieures à la pression atmospherique.)

proximation suffisante, pour des pressions qui ne s'écartent pas considérablement de la pression atmosphérique.

1° Cas des pressions supérieures à la pression atmosphérique. — On se sert d'un petit appareil appelé *tube de Mariotte*. C'est un tube de verre recourbé, fixé verticalement sur une planchette (*fig.* 83). Les deux branches du tube sont très inégales : la petite branche, fermée, est divisée en parties d'égale capacité ; la grande branche, ouverte, est divisée en parties d'égale longueur (ordinairement en centimètres) ; enfin les deux graduations ont leur point de départ sur un même plan horizontal AB. On verse d'abord du mercure dans l'appareil de manière que ce liquide soit au même niveau dans les deux branches et corresponde au plan AB : on y arrive en inclinant convenablement le tube à plusieurs reprises. L'air ainsi emprisonné dans la petite branche occupe un volume que nous représenterons par 10 ; sa force élastique est égale à la pression atmosphérique, c'est-à-dire à la pression indiquée par le baromètre au moment de l'expérience.

On verse alors du mercure dans la grande branche jusqu'à ce que le liquide atteigne la division 5 dans la petite branche, rendant ainsi le volume de l'air moitié moindre ; d'après la loi de Mariotte, la force élastique de cet air doit avoir doublé. En effet, menons le plan horizontal A'B' par la nouvelle surface de séparation du mercure et de l'air du côté de la petite branche ; dans celle-ci, le mercure supporte la force élastique de l'air confiné ; dans la grande branche et sur le même plan il supporte le poids de la colonne de mercure A'C augmentée de la pression atmosphérique. Ces deux pressions s'exercent sur des surfaces égales et se font équilibre ; or on constate que la colonne A'C est précisément égale à la hauteur barométrique, donc la force élastique de l'air est devenue double de ce qu'elle était primitivement.

Si la longueur de la grande branche est suffisante, on peut continuer à verser du mercure de manière à réduire au tiers le volume de l'air : on constate alors que sa force élastique est équilibrée par une colonne de mercure double de A'C, augmentée de la pression atmosphérique, c'est-à-dire qu'elle est devenue trois fois plus grande.

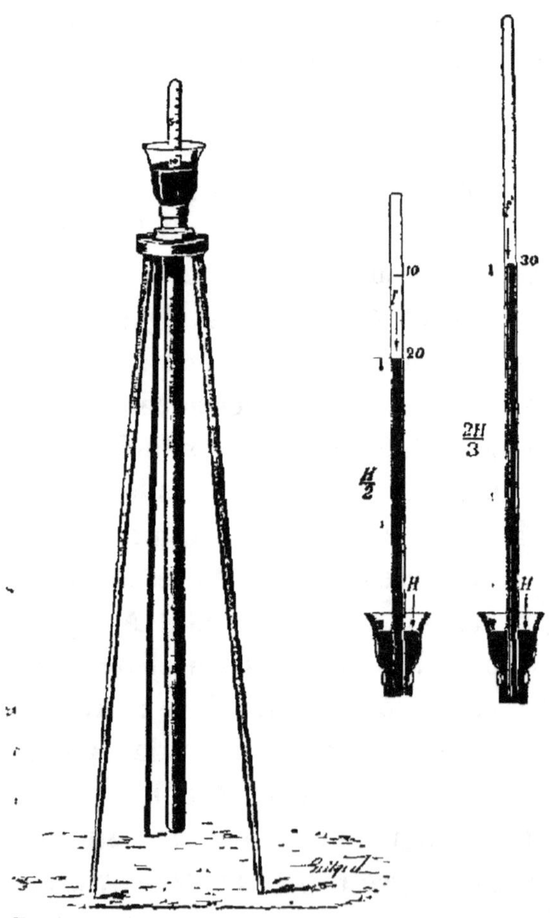

Fig. 84. — Vérification de la loi de Mariotte (Pressions inférieures à la pression atmosphérique.)

2° Cas des pressions inférieures à la pression atmosphérique. — La démonstration se fait avec un tube barométrique divisé en parties d'égale capacité et une *cuvette profonde*, constituée par une cuvette en verre dont le fond est un long tube en fonte (*fig.* 84). Après avoir versé dans la cuvette profonde une quantité suffisante de mercure, on remplit le tube de mercure jusqu'aux 3/4 environ, laissant le reste occupé par la cuvette et on

de l'air ; puis on le retourne dans l'enfonce jusqu'à ce que le mercure soit au même niveau à l'intérieur qu'à l'extérieur. L'air ainsi emprisonné occupe un certain volume que nous représenterons par 10, et sa force élastique est égale à la pression atmosphérique. On soulève alors le tube jusqu'à ce que ce volume ait doublé : le mercure s'est élevé graduellement dans le tube et y occupe finalement une hauteur h. Prenons sur le niveau du mercure dans la cuvette une surface égale à la section du tube ; elle supporte la pression atmosphérique représentée par la hauteur barométrique H au moment de l'expérience. Dans le tube, sur le même plan, la pression est représentée par la hauteur h du mercure augmentée de la force élastique f de l'air évaluée en colonne de mercure. Ces pressions se faisant équilibre, on a $H = h + f$, d'où $f = H - h$. Or si l'on mesure la hauteur h, on trouve qu'elle est égale à $\dfrac{H}{2}$; donc la force élastique de l'air est aussi égale à la moitié de la pression atmosphérique : elle est donc devenue moitié moindre pendant que le volume doublait.

Si on soulève le tube jusqu'à ce que le volume de l'air soit trois fois plus grand, on trouve que la hauteur de la colonne de mercure soulevée est $\dfrac{2H}{3}$, ce qui donne $f = H - \dfrac{2H}{3} = \dfrac{H}{3}$. La force élastique de l'air est donc devenue trois fois plus petite, et la loi de Mariotte se trouve ainsi vérifiée également pour des pressions inférieures à la pression atmosphérique.

68. Formules qui expriment la loi de Mariotte. — Soient V le volume occupé par une masse gazeuse sous la pression de H^{em} de mercure, V' le volume de la même masse sous la pression H' à la même température ; on a, d'après la loi de Mariotte,

$$\frac{V}{V'} = \frac{H'}{H}.$$

Ce rapport peut encore s'écrire

$$VH = V'H'.$$

En appelant V'', V''', ... les volumes occupés par la même masse gazeuse sous des pressions H'', H''', ..., on aurait de même

$$VH = V'H' = V'H' = V''H''' ...$$

Cette dernière relation, souvent employée dans les calculs, exprime qu'*à une même température, le produit du volume d'une masse gazeuse par la pression qu'elle supporte est constant.*

69. Vérifications rigoureuses de la loi de Mariotte. — La loi de Mariotte vérifiée comme nous l'avons vu plus haut par Mariotte lui-même et par d'autres physiciens, fut pendant longtemps regardée comme une loi exacte, applicable non seulement à l'air, mais à tous les gaz en général. Despretz, en comparant différents gaz, comme l'air, le gaz sulfureux, l'acide sulfhydrique, etc., reconnut qu'ils ne subissent pas tout à fait la même diminution de volume quand on les soumet à la même pression. Depuis, des expériences précises, faites successivement par Regnault, par M. Cailletet et par M. Amagat, ont montré que pour des pressions un peu fortes la loi de Mariotte n'est qu'approximative et qu'elle ne s'applique rigoureusement à aucun gaz. Nous allons passer en revue rapidement ces diverses expériences.

Expériences de Regnault (1847). — L'appareil employé par Regnault n'était autre au fond qu'un tube de Mariotte nota-

blement perfectionné et de grandes dimensions (*fig.* 85).
La branche ouverte était constituée par huit tubes en cristal,
de 3ᵐ chacun, raccordés par un joint spécial et bien fixés le
long d'une planchette de sapin. La branche fermée était constituée par un tube de 3ᵐ de hauteur, muni à sa partie supé-

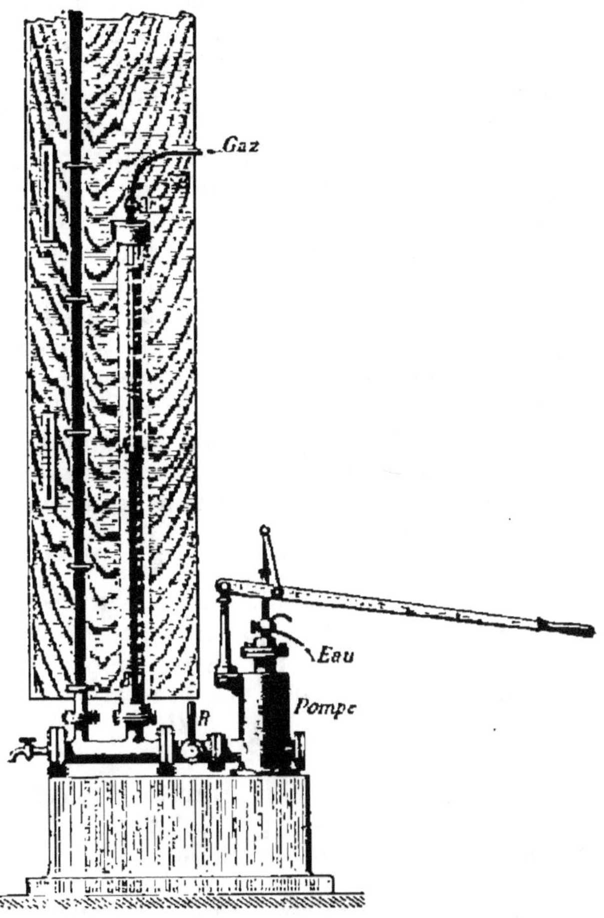

Fig. 85. — Appareil de Regnault.

rieure d'une monture à robinet permettant de le mettre en
communication avec un réservoir contenant le gaz à étudier;
sa capacité était divisée en deux parties sensiblement égales,
l'une comprise entre le robinet et un point de repère A placé
au milieu du tube, l'autre entre le même point A et un
second repère, B ; enfin, un manchon dans lequel circulait

de l'eau froide permettait de maintenir le gaz emprisonné à une température constante. Les deux branches ainsi construites s'engageaient dans une conduite à robinet, communiquant avec un réservoir à mercure surmonté d'une pompe foulante à eau.

Voici maintenant comment opérait Regnault : il remplissait d'abord la branche fermée, jusqu'au repère B, du gaz à étudier; puis, fermant le robinet r, il mesurait à l'aide du manomètre à air libre la force élastique du gaz ainsi emprisonné, ce qui lui permettait de calculer le produit VH. Il faisait alors jouer la pompe foulante de manière à faire monter le mercure jusqu'en A dans la petite branche, après quoi il interrompait la communication avec la pompe en fermant le robinet R. Le volume du gaz se trouvait ainsi réduit sensiblement à la moitié de ce qu'il était primitivement, soit V'; il mesurait la nouvelle force élastique H' et calculait ainsi le produit V'H', dont il vérifiait ensuite l'égalité avec le produit VH. Regnault fit toute une série d'expériences analogues, en variant chaque fois la force élastique initiale du gaz dans les limites que permettait d'atteindre la longueur de la grande branche. Il étudia quatre gaz : l'air, l'azote, le gaz carbonique, l'hydrogène, et fut conduit à cette conclusion, que pour chacun de ces gaz le rapport $\dfrac{VH}{V'H'}$ est très sensiblement égal à l'unité. Seulement, pour les trois premiers, ce rapport est un peu plus grand que 1, ou, ce qui revient au même, V' est plus petit que la loi ne le suppose ; ces gaz sont donc plus compressibles que ne l'indique la loi. Pour l'hydrogène, au contraire, le rapport $\dfrac{VH}{V'H'}$ se montre constamment plus petit que l'unité et il diminue progressivement quand la pression augmente : ce gaz est donc moins compressible que ne l'indique la loi de Mariotte.

Expériences postérieures à celles de Regnault. — L'appareil de Regnault ne permet pas de dépasser une trentaine d'atmosphères. M. Cailletet et M. Amagat ont étudié la compressibilité des gaz comme l'azote, l'air, etc., qui ne se liquéfient pas à la température ordinaire, quelle que soit la pression qu'on leur fasse supporter.

M. Cailletet a étudié la compressibilité de l'azote en profitant d'un puits artésien en forage à Paris, à la Butte-aux-

Cailles (1879). Le gaz était comprimé dans un tube en verre de forme spéciale (*fig.* 86), doré intérieurement et fixé verticalement dans un cylindre étroit en acier. Ce cylindre, plein de mercure, communiquait par sa partie inférieure avec un long tube d'acier flexible, également rempli de mercure et terminé par un petit réservoir à mercure exposé à l'air libre. Pour faire une expérience, on descendait le cylindre dans le puits à une profondeur connue, en même temps qu'on déroulait le tube latéral; le gaz se trouvait comprimé, le mercure montait dans le tube en dissolvant la couche d'or et faisait ainsi connaître le volume minimum auquel le gaz avait été réduit. M. Cailletet a trouvé, comme Regnault, que l'azote est plus compressible que ne l'indique la loi de Mariotte; il a trouvé de plus que la compressibilité du gaz atteint un maximum pour une certaine pression (environ 60ᵐ de mercure), après quoi le produit VH augmente et l'azote devient d'autant moins compressible que la pression est plus forte.

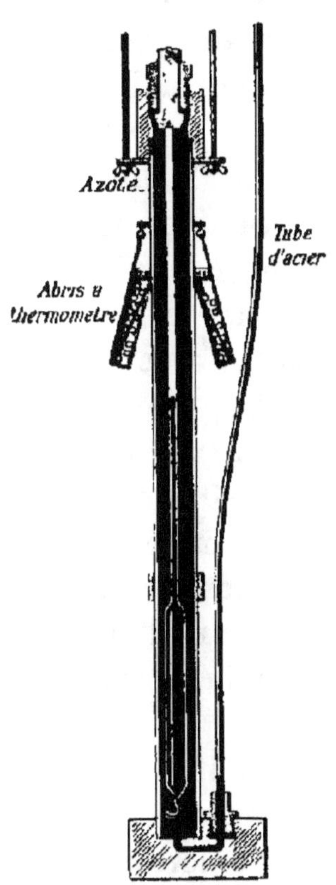

Fig 86. — Appareil de M. Cailletet.

M. Amagat a d'abord, par une méthode un peu différente de celle de M. Cailletet, déterminé avec précision les variations de compressibilité de l'azote, puis il a étudié dans son laboratoire, par comparaison, la compressibilité de divers autres gaz. A l'exception de l'hydrogène, tous les gaz ainsi étudiés présentent un maximum de compressibilité, ou autrement dit, un minimum du produit VH sous une pression déterminée (65ᵐ de mercure pour l'air, 100ᵐ pour l'oxygène, etc.). Pour l'hydrogène, le produit VH va toujours en croissant. Enfin, M. Amagat a aussi étudié la compressibilité des gaz à diverses températures; il a montré que les gaz dont la liquéfaction est relativement facile et qui s'écartent notablement de la loi de Mariotte aux basses températures, comme le gaz sulfureux, le gaz carbonique, s'en écartent de moins en moins quand la température s'élève.

70. Résumé de l'étude de la loi de Mariotte. — Il résulte des expériences précédentes que la loi de Mariotte n'est suivie rigoureusement par aucun gaz ; on peut dire que c'est une loi *limite*, car les gaz s'en écartent d'autant moins que la température est plus élevée.

A la température ordinaire, tous les gaz, sauf l'hydrogène, sont plus compressibles que ne l'indique la loi de Mariotte, mais l'écart n'est assez notable que pour les gaz facilement liquéfiables, comme le gaz sulfureux, le gaz ammoniac ; dans tous les cas, l'écart augmente avec la pression, et si le gaz est à une température trop élevée pour être liquéfié par pression, il passe par un maximum de compressibilité, puis devient moins compressible que ne l'indique la loi. L'hydrogène ne se comporte comme les autres gaz qu'à de basses températures (Wroblewski) : à la température ordinaire, il se comprime moins que ne l'indique la loi de Mariotte, et sa compressibilité diminue sans cesse à mesure que la pression augmente.

En résumé, les écarts entre la loi de compressibilité des gaz et la loi de Mariotte sont tellement faibles, surtout lorsqu'il s'agit de gaz difficilement liquéfiables et lorsque la pression est peu élevée, qu'on peut les négliger dans la pratique et dans les calculs qui ne nécessitent pas une très grande précision.

71. Manomètres. — On appelle manomètres des instruments destinés principalement à mesurer la force élastique des gaz et des vapeurs.

Nous avons vu que l'unité de force élastique ou de pression adoptée en Physique est égale à une dyne s'exerçant sur 1 cq (34) ; comme elle a une valeur très petite, on adopte dans les calculs une unité un million de fois plus grande, c'est-à-dire un million de dynes (une mégadyne) par cent. carré. Cette

unité secondaire est souvent appelée *barie* ; elle correspond
très sensiblement à la pression exercée par une colonne de
mercure de 75^{cm} de hauteur.

Dans les appareils industriels, les pressions sont toujours
indiquées en *kilogrammes* par cent. carré ; le kilogr. correspond sensiblement à une hauteur de 74^{cm} de mercure.

On distingue trois sortes de manomètres, d'après le
mode employé pour équilibrer la force élastique à mesurer ; ce sont les manomètres à air libre, les manomètres
à air comprimé et les manomètres métalliques. Dans les
manomètres à air libre, on équilibre cette force élastique
par une colonne de liquide (ordinairement du mercure)
qui s'élève dans un tube ouvert ; tels sont la grande branche du tube de Mariotte, les manomètres employés dans
les expériences de Regnault et de Cailletet (69). Les *manomètres à air comprimé* correspondent à la branche fermée
du tube de Mariotte : la force élastique à mesurer est
équilibrée par une masse d'air comprimée. Enfin dans les
manomètres métalliques, on utilise la déformation d'un
tube en spirale à parois minces et flexibles. L'étude
complète des manomètres devant être faite dans le
tome III, nous nous contenterons de décrire le manomètre
de Bourdon, qui est le manomètre industriel le meilleur
et le plus employé.

Manomètre de Bourdon. — Il se compose essentiellement d'un tube en laiton mince, à section elliptique. Ce
tube est enroulé en spirale, comme le montre la fig. 87 :
son extrémité supérieure, libre et fermée, porte une
aiguille indicatrice ; l'extrémité inférieure, ouverte, est
fixée à une tubulure à robinet R qu'on relie à la chaudière par un tube à siphon afin de laisser près du robinet
une certaine quantité de liquide provenant de la vapeur

condensée, ce qui empêche le tube qui porte le mouvement indicateur d'être en contact direct avec la vapeur.
Quand la pression intérieure augmente, la spirale tend à
se dérouler. ce qui fait avancer l'aiguille sur le cadran ;

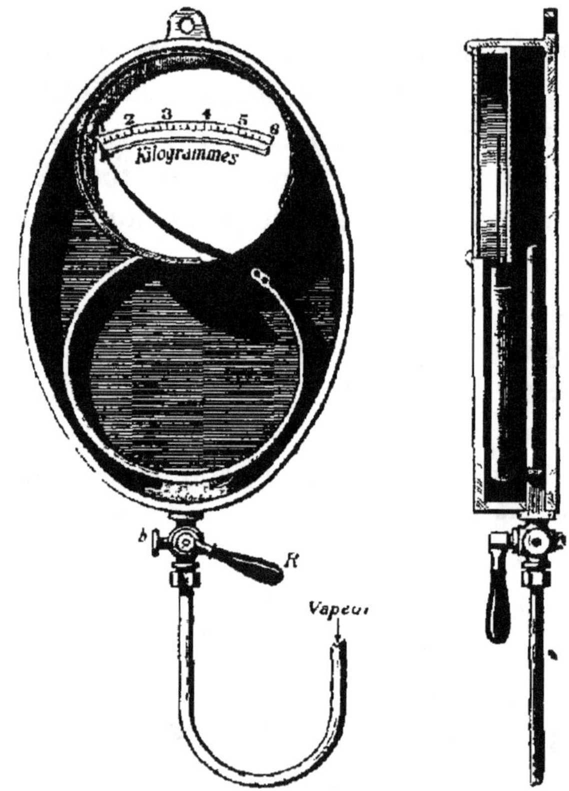

Fig. 87. — Manomètre de Bourdon.

le contraire se produit quand la pression intérieure diminue. Le robinet R est à trois voies ; il porte une bride *b*
permettant d'y fixer un manomètre étalon pour vérifier
l'exactitude des indications du manomètre en service.

Le manomètre de Bourdon, comme tous les manomètres
industriels, est gradué de manière à indiquer les pressions

en kilogrammes par centimètre carré. Le point de départ de
la graduation est quelquefois 1, le plus souvent 0. Dans le premier cas, le manomètre indique la pression réelle qui s'exerce
sur les parois intérieures de la chaudière ; dans le second, il
indique la pression absolue diminuée de la pression atmosphérique.

MÉLANGE DES GAZ

72. Expérience de Berthollet. — Quand plusieurs gaz
n'exerçant aucune action chimique réciproque sont mis
en contact, ils ne se séparent pas comme les liquides par
ordre de densités, mais ils se mélangent intimement et

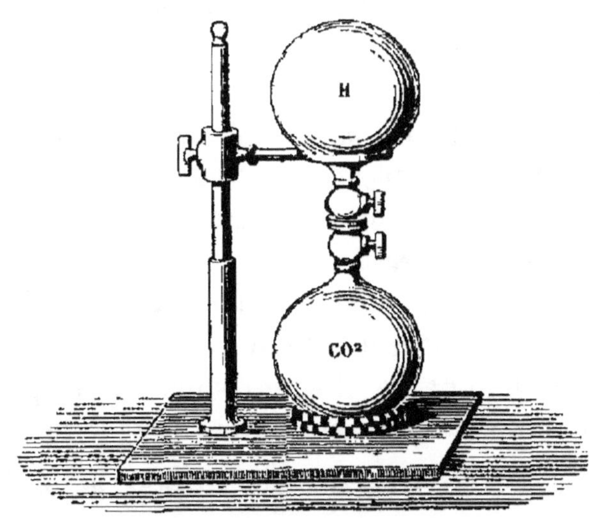

Fig 88 — Expérience de Berthollet.

d'une façon permanente, chacun d'eux occupant tout
l'espace qui lui est offert. Ce phénomène, qui est une
conséquence de l'expansibilité des gaz, s'appelle *diffusion
des gaz* ; il a été mis en évidence par Berthollet de la
manière suivante :

Il prit deux ballons de même capacité, munis chacun d'une douille à robinet (*fig.* 88), et les remplit sous la pression atmosphérique, l'un d'hydrogène, l'autre de gaz carbonique, qui est 22 fois plus dense que l'hydrogène. Les ballons ayant été vissés l'un sur l'autre, il les plaça, le ballon à hydrogène au-dessus de l'autre, dans les caves de l'Observatoire, pour les préserver des trépidations du sol et des variations de température, puis il ouvrit les robinets et laissa les ballons en communication pendant plusieurs heures. Au bout de ce temps, Berthollet sépara les ballons et les ouvrit sur le mercure ; il constata : 1° que chaque ballon contenait des proportions égales d'hydrogène et de gaz carbonique ; 2° que la pression dans chaque ballon n'avait pas changé.

73. Loi du mélange des gaz : La force élastique d'un mélange de gaz sans action chimique réciproque est égale à la somme des forces élastiques qu'aurait chacun des gaz s'il occupait seul le volume total à la même température.

Cette loi importante, énoncée par Dalton (1805), est vérifiée par l'expérience même de Berthollet. En effet, appelons V le volume de chaque ballon, H la pression atmosphérique ; si l'hydrogène occupait seul le volume 2V, sa force élastique serait $\dfrac{H}{2}$, d'après la loi de Mariotte ; il en serait de même pour le gaz carbonique. La somme de ces deux forces élastiques est bien H, comme le montre l'expérience.

Formule générale du mélange des gaz. — Supposons qu'on introduise successivement dans un volume V des volumes v, v', v'', ... de gaz différents sans action chimique réciproque, et dont les forces élastiques sont équilibrées respectivement par des pressions h, h', h'', ... Cherchons la force élastique finale H du mélange. Le premier gaz passant du volume v au volume V, sa force élastique x est donnée par la relation $vh = xV$, d'où l'on tire $x = \dfrac{vh}{V}$. De même, les forces élastiques h', h'', ... des autres gaz deviennent

$$x' = \frac{v'h'}{V}, \qquad x'' = \frac{v''h''}{V}, \qquad \ldots$$

On a donc, d'après la loi du mélange des gaz,

$$H = \frac{vh}{V} + \frac{v'h'}{V} + \frac{v''h''}{V} + \ldots$$

Chassons le dénominateur ; l'équation devient

$$VH = vh + v'h' + v''h'' + \ldots,$$

ce qui conduit à l'énoncé suivant, très commode pour les calculs : *Le produit du volume d'un mélange de gaz par la force élastique finale est la somme des produits analogues pour chacun des gaz primitifs.*

DISSOLUTION DES GAZ

74. Considérations générales. — L'eau et la plupart des liquides ont la propriété de se laisser pénétrer par les gaz en proportions plus ou moins grandes ; c'est ce qu'on exprime en disant que les gaz sont plus ou moins *solubles*. La quantité de gaz dissous dans un liquide dépend : 1° de *la nature du gaz* ; ainsi le gaz ammoniac, l'acide chlorhydrique sont très solubles dans l'eau ; l'azote et l'hydrogène sont au contraire très peu solubles ; 2° de *la nature du liquide* ; certains gaz, comme le gaz carbonique, le cyanogène, sont plus solubles dans l'alcool que dans l'eau ; 3° de *la température* ; plus la température est élevée, plus la quantité de gaz dissous dans un liquide est faible ; 4° de *la pression* ; la quantité de gaz dissous est d'autant plus faible que la pression est moins élevée ; aussi une dissolution gazeuse placée dans le vide perd-elle tout son gaz.

75. Lois de la solubilité. — Les lois de la solubilité ont été découvertes par Dalton.

1re **Loi** : *Lorsqu'un gaz est en contact avec un liquide qui le dissout, il s'établit un rapport constant, pour une même température, entre le volume du gaz dissous et le volume du dissolvant* (le volume du gaz dissous étant mesuré sous la pression qu'exerce le gaz non dissous au-dessus du liquide après saturation).

Ce rapport constant, quand le liquide est à $0°$ ainsi que le gaz, s'appelle le *coefficient de solubilité* du gaz. Appelons V le volume du dissolvant, v le volume qu'aurait à $0°$ et pour la pression du gaz qui surmonte le liquide, la masse de ce gaz dissous; c le coefficient de solubilité; on a $c = \dfrac{v}{V}$, d'où $v = cV$. Quant à la force élastique finale du gaz dissous, elle est évidemment égale à la force élastique initiale quand l'atmosphère gazeuse est illimitée; elle en est différente quand l'atmosphère gazeuse est limitée. Dans ce dernier cas, le gaz occupe, après la dissolution, le volume v' au-dessus du liquide, plus le volume v ou cV à l'intérieur du liquide, ces volumes étant évalués sous la pression finale H'; soient v_1 le volume initial du gaz, H sa force élastique initiale; on a, d'après la loi de Mariotte,

$$v_1 H = (v' + cV)H'.$$

Cette formule permet d'évaluer c dans des conditions déterminées de température et de pression. On se sert pour cela d'appareils gradués appelés *absorptiomètres*.

2e **Loi** : *Quand un liquide se trouve en présence de plusieurs gaz, chaque gaz se dissout comme s'il était seul, en tenant compte de la pression exercée par chacun d'eux.*

Considérons, par exemple, le cas de l'air atmosphérique en présence de l'eau : l'azote et l'oxygène se dissolvent séparément, avec leurs coefficients de solubilité propres; seulement il faut tenir compte de ce que la force élastique de l'azote dans le mélange n'est que $\dfrac{4H}{5}$, et celle de l'oxygène $\dfrac{H}{5}$, H représentant la pression atmosphérique. Le calcul montre que l'air dissous dans l'eau contient 33 % d'oxygène et 67 % d'azote en volumes, ce qui est conforme aux résultats fournis par l'analyse.

RÉSUMÉ DU CHAPITRE VIII

La loi de Mariotte exprime la relation très simple qui existe entre la variation de volume d'un gaz et la variation de sa force élastique; elle s'énonce ainsi : *A une même température, la force élastique d'un gaz varie en raison inverse de son volume.*

Dans le cas des forces élastiques supérieures à la pression atmosphérique, on vérifie simplement la loi de Mariotte avec un tube à deux branches appelé *tube de Mariotte;* on y verse d'abord du mercure de manière à enfermer dans la petite branche un certain volume d'air sous la pression atmosphérique, puis on ajoute du mercure jusqu'à ce que le volume soit devenu moitié moindre : on constate alors que la force élastique de l'air ainsi comprimé fait équilibre à une colonne barométrique augmentée de la pression atmosphérique.

Pour les forces élastiques inférieures à la pression atmosphérique, on retourne dans une *cuvette profonde* un tube rempli aux 3/4 de mercure et on l'enfonce jusqu'à ce que l'air qu'on y a laissé soit sous la pression atmosphérique. On soulève alors le tube de manière à doubler le volume de l'air, et on trouve que sa force élastique est devenue deux fois plus petite, car elle est égale à la pression atmosphérique diminuée de la colonne de mercure soulevée, laquelle est la moitié de la hauteur barométrique.

A une même température *le produit du volume d'un gaz par la pression qu'il supporte est constant.* Ce nouvel énoncé de la loi de Mariotte s'exprime par la relation $VH = V'H' = c^{te}$.

La loi de Mariotte a été vérifiée avec précision et pour de fortes pressions par Regnault, M. Cailletet et M. Amagat. Ils ont reconnu que cette loi n'est qu'*approximative;* mais les divergences sont très faibles et négligeables dans la pratique, sauf pour les gaz facilement liquéfiables. La température a également une influence : plus elle est élevée, mieux un gaz suit la loi de Mariotte.

Les *manomètres* sont destinés principalement à mesurer la force élastique des gaz et des vapeurs. Les manomètres industriels sont gradués en kilogrammes par centimètre carré; le plus répandu est celui de Bourdon. Il est fondé sur les déformations que les variations de pression font éprouver à un tube elliptique enroulé en spirale; une extrémité du tube est reliée à la chaudière; l'autre extrémité porte une aiguille qui se meut devant un cadran divisé. Outre les manomètres métalliques, il existe des manomètres à air comprimé analogues à la petite branche du tube de Mariotte, et des manomètres à air libre analogues à la grande branche du même tube.

La *diffusion des gaz* consiste en ce que plusieurs gaz sans action chimique réciproque étant mis en présence se mélangent intimement et d'une façon permanente. Cette diffusion est démontrée par l'expérience de Berthollet (mélange de l'hydrogène et du gaz carbonique malgré la grande différence de leurs densités). Quand plusieurs gaz sont ainsi mélangés, la force élastique finale est la somme des forces élastiques qu'aurait chaque gaz s'il occupait seul le volume total à la même température.

La *dissolution des gaz* consiste en ce que l'eau et la plupart des liquides ont la propriété de se laisser pénétrer par les gaz en proportions plus ou moins grandes. La quantité de gaz dissous dans un liquide dépend de la nature du gaz et de la nature du liquide ; elle est d'autant plus faible que la température est plus élevée et que la pression est moindre.

EXERCICES SUR LE CHAPITRE VIII

22. Une masse d'air occupe un volume égal à 210^{cc} sous une pression de 76^{cm} ; quel serait son volume à la même température : 1° sous une pression de 345^{cm} ; 2° sous une pression de $22^{cm},5$?

23. Un tube de Torricelli en équilibre dans une cuvette profonde contient 10^{cc} d'air et la colonne de mercure soulevée est 25^{cm}. On soulève le tube jusqu'à ce que le volume de l'air soit devenu 40^{cc} ; la différence de niveau du mercure dans le tube et dans la cuvette devient $62^{cm},5$. Quelle est la hauteur barométrique au moment de l'expérience ?

24. Dans un ballon vide de 12^{lit} de capacité, on introduit successivement 5^{lit} d'oxygène sous la pression de 40^{cm} de mercure, 10^{lit} d'hydrogène sous la pression de 76^{cm} et 3^{lit} d'azote sous la pression de 60^{cm}. On demande la force élastique finale du mélange.

25. Déterminer la composition de l'air dissous dans l'eau.

CHAPITRE IX

MACHINE PNEUMATIQUE

---

76. Définition et principe de la machine pneumatique. — On appelle machine pneumatique une machine destinée à raréfier l'air ou tout autre gaz dans un récipient clos. Les machines pneumatiques actuelles sont généralement disposées de manière à servir en même temps de *machines de compression.*

Pour bien faire comprendre le fonctionnement de la machine pneumatique, réduisons-la à ses organes essentiels. Soit (*fig.* 89) un corps de pompe contenant un piston plein et muni de deux ouvertures à la partie infé-

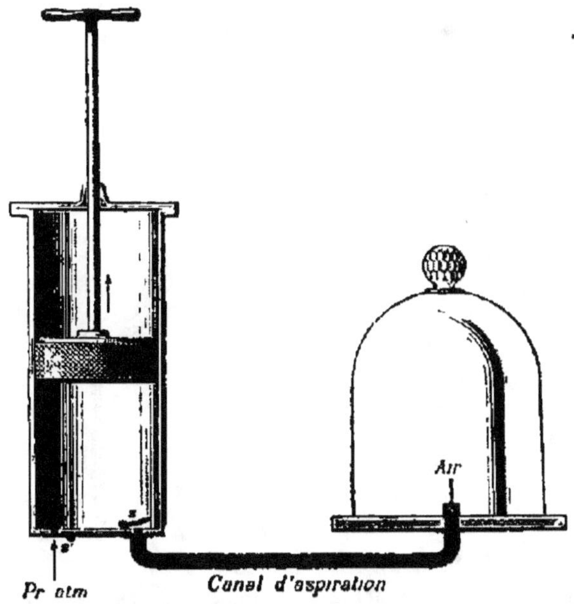

Fig 89. — Principe de la machine pneumatique. (Ascension du piston.)

rieure, l'une de ces ouvertures étant celle d'un canal qui va déboucher dans le récipient contenant l'air à raréfier, l'autre faisant communiquer le corps de pompe avec l'air extérieur; plaçons sur ces ouvertures deux soupapes : l'une, *s*, s'ouvrant de bas en haut, sur l'ouverture du canal d'aspiration; l'autre, *s'*, s'ouvrant au contraire de haut en bas, destinée à l'expulsion de l'air. Cela posé, considérons le piston en bas de sa course.

Quand on soulève le piston, le vide tend à se faire au-dessous de lui; la soupape *s*, pressée par l'air du récipient et ne supportant aucune action inverse, se soulève (*fig.* 89); de sorte que l'air qui occupait d'abord le volume du récipient finit par occuper le volume du récipient et du corps de pompe réunis. La force élastique de cet air a, par suite, diminué, ce qui fait que la soupape *s'*, soumise

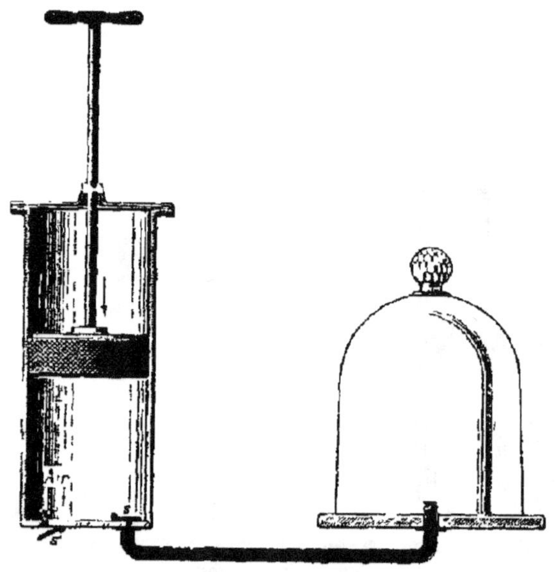

Fig. 90. — Principe de la machine pneumatique (Descente du piston.)

en dedans à une pression moindre que la pression atmosphérique, est restée fermée pendant l'ascension du piston. Dès que celui-ci est arrivé en haut de sa course, la soupape *s*, également pressée de part et d'autre, se ferme par son propre poids. Quand on abaisse le piston, l'air enfermé dans le corps de pompe diminue de volume et augmente de force élastique; celle-ci, d'abord plus petite que la pression atmosphérique, finit par lui devenir supérieure :

la soupape s' s'ouvre alors (*fig.* 90), et lorsque le piston
est arrivé en bas de sa course, tout l'air qui remplissait le
corps de pompe a été chassé dans l'atmosphère. Les
mêmes phénomènes se reproduisent à chaque coup de
piston : pendant l'ascension, la soupape s s'ouvre et l'air
du récipient se répand en partie dans le corps de pompe;
quand le piston descend, la soupape s' s'ouvre et l'air
extrait du récipient est chassé dans l'atmosphère.

Cet appareil ne permet pas d'extraire complètement
l'air du récipient.

En effet, supposons que la capacité du récipient soit
9 fois celle du corps de pompe; chaque coup de piston
n'enlève toujours que la dixième partie de la masse gazeuse restant dans le récipient. D'un autre côté, le piston
ne s'applique jamais exactement sur la base du corps de
pompe; il reste entre les deux un espace appelé *espace
nuisible*. Quand la raréfaction est poussée assez loin, il
arrive un moment où l'air refoulé dans cet espace n'a pas
acquis une force élastique supérieure à la pression atmosphérique; à partir de cet instant, la soupape s' ne peut
plus s'ouvrir et la machine ne fonctionne plus.

77. Calcul de la raréfaction. — Appelons V la capacité du
récipient, v la capacité du corps de pompe, abstraction faite
du volume du piston, H_0 la force élastique de l'air dans le
récipient à l'origine, force élastique qui est au plus égale à la
pression atmosphérique H. Quand on soulève le piston, l'air
du récipient se partage entre celui-ci et le corps de pompe,
son volume devient $V + v$, sa force élastique diminue et
prend une valeur H_1 donnée par la loi de Mariotte :

$$VH_0 = (V + v)H_1,$$

d'où
$$H_1 = H_0 \, \frac{V}{V + v}.$$

Quand le piston est revenu en bas de sa course, il reste dans le récipient un volume V sous la pression H_1, lequel se partage de nouveau entre v et V lorsque le piston est, pour la seconde fois, en haut de sa course. La nouvelle force élastique H_2 est donnée par la relation

$$VH_1 = (V + v)H_2,$$

d'où
$$H_2 = H_1 \frac{V}{V + v} = H_0 \left(\frac{V}{V + v} \right)^2.$$

D'après ce calcul, la force élastique dans le récipient au bout de n coups de piston serait

$$H_n = H_0 \left(\frac{V}{V + v} \right)^n.$$

On voit donc que théoriquement la force élastique diminue à mesure que n augmente, sans pouvoir pour cela devenir nulle.

En réalité, il n'est pas possible de diminuer ainsi indéfiniment la force élastique de l'air dans le récipient, à cause de l'espace nuisible qui existe sous le piston. Nous avons dit que la soupape s' ne fonctionne plus quand l'air refoulé dans l'espace nuisible a une force élastique au plus égale à la pression atmosphérique. Cet air occupe alors un volume que nous représentons par e, sous la pression atmosphérique H; il occupait le volume v du corps de pompe et avait alors la même force élastique h que l'air du récipient, puisque la soupape s est soulevée quand le piston est en haut de sa course. On a donc

$$eH = vh,$$

d'où
$$h = H \frac{e}{v}.$$

La force élastique h donnée par cette relation est la limite du degré de raréfaction que l'on peut atteindre dans le récipient.

78. Description de la machine pneumatique. — La machine pneumatique a été imaginée vers 1650 par Otto de Guéricke ; mais le modèle qu'il avait construit était rudimentaire et a subi depuis de notables perfectionnements. La fig. 91 représente un type de machine pneu-

matique ordinaire construit par Ducretet et très répandu
dans les laboratoires.

Corps de pompe. — Cette machine se compose de deux
cylindres ou corps de pompe en cristal, solidement masti-

Fig. 91. — Machine pneumatique ordinaire.

qués à l'une des extrémités d'une plate-forme en laiton.
Dans les cylindres se meuvent deux pistons massifs, formés par des rondelles de cuir graissées, empilées et comprimées entre deux disques de laiton ; les tiges qui
supportent les pistons sont munies de crémaillères engre-
nant dans un pignon denté que l'on fait tourner alternati-

vement en sens contraires au moyen d'un levier à deux manivelles. De cette manière, quand l'une des crémaillères monte, l'autre descend et l'on imprime aux pistons un mouvement alternatif.

Platine et canal d'aspiration. — A l'autre extrémité de la plate-forme se trouve une platine formée par une glace plane dépolie. C'est sur cette glace que l'on applique le récipient dans lequel on veut raréfier l'air, après avoir préalablement enduit ses bords de suif pour rendre la fermeture hermétique. Au centre de la platine débouche un canal creusé dans la plate-forme et établissant la communication entre le récipient et les corps de pompe ; ce canal se bifurque avant d'arriver aux corps de pompe et les deux conduits ainsi formés débouchent à la partie inférieure de ces corps de pompe par les orifices a et a' (*fig.* 92).

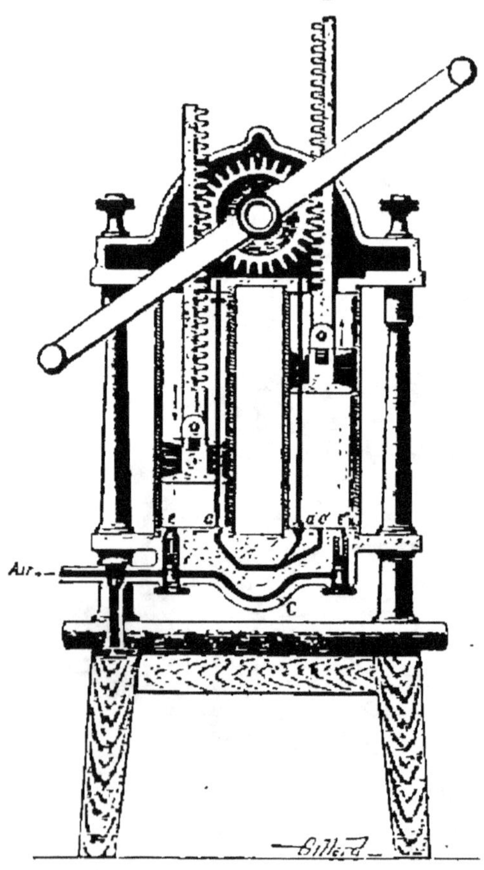

Fig. 92. — **Coupe des corps de pompe et des soupapes.**

Soupapes. — Les orifices a et a' sont évasés en tronc de cône ; chacun d'eux peut être fermé par une soupape conique à fonctionnement automatique, supportée par une tige en fer qui passe à frottement dur à travers le piston. Quand celui-ci monte, il soulève la tige, et l'orifice du canal d'aspiration se trouve débouché; mais l'extrémité supérieure de cette tige vient buter presque aussitôt contre la base supérieure du corps de pompe, de sorte que la tige ne fait plus que glisser à l'intérieur du piston et que la soupape n'est soulevée que d'une faible hauteur. Quand le piston descend, il entraîne avec lui la tige, et l'orifice se trouve presque immédiatement fermé par la soupape. Enfin les conduits d'expulsion e, e' sont également à la base des corps de pompe; ils sont munis de soupapes à ressort s'ouvrant de dedans en dehors et sont reliés entre eux par un conduit C; un petit réservoir r sert à recueillir l'huile qui, placée au-dessus du piston, se trouve être passée au-dessous en s'infiltrant à travers les cuirs.

Baromètre tronqué. — La force élastique de l'air qui reste dans le récipient est indiquée à chaque instant par un petit baromètre à siphon contenu dans une éprouvette E (*fig.* 93), placée sur le trajet du canal aboutissant à la platine. Ce baromètre, appelé baromètre tronqué, est formé de deux branches égales, l'une ouverte, l'autre fermée; celle-ci joue le rôle de la grande branche du baromètre à siphon et reste d'abord pleine de mercure, sa hauteur n'étant ordinairement que de 20^{cm} environ; mais l'air se raréfiant de plus en plus, il arrive un moment où le mercure quitte le sommet de cette branche : la force élastique de l'air qui reste dans le récipient est alors mesurée par la différence des niveaux du mercure dans les deux branches. Dans ces conditions, il est évident que si l'on pouvait arriver à faire le vide absolu, les niveaux s'établiraient dans un même plan horizontal.

Robinets. — La machine pneumatique est munie de trois robinets (*fig.* 93). Un premier robinet, R, sert à faire communiquer le récipient avec le baromètre tronqué. Un second robinet, R', permet d'interrompre la communica-

Fig 93. — Section horizontale, schématique, de la machine pneumatique.

tion entre les corps de pompe et le récipient quand le vide est fait dans ce dernier ; on évite ainsi les rentrées d'air qui tendent toujours à se produire par les corps de pompe. Le robinet R' sert encore à faire rentrer l'air à volonté dans le récipient : il est percé suivant son axe d'un conduit

qui vient déboucher extérieurement par un orifice, fermé
habituellement par un petit bouchon à vis v; il suffit d'enlever ce bouchon pour mettre l'air extérieur en communication avec le canal d'aspiration quand le robinet R′ est
tourné en sens convenable. Enfin un troisième robinet, R″,
appelé *robinet de Babinet*, est placé en avant et entre les
deux corps de pompe ; il sert à reculer le degré de raréfaction dans le récipient.

Robinet de Babinet. — Ce robinet se place ordinairement à
la bifurcation du canal d'aspiration ; il est représenté en
coupe théorique par la fig. 94. Tant que la machine fonctionne
comme il a été dit ci-dessus, le robinet occupe la position Q
et établit la communication entre le récipient et les deux

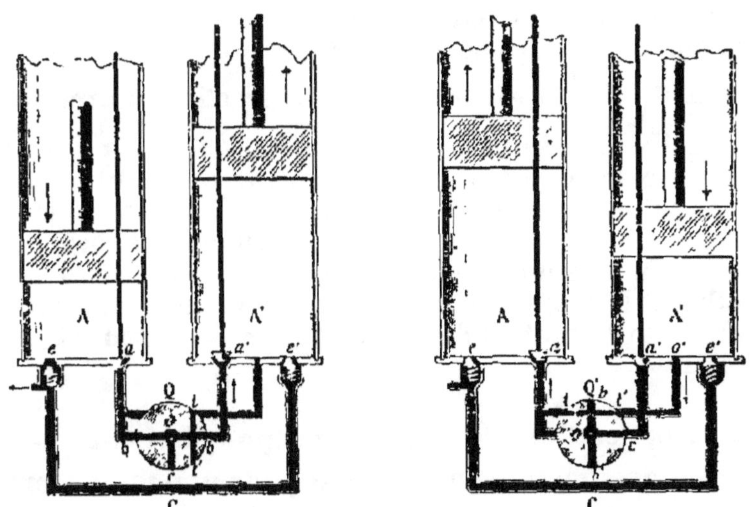

Fig. 94. — Coupe théorique du robinet de Babinet
dans ses deux positions successives.

corps de pompe par un conduit transversal bb' et un conduit
longitudinal o. Quand la différence des niveaux du mercure
dans le baromètre tronqué ne varie plus, on tourne le robinet de 90° (position Q′) : le corps de pompe A′ continue
d'être en communication avec le récipient par le conduit oc,
mais le corps de pompe A en est séparé. Lorsqu'on soulève

le piston de A', on aspire l'air du récipient ; lorsqu'on l'abaisse,
l'air ainsi aspiré est chassé dans le corps de pompe A par un
petit tube latéral *tt'* qui traverse le robinet et il y reste
emprisonné quand le piston de ce corps de pompe s'abaisse.
Le piston de A' continuant ainsi à aspirer l'air dans le récipient et à le chasser dans A, l'air s'accumule peu à peu dans
ce dernier corps de pompe et y acquiert bientôt une force
élastique suffisante pour refouler la soupape qui ferme l'orifice *e*. Malgré cette prolongation de fonctionnement apportée
par le robinet de Babinet, il arrive encore un moment où
l'air refoulé dans l'espace nuisible du corps A n'arrive plus à
avoir une force élastique supérieure à la pression extérieure ;
dès lors, la soupape d'expulsion cesse de fonctionner et la
puissance de la machine est de nouveau à sa limite.

Le calcul montre que la nouvelle force élastique finale

dans le récipient est donnée par la formule $h' = H \dfrac{e}{v} \cdot \dfrac{e'}{v'}$,

e et *e'* désignant les volumes des espaces nuisibles, *v* et *v'*
les volumes des corps de pompe. Si $e = e'$ et $v = v'$,   on

a $h' = H \left(\dfrac{e}{v} \right)^2$,   c'est-à-dire que la fraction qui multiplie

la force élastique initiale est le carré de la fraction qui multiplie cette même force élastique quand on n'utilise pas le
robinet de Babinet. Dans ce dernier cas, il est rare que l'on
puisse, avec une bonne machine pneumatique ordinaire,
diminuer la pression au-delà de quelques millimètres ; mais
en utilisant le robinet de Babinet on arrive souvent à rendre
la différence de hauteur des deux colonnes de mercure à peine
appréciable.

79. Applications de la machine pneumatique. — La
machine pneumatique est utilisée pour une foule d'expériences classiques. Elle nous a servi à montrer l'existence
de la pression atmosphérique (expériences du crève-vessie,
des hémisphères de Magdebourg), l'égale durée de chute
des corps dans le vide (tube de Newton), l'expansibilité
des gaz (6); à prouver que les gaz sont pesants (53) ; nous
nous en servirons pour démontrer que le principe d'Archimède est applicable aux gaz, que le son ne se propage pas

dans le vide ; pour produire de la glace par évaporation d'un liquide, etc. Dans les laboratoires, on utilise la machine pneumatique pour dessécher certaines substances ou pour les conserver à l'abri de l'air, pour évaporer rapidement certains liquides, etc. Dans l'industrie, l'air raréfié donne lieu à des applications nombreuses et intéressantes ; ces applications, de même que celles de l'air comprimé, seront étudiées dans le tome III.

Remarques. — 1° La machine pneumatique peut servir comme *machine de compression* : l'ouverture par laquelle s'échappe l'air (*fig.* 92) porte un pas de vis sur lequel on visse le raccord destiné à mettre en relation avec la machine le récipient qui doit recevoir l'air chassé à chaque coup de piston, dans le cas où l'on veut l'utiliser et le comprimer.

2° La machine que nous venons de décrire est la *machine pneumatique ordinaire*. Il existe une foule d'autres machines pneumatiques : les unes sont d'un maniement plus commode ou font le vide plus rapidement (machine de Deleuil, trompes à eau, pompe de Carré) ; les autres permettent de faire un vide beaucoup plus parfait (machines à mercure, trompes à mercure). La plupart de ces machines seront étudiées dans le tome III.

RÉSUMÉ DU CHAPITRE IX

La machine pneumatique est destinée à raréfier l'air ou tout autre gaz dans un récipient clos. Réduite à ses parties essentielles, elle se compose d'un corps de pompe contenant un piston plein, d'un canal d'aspiration débouchant sous le récipient, d'une soupape d'aspiration et d'une soupape d'expulsion. Quand le piston monte, la soupape d'aspiration se soulève et l'air du récipient se répand en partie dans le corps de pompe ; quand le piston descend, la soupape d'expulsion s'ouvre et l'air contenu dans le corps de pompe est chassé dans l'atmosphère. Les mêmes phénomènes se reproduisent à chaque coup de piston, de sorte que la force élastique de l'air dans le récipient devient de plus en plus faible, sans pouvoir toutefois devenir nulle. L'air emprisonné dans l'espace nuisible situé entre la base du corps de pompe et le piston, quand celui-ci est en bas de sa course, empêche d'ailleurs cette force élastique de s'abaisser au-dessous d'une certaine limite. Quand on ne tient pas compte de l'espace nuisibl la force élastique dans le récipient au bout de n coups de piston est donnée par la formule $H_n = H_0 \left(\dfrac{V}{V + v} \right)^n$.

Dans la machine pneumatique ordinaire, il y a deux corps de pompe. Les pistons montent et descendent alternativement à l'aide de crémaillères, d'un pignon denté et d'un levier à deux manivelles. Le canal d'aspiration débouche d'une part par deux conduits à la base des corps de pompe, d'autre part au centre d'une platine bien plane sur laquelle est appliquée le récipient. Les soupapes d'aspiration sont à tiges guidées à travers les cuirs des pistons; les soupapes d'expulsion sont à ressort et s'ouvrent de dedans en dehors. Un baromètre tronqué à siphon indique à chaque instant la force élastique de l'air du récipient par la différence des niveaux du mercure dans ses deux branches. Enfin il y a sur le côté un robinet qui permet à la fois d'interrompre la communication entre les corps de pompe et le récipient et de laisser rentrer l'air dans ce dernier. La plupart des machines sont munies en avant d'un robinet spécial, dit robinet de Babinet, qui sert à reculer le degré de raréfaction dans le récipient.

La machine pneumatique a une foule d'applications de laboratoire et d'applications industrielles. Dans les laboratoires, elle sert à faire des expériences diverses (tube de Newton, crève-vessie, expansibilité des gaz), à dessécher certaines substances, etc.

EXERCICES SUR LE CHAPITRE IX

26. Dans une machine pneumatique, la capacité du corps de pompe est égale au quart de celle du récipient. Quelle est la force élastique de l'air dans le récipient après 5 coups de piston, la force élastique initiale étant 75^{cm}?

27. La capacité du corps de pompe d'une machine pneumatique est de 500^{cc}; celle du récipient est de 2^{lit}. Un corps solide est placé sous le récipient : trouver le volume de ce corps sachant qu'après un coup de piston, la force élastique est ramenée de 76^{cm} à 54^{cm}.

CHAPITRE X

PRINCIPE D'ARCHIMÈDE APPLIQUÉ AUX GAZ

---

80. Énoncé et démonstration. — Tout corps plongé dans un gaz éprouve une poussée verticale, dirigée de bas en haut et égale au poids du gaz qu'il déplace.

L'existence de la poussée produite par les gaz se démontre à l'aide du *baroscope*. Il se compose d'un petit

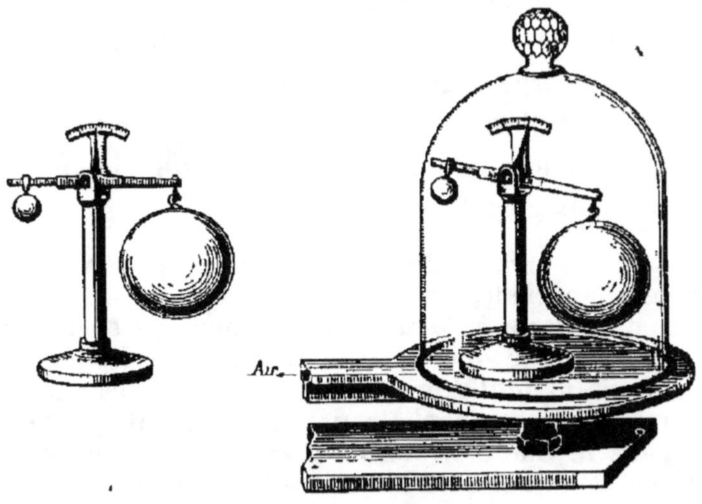

Fig 95. — Baroscope.

fléau de balance, qui supporte d'un côté une petite sphère pleine, de l'autre une grosse sphère creuse (*fig*. 95). Ces deux sphères se font équilibre dans l'air. Si l'on place l'appareil sous une cloche où l'on raréfie l'air, on voit le fléau s'incliner du côté de la grosse sphère, ce qui prouve qu'elle est, en réalité, plus pesante que la petite Or, dans l'air, la grosse sphère déplace un volume d'air plus considérable et subit par suite une poussée plus grande; si donc elle exerce alors le même effort aux extrémités du fléau, c'est que l'excès de poids de la grosse sphère est compensé exactement par l'excès de poussée qu'elle subit.

81. Conséquences. — Il résulte du principe précédent que tout corps plongé dans l'air ou dans un gaz est soumis à deux forces verticales et de sens contraires : son poids P et la poussée f exercée par le gaz.

Si le poids est supérieur à la poussée, le corps tombe, entraîné, non par son poids réel P, mais par son poids apparent $P - f$; c'est le cas de la plupart des corps placés dans l'air. *Si*, au contraire, *le poids est inférieur à la poussée*, le corps abandonné à lui-même monte verticalement sous l'influence de la force $f - P$; ce cas s'applique aux gaz chauds qui s'échappent d'une cheminée, aux vapeurs, aux aérostats.

Remarque. — Par suite de la poussée qu'éprouvent les corps plongés dans l'air, on ne peut déterminer exactement la masse d'un corps à l'aide de la balance que si la pesée est effectuée dans le vide. Dans l'air, le corps et les masses marquées qui lui font équilibre n'agissent sur les plateaux que par leur poids apparent, lequel est représenté par leur poids réel dans le vide diminué de la poussée exercée par l'air. Il convient d'ajouter qu'on ne fait subir cette correction qu'aux pesées de grande précision; dans la grande majorité des cas, la poussée exercée par l'air sur un corps est tellement faible par rapport à son poids réel qu'on peut confondre celui-ci avec son poids apparent.

AÉROSTATS

82. Définitions. — Les aérostats sont des appareils formés d'une enveloppe mince, imperméable, contenant un

gaz plus léger que l'air : suivant que leur poids total est
inférieur ou égal à la poussée qu'ils subissent, ils s'élèvent
dans l'air ou s'y tiennent en équilibre. On leur donne le
plus souvent une forme sphérique.

Les premiers aérostats étaient des globes de toile doublés
de papier, gonflés avec de l'air chaud ; on les appela des
montgolfières, du nom de leurs inventeurs, les frères
Montgolfier (1783). Ils ne pouvaient s'élever régulièrement
qu'à une faible hauteur et présentaient des dangers d'incendie à cause du feu qu'on devait entretenir sous l'ouverture béante de l'aérostat pour empêcher le refroidissement
de l'air intérieur. Le physicien Charles employa le premier des enveloppes imperméables et put ainsi substituer
l'hydrogène à l'air chaud. Aujourd'hui on gonfle encore
avec de l'hydrogène certains aérostats ; mais dans les
ascensions ordinaires on se sert du gaz d'éclairage, qui a
l'inconvénient d'être plus dense, mais qu'on peut se procurer beaucoup plus facilement. A tous égards, l'hydrogène
est préférable, et le reproche qu'on lui a fait d'être plus
diffusible à travers les enveloppes est sans conséquence
avec les tissus actuels. Ce sont ces enveloppes à gaz qu'on
appelle des *ballons*, nom qu'on donne aussi communé-
ment aux aérostats, c'est-à-dire à l'appareil complet, à
l'ensemble de tout ce qui est suspendu dans l'atmosphère.

83. Description d'un ballon ordinaire. — Un ballon
ordinaire (*fig.* 96) se compose essentiellement d'une enveloppe sphérique constituée par de longs fuseaux de tissus
de coton, ou plus souvent de soie, enduits de plusieurs
couches d'un vernis spécial à base d'huile de lin (*vernis
à ballons*), de manière à les rendre imperméables et à ne
laisser aucune fissure par où le gaz puisse s'échapper.

Cette enveloppe, gonflée complètement au départ avec un gaz léger, se termine à la partie inférieure par un large

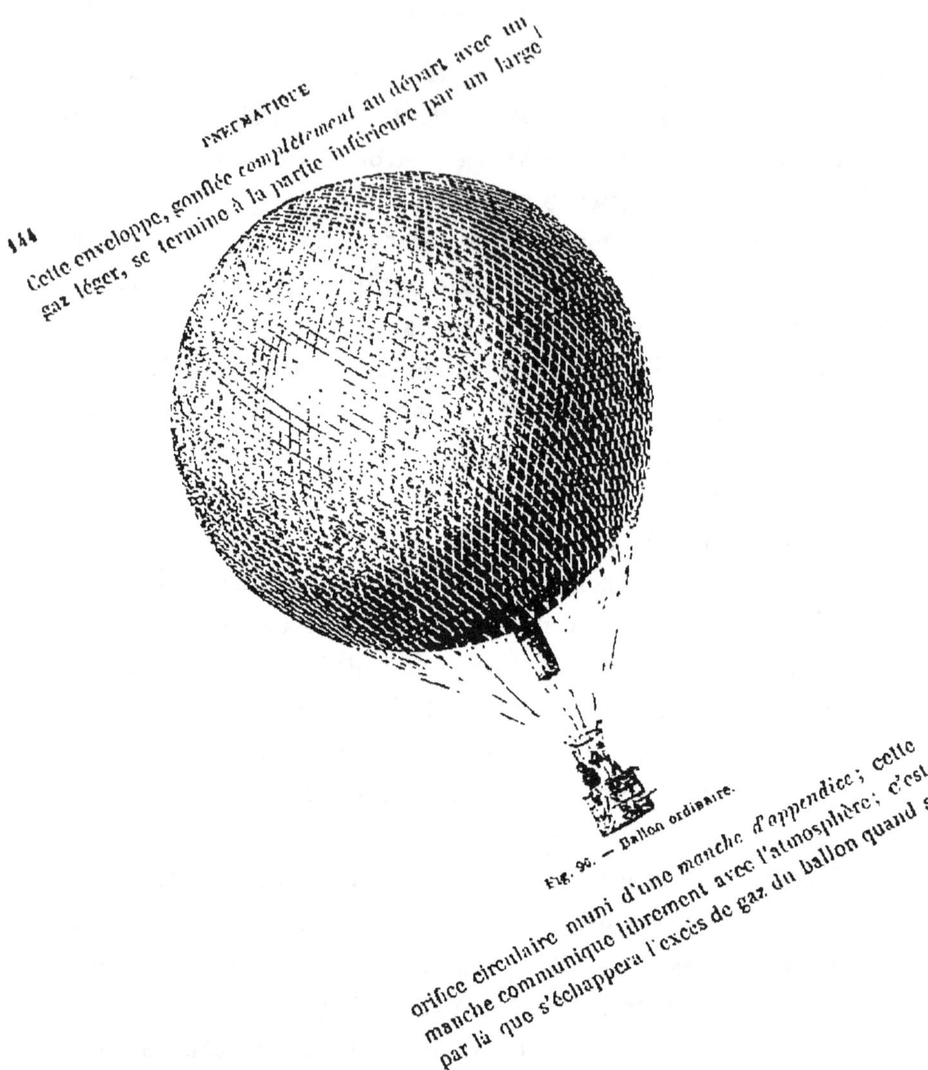

Fig. 96. — Ballon ordinaire.

orifice circulaire muni d'une manche d'appendice; cette manche communique librement avec l'atmosphère; c'est par là que s'échappera l'excès de gaz du ballon quand sa pression deviendra trop forte par suite de la raréfaction de l'air extérieur ou de la dilatation du gaz produite par les

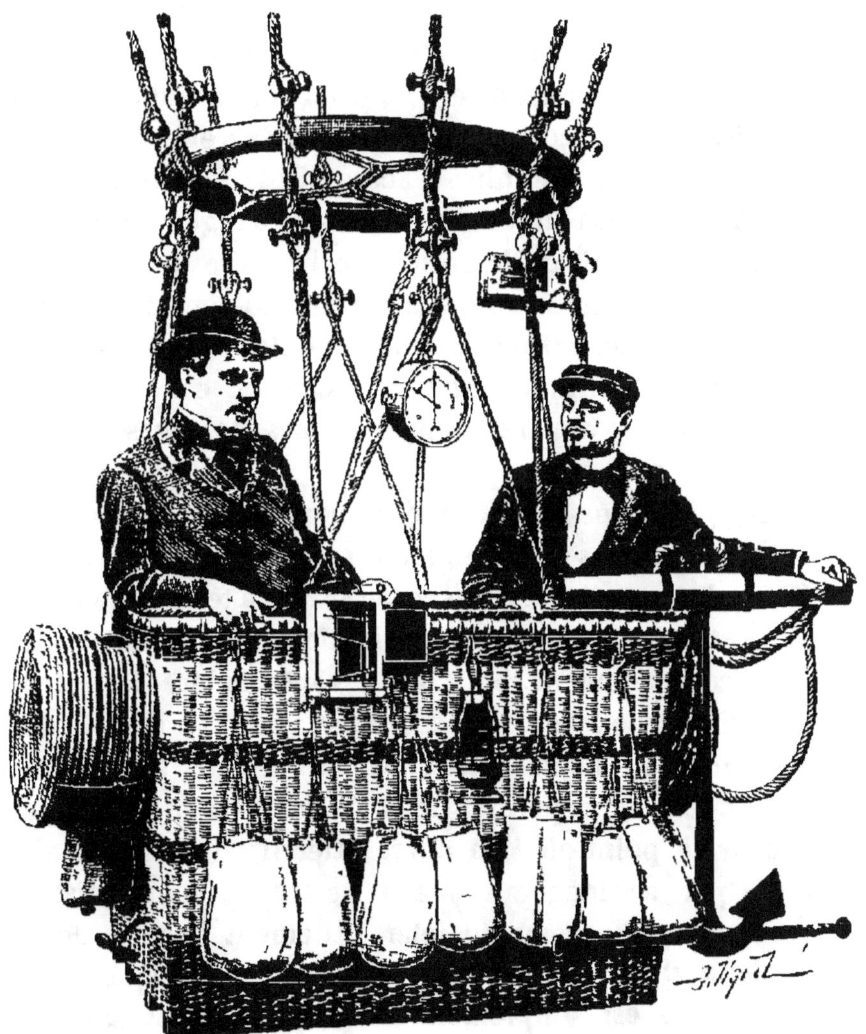

Fig. 97. — Nacelle d'un ballon ordinaire et ses accessoires.

radiations solaires. Le ballon présente à la partie supérieure une ouverture, fermée par une soupape que l'on peut ouvrir à volonté en tirant une corde, ou en pressant une poire, ou de toute autre façon. Tout l'hémisphère supérieur du ballon est recouvert d'un filet, dont les mailles se détachent au-dessous du grand cercle équateur, et par l'intermédiaire de *pattes d'oie* vont aboutir à un *cercle* de bois. Une nacelle en osier (*fig.* 97), suspendue à ce cercle, est destinée à recevoir les aéronautes ; elle emporte en outre un certain nombre d'accessoires : sacs de toile remplis de sable constituant le *lest* destiné à régler l'ascension ; *guide-rope*, rouleau de corde que l'on file au moment de la descente ; ancre, qu'on lance au moment de l'atterrissage ; boussole, baromètre pour la détermination approximative de l'altitude ; et, si l'ascension est scientifique, thermomètre, appareils enregistreurs des pressions, des températures ; etc.

Le guide-rope est destiné à faciliter l'atterrissage ; sa longueur est très variable ; mettons une centaine de mètres. Dès qu'une partie de cette corde traîne à terre, elle déleste l'aérostat d'autant et modère la descente ou même l'enraye complètement. S'il fait un vent modéré, le traînage du guide-rope à terre a encore cet avantage d'offrir de la résistance au déplacement du ballon dans le sens horizontal. Cet agrès permet donc de donner du temps pour choisir le point où l'on devra atterrir ; il indique d'ailleurs par sa longueur si l'on se trouve à une distance de terre qui permet de jeter utilement l'ancre, dont la corde a une quarantaine de mètres. Quelquefois, le guide-rope est simplement saisi par les paysans, qui amènent doucement le ballon à eux.

84. Force ascensionnelle. — On appelle force ascensionnelle d'un aérostat à un moment donné la force, verticale et dirigée de bas en haut, qui le sollicite à s'élever.

Cette force représente le poids qu'il faudrait placer dans la nacelle pour que le ballon flottât en équilibre dans l'atmosphère à l'instant considéré. D'après cela, soient P le poids de l'air déplacé par le ballon, P' le poids du gaz qu'il renferme, A le poids des accessoires (enveloppe, agrès, nacelle et son contenu), f la force ascensionnelle; on a, d'après le principe d'Archimède,

$$P = P' + A + f,$$

d'où
$$f = P - (P' + A),$$

c'est-à-dire que la force ascensionnelle est égale à la différence entre la poussée exercée par l'air sur le ballon tout entier et le poids total de ce dernier.

Au départ, la force ascensionnelle que l'on doit donner à un aérostat est très variable. Elle dépend principalement de la vitesse du vent et du plus ou moins de proximité des obstacles à éviter, monuments ou arbres. Elle dépend aussi du volume du ballon et du but de l'ascension. En général, dans les ascensions ordinaires, par un beau temps calme, un aéronaute habile part avec une très faible force ascensionnelle, quelques kilogrammes ; mais il est bien évident que si, au contraire, on a à lutter contre un vent très violent ou, en temps de guerre, à échapper aux balles de l'ennemi, on donnera à son ballon une force ascensionnelle élevée, 50^{kg}, 60^{kg}, peut-être même 80^{kg}.

A mesure que le ballon s'élève, la pression de l'air qui l'entoure diminue, le gaz se dilate, et l'excès de ce gaz s'échappe par l'appendice. En même temps, la poussée diminue, car le volume d'air déplacé reste le même tandis que sa densité devient moindre; la force ascensionnelle décroît et finit par devenir nulle. Le ballon est alors en équilibre dans l'atmosphère, et il y resterait indéfiniment si une foule de causes ne venaient modifier cette situation. Parmi ces causes inéluctables ou simplement possibles, nous citerons : le dépôt d'humidité sur l'enveloppe (dépôt qui atteint facilement 100^{kg}, et même beaucoup plus avec un gros ballon : il peut s'élever à 250^{gr} par mètre carré de surface) ; la fuite du

gaz non pas par exosmose (c'est insignifiant), mais par un
grand nombre de petits trous souvent imperceptibles ; le
refroidissement du gaz par suite de la diminution du rayonnement solaire causée par un nuage. Toutes ces causes tendent
à faire descendre le ballon. Or, dès qu'un ballon commence
à descendre, il cesse d'être complètement gonflé, son volume
diminue; il varie en raison inverse de la pression ambiante ;
par contre, la force ascensionnelle du mètre cube de gaz augmente en raison directe de cette pression. Ainsi que l'a fait
remarquer le colonel Renard, il résulte de la loi de Mariotte
que ces deux effets se compensent exactement et que l'aérostat soumis à une force descendante la conserve intégralement
pendant sa descente; il ne doit s'arrêter qu'au contact du sol,
à moins que cette force descendante ne soit supprimée. Cela
peut arriver par suite d'un allègement dû à une circonstance
extérieure (échauffement, dessiccation). En général, il n'y faut
pas compter, et le seul moyen de ne pas aller à terre est de
jeter du lest. On en jette aussi lorsqu'on veut s'élever ; mais
la dépense la plus considérable de lest est celle qu'on fait
pour éviter de descendre. Quelle que soit l'habileté de l'aéronaute, la provision de lest finit toujours par s'épuiser ; c'est
pour cette raison que la durée des voyages aériens les plus
longs n'a pas encore atteint 24 heures.

Quand l'aéronaute veut descendre, il n'a qu'à attendre la
première descente spontanée qui se produira infailliblement
et à ne pas jeter de lest à ce moment ; s'il tient absolument à
descendre à un moment donné, il agira sur la soupape pour
laisser échapper du gaz : le volume d'air déplacé diminuant,
le poids total deviendra supérieur à la poussée.

**85. Résultats des principales ascensions scientifiques. —
Ballons-sondes. —** Les principales ascensions entreprises
dans un but purement scientifique ont fourni des résultats
très intéressants en ce qui concerne les régions élevées de
l'atmosphère; nous citerons notamment l'extrême sécheresse de l'air à partir d'une certaine hauteur, l'abaissement
de température et surtout la diminution rapide de la densité de l'air, ce qui gêne considérablement la respiration
des aéronautes. Gay-Lussac, en 1804, s'éleva à 7 016^m au-

dessus du niveau de la mer ; il reconnut que l'action magnétique de la terre diminue rapidement à mesure qu'on s'élève et que l'air contient les mêmes proportions d'oxygène et d'azote dans les hautes régions qu'à la surface du sol. En 1850, Barral et Bixio s'élevèrent sensiblement à la même hauteur que Gay-Lussac et eurent à supporter un froid de 39° au-dessous de zéro. Les deux aéronautes anglais Glaisher et Coxwell firent un grand nombre de voyages aériens ; dans un de ces voyages ils s'élevèrent à une hauteur certaine de 8100ᵐ et faillirent périr par suite du froid intense et des troubles physiologiques qu'ils éprouvèrent. Enfin, en 1875, Sivel, Crocé-Spinelli et M. Tissandier firent, avec le ballon *le Zénith*, une ascension restée célèbre par son triste dénouement. Ils avaient emporté des ballonnets remplis d'oxygène presque pur ; arrivés à 7000ᵐ ils commencèrent à être saisis par la terrible influence de la raréfaction de l'air et perdirent l'usage de leurs mouvements, ce qui ne leur permit pas de faire des inhalations d'oxygène au moment où elles étaient le plus indispensables : Crocé-Spinelli et Sivel périrent asphyxiés. Un baromètre témoin donna 26ᶜᵐ,2 comme la plus faible pression atteinte dans l'ascension, ce qui correspond à une hauteur d'environ 8600ᵐ.

Aujourd'hui, on explore sans danger des régions de l'atmosphère encore plus élevées en employant des ballons non montés qui emportent des instruments automatiques, inscrivant les températures, les pressions, etc., exécutant les prises d'air, en un mot, faisant toutes les opérations dont les aéronautes pourraient se charger. Ces ballons, réalisés pratiquement par le commandant Ch. Renard, d'une part, et par MM. Hermite et Besançon, d'autre part, ont reçu le nom significatif de *ballons-explorateurs* ou *ballons-sondes*. Le ballon dont se servent MM. Hermite et Besançon, l'*Aérophile*, a un volume de 400ᵐᶜ et est gonflé au gaz d'éclairage. Les instruments qui lui sont confiés comprennent : 1° un thermomètre enregistreur suspendu à l'intérieur du ballon ; 2° un appareil à prise d'air composé essentiellement d'un réservoir métallique dans lequel on a fait le vide, qui s'ouvre, à une altitude réglée à l'avance, par la rupture d'un tube de verre et se ferme par la fusion du même tube aussitôt la prise d'air faite ; 3° un baro-thermographe, inscrivant à la fois la pression et la température sur un même cylindre enduit de noir de fumée. Ce dernier instrument est protégé contre les chocs lors de l'atterrissage par une boîte métallique fixée sur des tampons de caoutchouc dans un petit panier d'osier attaché au-dessous du ballon. Ce *panier parasoleil* est entouré de papier argenté destiné à combattre le rayonnement solaire. L'ensemble du ballon et des appareils pèse environ 56^{kg}.

Depuis 1892, un certain nombre de sondages ont été effectués dans les hautes régions atmosphériques par MM. Hermite et Besançon avec leur ballon explorateur. Les plus célèbres sont ceux des 5 août et 14 novembre 1896. Dans le premier, les diagrammes enregistreurs ont montré que la hauteur atteinte en moins d'une heure a été d'environ 14000^m ; le thermomètre est descendu à —50°, tandis qu'à terre il y avait 25°, ce qui fait une décroissance de 75°, soit environ 1° par 200^m. L'expérience du 14 novembre était internationale : des ballons-sondes furent lancés le même jour de Paris, Berlin et Saint-Pétersbourg ; l'*Aérophile* retomba en Belgique après s'être élevé à 15000^m et avoir subi un froid de — 63° ; le ballon russe et le ballon allemand firent explosion en l'air, après s'être élevés, le premier à 1500^m environ, le second à 5800^m. En 1897, l'*Aérophile* a atteint 17000^m.

Ces expériences sont appelées à rendre les plus grands services à la météorologie ; elles permettront de résoudre sans périls une multitude de problèmes, tels que ceux qui touchent à la température de l'atmosphère à de grandes altitudes, à la composition de l'air de la haute atmosphère, à la vérification des formules barométriques pour la mesure des altitudes, etc.

86. Direction des ballons. — Les ballons ordinaires sont entraînés par le vent qui règne dans la région où ils se trouvent. Tout ce que peut l'aéronaute, c'est de faire varier la force ascensionnelle de manière à accélérer ou ralentir le mouvement du ballon dans le sens vertical. Un grand nombre d'essais ont été tentés pour diriger les ballons dans le

sens horizontal quelle que soit la direction du vent : ils consistent en principe à employer à la fois une hélice pour prendre un point d'appui sur l'air et un gouvernail pour régler
la direction. La grande difficulté de ces essais consiste à trouver un moteur assez léger et surtout suffisamment puissant
pour pouvoir communiquer au ballon une vitesse supérieure à celle du vent. En 1884, les capitaines Ch. Renard et
Krebs firent avec l'aérostat dirigeable *la France* (*fig*. 98) une

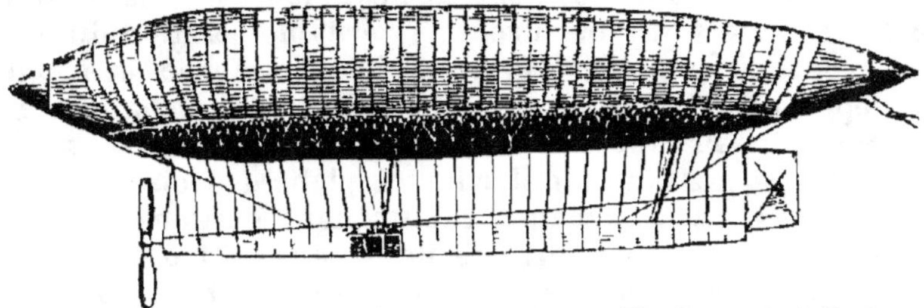

Fig. 98. — Aérostat dirigeable des capitaines Ch. Renard et Krebs

ascension restée célèbre. Cet aérostat avait une forme allongée spéciale (longueur 50^m, diamètre 8^m,40, volume 1 800^{mc});
il était muni à l'avant d'une hélice actionnée par un moteur électrique et donnant une vitesse de 6^m,50 à la seconde,
à l'arrière d'un gouvernail en étoffe de soie tendue sur un
cadre ; enfin la nacelle avait la forme d'une longue yole laissant au milieu une place pour les aéronautes. L'ascension
eut lieu à l'établissement aérostatique de Chalais, près de
Meudon ; l'aérostat, laissé libre, s'éleva d'abord à une certaine
hauteur, puis l'hélice fut mise en mouvement et, grâce à son
impulsion, les aéronautes purent s'éloigner d'environ 4^{km}
dans une direction voulue, tourner sur eux-mêmes malgré
un vent faible et revenir planer à 300^m au-dessus du point de
départ. Ces expériences ont été renouvelées trois fois en 1884
et trois fois en 1885 ; dans ces dernières, le capitaine Paul
Renard remplaçait le capitaine Krebs. Sur les sept voyages,
le ballon revint cinq fois à son point de départ.

Depuis cette époque, de laborieuses recherches ont été
entreprises dans différents pays pour améliorer les résultats
précédents. Les immenses progrès de l'automobilisme ont
apporté à la solution du problème un secours inespéré, en
fournissant des moteurs qui, à puissance égale, sont de plus
en plus légers. Le moteur électrique employé par MM. Renard
et Krebs pesait 75 kilogrammes par cheval. On est arrivé
progressivement à diminuer considérablement ce poids : à

l'heure actuelle, on a des moteurs électriques de $4^{kg},5$ par cheval ; à vapeur, de $3^{kg},6$; à pétrole, de $3^{kg},2$. Ces ressources viennent d'être mises à profit avec succès par M. Santos-Dumont, qui, en juillet 1901, avec un aérostat en forme de cigare comme celui de MM. Renard et Krebs, mais ayant de plus la faculté de s'incliner par rapport à l'horizontale, a pu se diriger à volonté en luttant contre des vents d'une certaine force. Le moteur était à pétrole.

Beaucoup de personnes pensent néanmoins que ce ne sont pas les aérostats qui fourniront la véritable solution du problème de la navigation aérienne, leur immense et fragile enveloppe offrant trop de prise aux éléments déchaînés. De nombreux essais ont été faits avec des appareils à solide armature, permettant d'imiter le vol plané des oiseaux. Les cerfs-volants, ces aéroplanes captifs dont certains observatoires météorologiques ont tiré un si merveilleux parti (*), ont fourni des données statiques qui ont servi de base aux recherches sur l'aviation. Les progrès réalisés dans cette voie sont déjà considerables ; le problème n'a jamais piqué la curiosité autant qu'actuellement, et l'on ne serait pas surpris si de la lutte engagée entre les partisans des aérostats et les partisans du « plus lourd que l'air » sortait bientôt quelque découverte sensationnelle.

RÉSUMÉ DU CHAPITRE X

Le principe d'Archimède est applicable aux gaz : *Tout corps plongé dans un gaz subit une poussée égale au poids du gaz déplacé.* L'existence de la poussée produite par l'air se démontre à l'aide du baroscope. Dans la grande majorité des cas, le poids d'un corps est supérieur à la poussée exercée par l'air, et il tombe, entraîné par son poids apparent. Si le poids est inférieur à la poussée, le corps s'élève (fumée, aérostats).

Les aérostats sont des appareils qui peuvent s'élever dans l'atmosphère parce que leur poids total est inférieur à la poussée qu'ils subissent. Les premiers furent gonflés avec de l'air chaud (montgolfières) ; aujourd'hui, on les gonfle avec du gaz d'éclairage, plus rarement avec de l'hydrogène (ballons). Un ballon ordinaire com-

---

(*) Les cerfs-volants servent de support à une foule d'appareils enregistreurs de température, de pression, de vitesse du vent, etc... Ils ont déjà pu recueillir des observations jusqu'à 5000^m. On s'en sert couramment pour prendre des photographies, et l'usage du cerf-volant à la guerre n'est plus un objet d'étonnement. L'aventureux capitaine Baden-Powell s'en est même servi pour s'élever dans les airs.

prend une enveloppe imperméable, maintenue par un filet, et une nacelle destinée à contenir les aéronautes et les accessoires (lest, baromètre, etc.); l'enveloppe est complètement gonflée au départ. La force ascensionnelle est la force qui sollicite le ballon à s'élever; elle est égale à la différence entre la poussée exercée par l'air sur le ballon tout entier et son poids total. La force ascensionnelle qu'on donne à un ballon au départ est généralement de quelques kilogrammes seulement; mais elle est plus grande quand on veut s'élever rapidement pour échapper à un danger. Cette force diminue à mesure qu'on s'élève. Quand elle devient égale à la poussée, le ballon cesse de s'élever; il flotte en équilibre jusqu'à ce que les causes qui peuvent augmenter son poids ou diminuer son volume agissent, et alors il descend. Pour enrayer sa descente, on jette du lest, de même qu'on en jette quand on veut remonter. Si l'on veut descendre sans attendre que la descente se produise d'elle même, on ouvre la soupape située au sommet du ballon, et du gaz s'échappe.

Les ascensions entreprises dans un but scientifique ont montré que la densité de l'air décroit rapidement à mesure qu'on s'élève, et que dans les hautes régions l'air est très sec et très froid. Aujourd'hui on explore sans danger ces hautes régions à l'aide de cerfs-volants ou de ballons-sondes; les ballons-sondes sont gonflés à l'hydrogène ou, à défaut, au gaz d'éclairage et n'emportent que des appareils enregistreurs réduits au plus petit poids possible.

Les ballons ordinaires sont entraînés dans la direction du vent. Divers essais ont été tentés pour les diriger; on donne alors aux ballons une forme allongée et on les munit d'une hélice pour prendre un point d'appui sur l'air et d'un gouvernail pour régler la direction. M. Santos Dumont a obtenu, en juillet 1901, des résultats satisfaisants.

D'un autre côté, il est possible qu'une solution du problème de la navigation aérienne soit fournie par des appareils plus lourds que l'air, plus solides que les aérostats, et imitant le vol des oiseaux.

EXERCICES SUR LE CHAPITRE X

28. Un cube de 10^{cm} de côté a une masse égale à 78^{gr} dans le vide. On demande son poids apparent dans l'air, évalué en dynes. La masse d'un cent. cube d'air dans les conditions où l'on considère le corps est $0^{gr},001293$.

29. Un petit aérostat, réduit à une enveloppe sphérique de 50^{cm} de rayon, est complètement gonflé avec du gaz d'éclairage. Calculer sa force ascensionnelle. On évaluera successivement cette force en dynes et en kilogrammes-poids. La masse de l'enveloppe est 100^{gr}. La température est $0°$ et le baromètre marque 76^{cm}. On sait que dans ces conditions de température et de pression la masse d'un cent. cube d'air est $0^{gr},001293$ et la masse d'un cent. cube de gaz d'éclairage $0^{gr},0008$.

HYDRODYNAMIQUE

CHAPITRE XI

NOTIONS D'HYDRODYNAMIQUE

87. L'*Hydrodynamique* a principalement pour objet l'étude des liquides en mouvement. Cette science n'est qu'une branche de la mécanique rationnelle ; considérée au point de vue de ses applications (mouvement des eaux, emploi des eaux comme moteurs, etc.), elle prend le nom spécial d'*Hydraulique*.

Nous ne verrons en Hydrodynamique que les appareils se rattachant directement aux principes de la statique des liquides et des gaz, tout en laissant de côté ceux de ces appareils qui n'ont aucune application dans l'industrie.

POMPES

88. Définition et classification. — Les pompes sont des appareils destinés à élever les eaux par l'emploi des pressions. Il en existe un grand nombre de types, dont les dispositions varient pour ainsi dire à l'infini, mais que l'on peut ranger en quatre catégories bien distinctes, suivant leur construction ou suivant la cause qui les fait fonctionner : ce sont les pompes à mouvement rectiligne alternatif ou *pompes à piston*, les pompes à mouvement continu ou *pompes rotatives*, les pompes à colonne d'eau ou *béliers*, et les *pompes à jets de vapeur*. Ces dernières seront étudiées avec les autres applications de la vapeur.

On emploie encore pour élever les eaux, les roues et chaînes à godets, les chapelets, la vis d'Archimède, etc. ; tous ces appareils sont de simples machines à élever les fardeaux et ne rentrent pas dans la catégorie des pompes.

89. Pompes à piston. — Elles comprennent les pompes aspirantes et élévatoires, les pompes aspirantes et foulantes à simple ou à double effet, et les pompes sans clapets.

I. Pompes aspirantes et élévatoires. — Réduite à ses parties essentielles, une pompe aspirante et élévatoire se compose d'un corps de pompe cylindrique auquel sont adaptés deux tuyaux de plus petit diamètre (*fig.* 99) : le *tuyau d'aspiration*, situé à la base, plonge par sa partie inférieure dans le réservoir ou *puisard* contenant l'eau à élever ; le *tuyau d'ascension*, situé à la partie supérieure et latéralement, se recourbe pour prendre la direction verticale. Dans le corps de pompe se meut un piston présentant une large ouverture fermée par une soupape ou *clapet s* s'ouvrant de bas en haut ; un second clapet *s'* sépare le tuyau d'aspiration du corps de pompe et s'ouvre également de bas en haut.

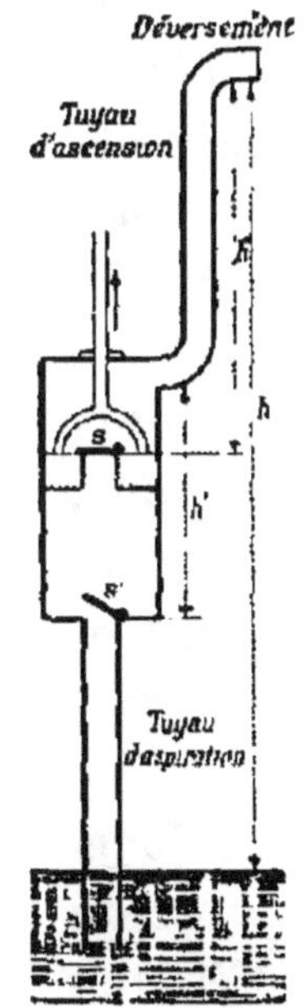

Fig. 99. — Figure schématique d'une pompe aspirante et élévatoire

Considérons le piston en bas de sa course, le tuyau d'aspiration étant plein d'air sous la pression atmosphérique.

Quand le piston s'élève, le clapet *s* se ferme sous

l'effet de la pression atmosphérique qui agit au-dessus ;
le clapet *s'*, pressé par l'air contenu dans le tuyau d'aspiration, se soulève. Une partie de l'air du tuyau d'aspiration pénètre donc dans le corps de pompe ; mais comme il
occupe alors un volume plus grand, sa force élastique
diminue et l'eau monte peu à peu dans le tuyau d'aspiration pour faire équilibre à la différence entre la force
élastique de l'air qui la surmonte et la pression atmosphérique qui agit sur le niveau de l'eau dans le puisard.
Dès que le piston est arrivé en haut de sa course, le clapet
s' se ferme par son propre poids. Quand le piston s'abaisse,
l'air situé au-dessous de lui se trouve comprimé ; il acquiert bientôt une force élastique suffisante pour soulever
le clapet *s* et s'échappe dans l'atmosphère. Les mêmes
phénomènes se reproduisent à chaque alternative suivante
du piston ; l'eau s'élève de plus en plus dans le tuyau
d'aspiration et finit par franchir le clapet *s'* : la pompe
est alors *amorcée*. A partir de ce moment et à chaque
descente du piston, l'eau située au-dessous de celui-ci
dans le corps de pompe passe au-dessus ; à chaque montée,
l'eau située au-dessus du piston est élevée dans le tuyau
d'ascension et s'écoule par un orifice de déversement tandis qu'une quantité d'eau égale s'élève dans le tuyau d'aspiration et de là dans le corps de pompe.

Pour qu'une pompe aspirante et élévatoire puisse fonctionner il faut évidemment que la distance maxima du
piston au niveau du liquide dans le puisard soit inférieure
à la hauteur de ce liquide capable de faire équilibre à la
pression atmosphérique ($10^m,33$ environ pour l'eau ordinaire). Cette limite elle-même n'est que théorique. Dans la
pratique, à cause des fuites inévitables, des frottements, etc.,
on place rarement le clapet *s'* à plus de 8^m au-dessus du

puisard. En revanche, la hauteur à laquelle l'eau peut s'élever dans le tuyau d'ascension n'a d'autre limite que celle qui provient de la force motrice dont on dispose pour abaisser le piston.

Calculons enfin le travail nécessaire pour élever un liquide à l'aide d'une pompe aspirante et élévatoire. Appelons S la surface du piston, h' la longueur de sa course, h et h'' les distances du niveau du liquide dans le puisard et de la face supérieure du piston à l'orifice de déversement, H la hauteur du liquide qui ferait équilibre à la pression atmosphérique sur 1^{cq} et enfin d sa densité. Supposons la pompe amorcée. Pendant que le piston descend, la pression sur ses deux faces est sensiblement la même, car le clapet s étant ouvert, le liquide placé au-dessus et celui qui est au-dessous communiquent; il n'y a donc à exercer qu'un effort relativement faible pour vaincre le frottement. Il n'en est plus de même pendant l'ascension du piston. La pression qu'il supporte alors sur sa face supérieure est la pression atmosphérique $SHdg$ augmentée de la pression $Sh''dg$ exercée par la colonne de liquide qui surmonte cette face; la pression qu'il supporte sur sa face inférieure est $SHdg - S(h - h'')dg$ (en négligeant l'épaisseur du piston). Par suite, l'effort F à exercer, effort qui représente la différence entre ces deux pressions, est égal à

$$SHdg + Sh''dg - SHdg + S(h - h'')dg.$$

On a donc simplement

$$F = Shdg.$$

Si dans cette formule S est exprimé en centimètres carrés, h et g en centimètres, F sera exprimé en dynes.

On voit que h' n'intervient pas dans cette formule ; par conséquent l'effort F est indépendant de la position du piston dans le corps de pompe. Quant au travail à effectuer pendant l'ascension du piston, il est égal au produit de la force par le déplacement total h', c'est-à-dire à $Shdg \times h'$ ergs. Ce produit peut se mettre sous la forme $Sh'dg \times h$. Or $Sh'dg$ représente le poids de l'eau qui s'écoule par l'orifice de déversement pendant l'ascension du piston ; donc théoriquement le travail moteur est le même que celui qu'il faudrait effectuer pour élever le liquide directement depuis le puisard jusqu'à l'orifice de déversement.

Dans la pratique, le travail moteur à fournir est un peu
supérieur à celui qui vient d'être indiqué, car il faut ajouter
à ce dernier le travail résultant des résistances passives dues
au frottement, ainsi qu'aux chocs et aux vibrations. L'effort
à exercer sur la tige du piston pour produire le travail néces-

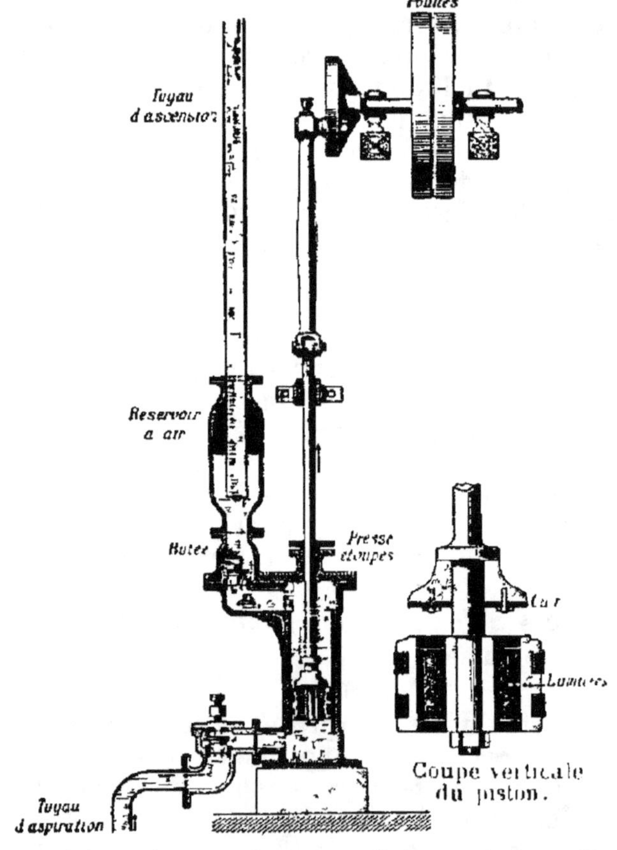

Fig. 100. — Pompe aspirante et élévatoire industrielle.

saire est assez grand, même dans les petits appareils élévatoires ; aussi, au lieu d'appliquer directement la force au piston lui-même, l'applique-t-on presque toujours à un organe
intermédiaire, qui, par des dispositions qu'on étudie en Mécanique, la multiplie. Dans la pompe ménagère, par exemple,
on met à profit le principe du *levier*: l'effort à exercer sur le

balancier est d'autant plus petit que le rapport des bras de levier est plus grand. Si ces bras sont dans le rapport habituel de 6 à 1 et que la manœuvre du piston exige un effort de 60^{ks} par exemple, il suffira d'appliquer $\dfrac{60}{6} = 10^{ks}$ à l'extrémité du grand bras.

PRINCIPAUX TYPES DE POMPES ASPIRANTES ET ÉLÉVATOIRES. — La fig. 100 représente une pompe aspirante et élévatoire industrielle. Le corps de pompe est chemisé en bronze; il communique avec les tuyaux d'aspiration et d'ascension par l'intermédiaire de deux boîtes ou chapelles qui contiennent, l'une, le clapet d'aspiration *a*, l'autre, un clapet de retenue *r*; chaque boîte est munie d'une butée pour limiter le mouvement des clapets et empêcher leur déplacement par le courant d'eau. Le piston présente quatre lumières pour le passage de l'eau ; sa jointivité avec le corps de pompe est assurée par une garniture de tresses en chanvre suifé, logées dans des gorges circulaires. La tige du piston, actionnee par une bielle et un plateau-manivelle, traverse un presse-étoupes rendant la fermeture du corps de pompe hermétique ; elle guide un clapet qui, lorsque le piston s'élève, ferme les lumières de passage par sa rondelle de cuir ou de caoutchouc. Enfin le tuyau d'ascension se termine à sa partie inférieure par un réservoir d'air qui évite les chocs et régularise l'écoulement.

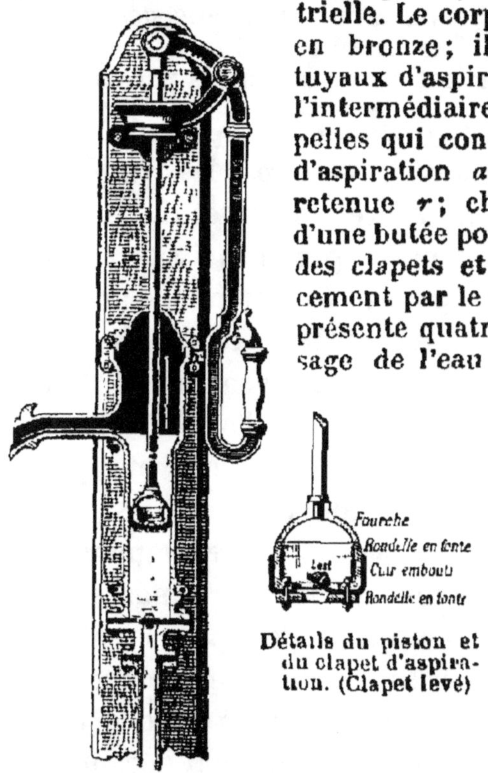

Détails du piston et du clapet d'aspiration. (Clapet levé)

Fig. 101 — Pompe ménagère aspirante élévatoire

Quand l'élévation de l'eau se fait à une faible hauteur, le clapet de retenue est supprimé et l'écoulement du liquide a lieu en déversoir. Ce cas est fréquent dans les *pompes ménagères* (*fig.* 101).

Citons encore les pompes aspirantes et élévatoires installées dans des *puits* (*fig.* 102). La pompe est fixée sur des traverses à une distance convenable du niveau de l'eau. Le piston reçoit le mouvement de tiges ajoutées bout à bout par clavetage et actionnées par une bielle, un arbre–manivelle, des poulies fixe et folle. Le tuyau d'ascension est fixé le long des parois.

II.   Pompes aspirantes et foulantes. — Dans les pompes aspirantes et foulantes, le tuyau d'ascension prend naissance au bas du corps de pompe. Le piston n'a plus ni lumière ni clapet ; c'est le plus souvent un piston dit *plongeur*, que l'on fait creux pour l'alléger et qui ne frotte pas contre le corps de pompe. Ces pompes peuvent être employées pour les liquides clairs, mais elles conviennent surtout pour les eaux boueuses, les liquides tenant en suspension des corps solides (lait de chaux, liquides mal décantés, eaux résiduaires, moûts de distillerie, etc.). On les construit à simple effet et à double effet.

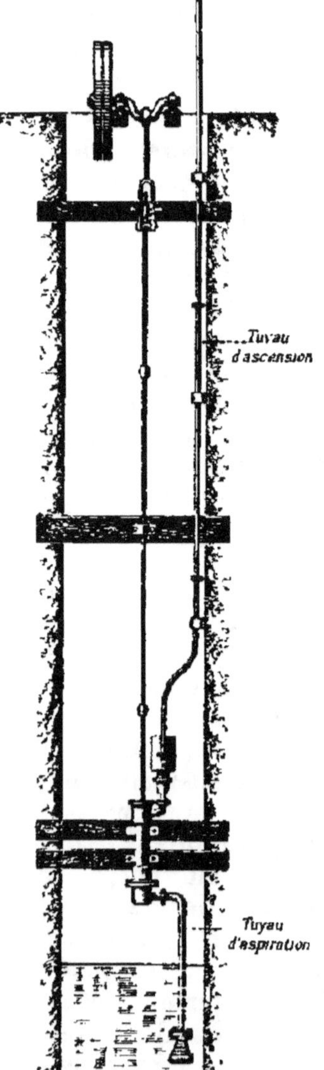

Fig. 102. — **Pompe aspirante élévatoire installée dans un puits.**

POMPES A SIMPLE EFFET. — La fig. 103 représente une pompe double dont les deux corps sont montés sur une plaque

de fondation commune. Les clapets d'aspiration et de
refoulement sont des *boulets* creux en fonte ; ils sont
recouverts de caoutchouc pour faire joint exactement et
sont placés dans des *chapelles* pouvant être visitées facile-

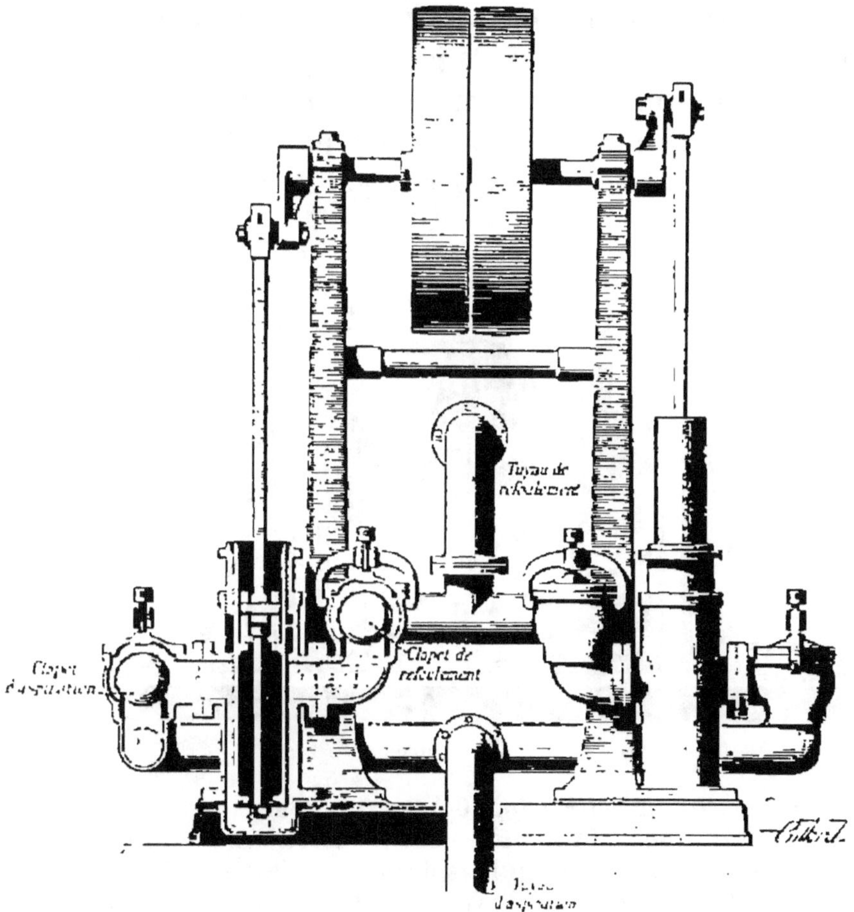

Fig. 103. — Pompe double, aspirante et foulante, à simple effet.

ment. Les tiges des deux pistons sont actionnées par des
bielles et des manivelles calées à 180°.

Supposons la pompe amorcée : quand un des pistons
descend, le clapet d'aspiration situé du même côté est

fermé ; l'eau du corps de pompe correspondant, refoulée par ce piston, soulève le clapet de refoulement et passe dans le tuyau d'ascension commun. Pendant ce temps, l'autre piston remonte, le jeu des clapets situés du même côté est inverse du précédent, et le corps de pompe correspondant se remplit de liquide par le tuyau d'aspiration. Les deux corps de pompe étant ainsi *conjugués*, on a deux cylindrées au lieu d'une pour un tour de l'arbre moteur et par conséquent un écoulement régulier à la sortie du liquide.

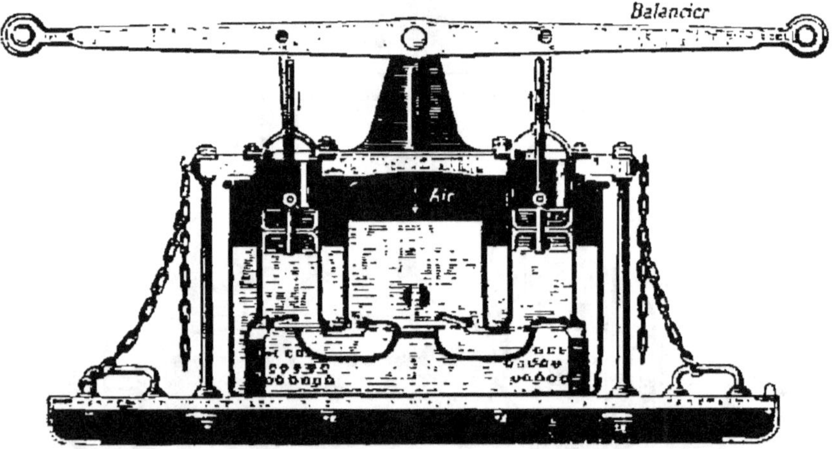

Fig. 104. — Pompe à incendie à bras.

La *pompe à incendie* (*fig.* 104) est un cas particulier des pompes aspirantes et foulantes à simple effet. Elle comprend deux pompes conjuguées qui aspirent l'eau alternativement dans une bâche et la refoulent de même dans un réservoir commun contenant de l'air ; celui-ci se trouve ainsi comprimé, et la pression qu'il exerce à la surface du liquide dans lequel plonge le tuyau d'ascension force l'eau à s'élever par cette voie avec une certaine régularité. Le mouvement alternatif des pistons est effectué soit par un balancier mû par huit hommes (pompe à bras), soit par un petit moteur à vapeur (pompe à vapeur).

POMPES A DOUBLE EFFET. — Le type représenté par la fig. 105 est spécialement étudié pour l'industrie et pour l'élévation de l'eau dans les villes. Il comprend un corps de pompe horizontal, deux boîtes à clapets d'aspiration, deux boîtes à clapets de refoulement, un récipient d'air et un tuyau de refoulement. Le piston est plein ou à plongeur ; sa tige traverse un presse-étoupes et est guidée par des glissières. Enfin le bâti est creux et sert à l'arrivée de l'eau sous les clapets d'aspiration.

Cette pompe étant amorcée, quand le piston se retire à droite, il aspire à gauche et refoule à droite, et inversement. Donc pour un tour de l'arbre on a deux cylindrées au lieu d'une et on obtient les mêmes avantages qu'avec les pompes conjuguées.

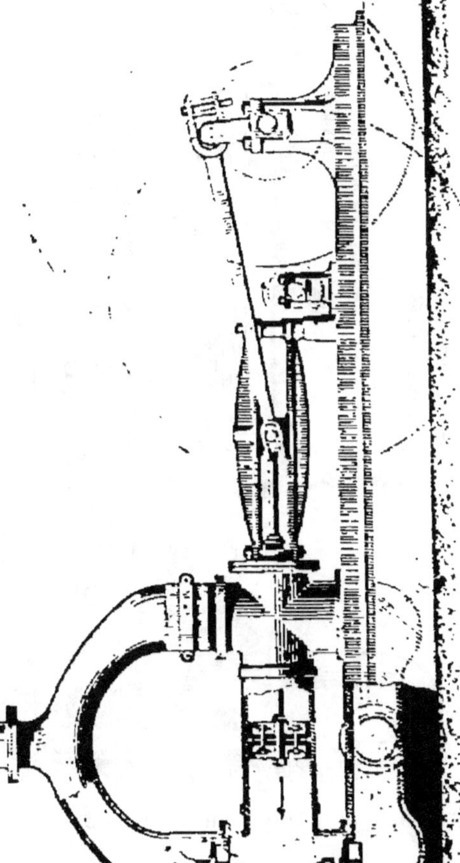

Fig. 105. — Pompe aspirante et foulante à double effet.

(La butée du clapet de refoulement est fixée au regard, qu'on voit bien sur la colonne de droite.)

III. Pompes sans clapets. — La plus parfaite est celle de Guyon et Audemar (*fig.* 106). Elle se compose de deux corps de pompe parallèles et communiquant, dans lesquels se meuvent en sens contraires deux pistons creux P et P′ contenant chacun un disque (ou plutôt une série de petites lamelles) en caoutchouc ou en cuir pouvant se relever pour livrer passage à l'eau. Supposons la pompe amorcée. Dans la période de rapprochement des pistons, l'eau soulève le disque du piston P et passe au-dessus de

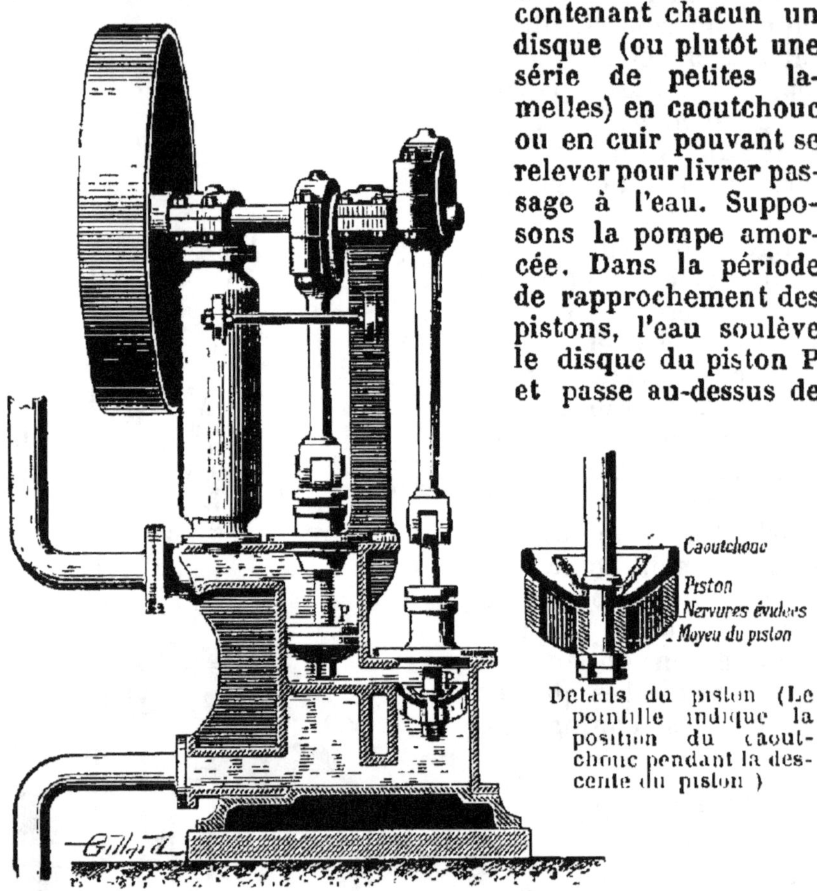

Fig. 106 — Pompe sans clapets de Guyon et Audemar

lui. Dans la période d'éloignement, la capacité qui existe entre les deux pistons augmente de volume, ce qui détermine un appel de liquide du côté de l'aspiration : le disque du piston P′ se soulève et livre passage à l'eau ; au même moment, le piston P, dont le disque est fermé, fait refluer dans la conduite de refoulement le liquide qui y était entré à la faveur de la période de rapprochement.

Cette pompe est excellente et convient pour une foule d'usages industriels ; son absence de clapets lui permet de marcher à grande vitesse et par suite de fournir un véritable courant d'eau continu.

90. Pompes rotatives. — Dans les pompes à mouvement rectiligne alternatif, l'eau n'a pas un mouvement continu, ni une vitesse uniforme dans le corps de pompe et dans la tuyauterie ; cela tient à ce qu'elle suit le mouvement du piston. Or la vitesse de celui-ci est essentiellement variable : pour une allée et une venue, elle est maxima deux fois et devient nulle deux fois aussi, au bout de chaque course ; il en résulte que les moteurs qui actionnent les pompes à piston doivent fournir des efforts variables, ce qui entraîne des irrégularités de marche, des chocs, etc. On corrige bien ces défauts par certaines dispositions (réservoir d'air au refoulement, corps de pompe conjugués, etc.) ; mais une solution plus radicale et plus logique doit être donnée, dans un avenir rapproché, par les *pompes rotatives*, dont le but est d'imprimer à l'eau un mouvement uniforme et continu par l'effort moteur également continu et constant. Des travaux remarquables ont été faits dans ce but et un nombre considérable de pompes ont été imaginées ou construites. On les distingue en pompes rotatives à un ou à deux axes et en pompes centrifuges.

I. **Pompes rotatives à un ou à deux axes.** — Nous décrirons comme type la pompe rotative à un axe de Moret et Broquet, usitée surtout pour le service des caves et des chais. Cette pompe, dite aussi *pompe a palettes*, se compose d'un corps de pompe cylindrique portant une tubulure d'aspiration et une tubulure de refoulement (*fig.* 107). Dans le corps de pompe se trouve un tambour clos, que l'on fait tourner soit à l'aide d'une poulie, soit à la main au moyen d'un volant manivelle, et dont l'axe ne coïncide pas avec celui du cylindre constituant le corps de pompe. Quatre palettes $p, p_1, \ldots$ s'engagent à frottement doux dans des fentes longitudinales portées

par le tambour; elles s'appuient constamment sur la surface Intérieure du corps de pompe grâce à deux bagues *d*, dont le diamètre
extérieur est égal au diamètre intérieur du corps de pompe diminué
de la largeur de deux palettes.

Supposons la pompe amorcée. Au fur et à mesure que l'on fait
tourner le tambour dans le sens de la flèche, l'espace rempli d'eau
compris entre les palettes *p* et p_1, le tambour et le corps de pompe,
augmente de volume par suite de l'excentricité du tambour. Cet
espace ne communiquant qu'avec le tuyau d'aspiration, y détermine
par suite une aspiration. Quand la palette *p* est arrivée en p_1, une
partie de l'eau qui occupait l'espace C que nous venons de considé-

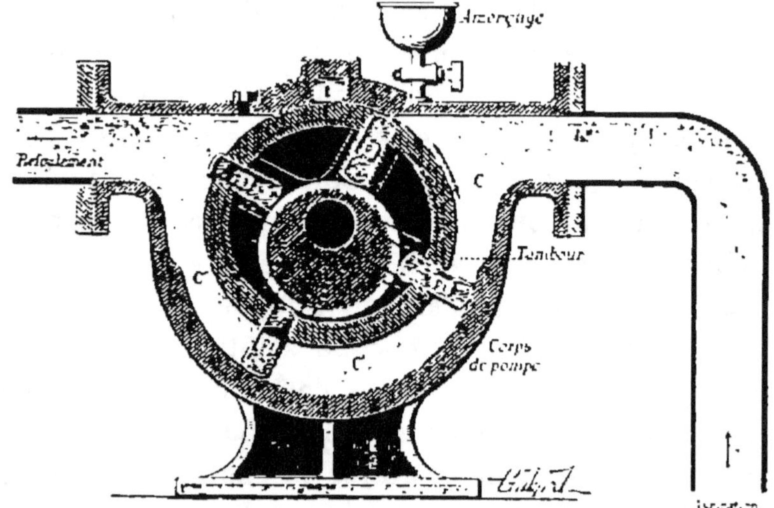

Fig. 107. — Pompe rotative à un axe de Morel et Broquet.

rer, se trouve emprisonnée en C'; de là elle passe en C", et comme
les palettes rentrent dans le tambour qui lui-même se rapproche
constamment du corps de pompe, l'espace C" diminue et l'eau est
chassée dans le tuyau de refoulement. — Un tendon *t* poussé par un
ressort empêche la communication entre le refoulement et l'aspiration par suite du frottement du tambour contre le tendon.

Parmi les pompes rotatives à deux axes, nous nous contenterons
de signaler la *pompe de Greindl*, qui permet d'élever l'eau à de grandes
hauteurs et peut servir à volonté de pompe de compression d'air. Cette
pompe est employée dans l'industrie pour épuisements, irrigations,
services d'eaux, etc.

II. Pompes centrifuges. — La fig. 108 représente la pompe
centrifuge de M. Dumont. La pièce principale de cette pompe est une

turbine, constituée par un axe horizontal tournant à grande vitesse et un plateau creux à palettes intérieures courbes; elle est montée dans une caisse en fonte concentrique. Le tuyau d'aspiration se bifurque en deux branches qui communiquent par les *ouïes* *o* avec l'intérieur de la turbine, et par suite avec le canal circulaire CC, lequel aboutit à la tubulure de refoulement.

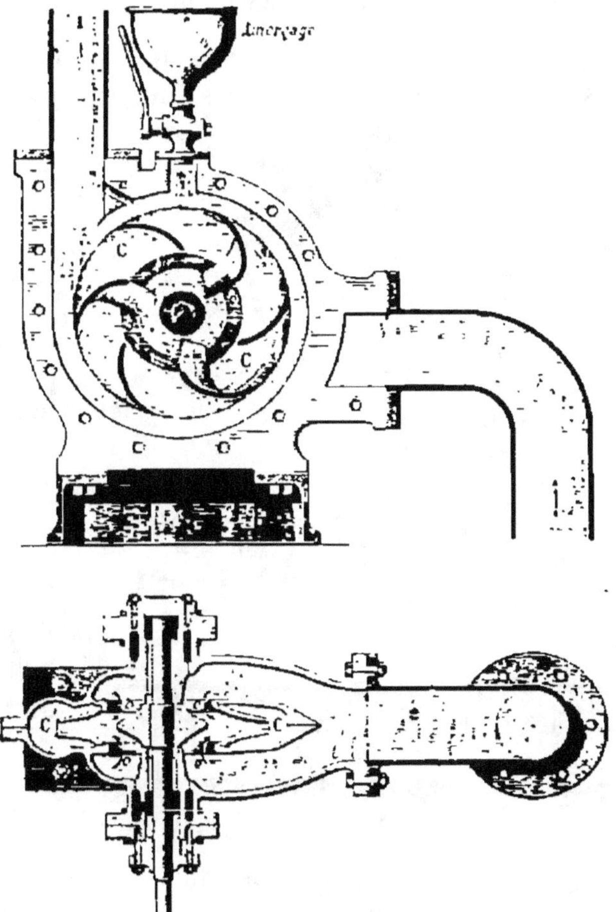

Fig. 108. — Pompe centrifuge Dumont.

Sous l'effet de la force centrifuge que développe la rotation de la turbine, l'air est projeté de l'axe à la circonférence et il s'échappe par le tuyau de refoulement; il se produit donc à l'intérieur de la turbine, dans le voisinage de son axe et par suite dans le canal d'aspiration, une dépression variable avec la vitesse de rotation, de là appel et

expulsion d'air, puis d'eau quand le vide est suffisant. Le petit canal *c*
a pour but d'expulser dans la conduite de refoulement l'air dégagé de
l'eau.

Les pompes centrifuges de M. Dumont sont très faciles à installer;
aussi ont-elles de nombreuses applications : irrigations, épuisements,
travaux publics. On les emploie surtout quand on veut élever de
grandes quantités d'eau à une faible hauteur.

91. Béliers hydrauliques. — Les béliers hydrauliques,
imaginés par Montgolfier, ont été très étudiés et perfectionnés
par MM. Bollée et
Durosoy. Ils se com-
posent essentielle-
ment d'un corps
horizontal, muni à
une de ses extrémi-
tés d'un tube pour
l'arrivée de l'eau, et
à sa partie supé-
rieure de deux tu-

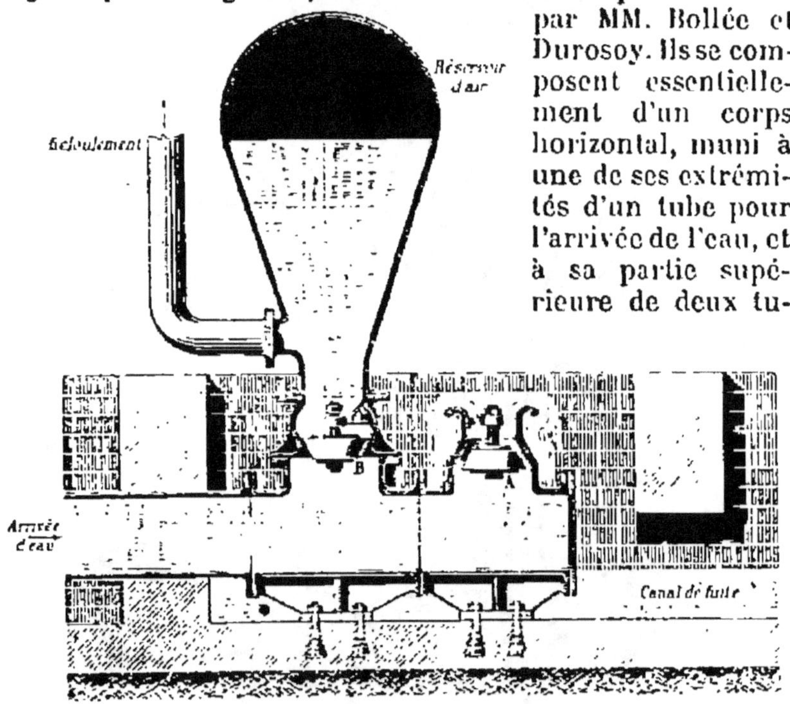

Fig. 109. — Bélier hydraulique.

bulures à clapets (*fig.* 109); l'une de ces tubulures se termine en déversoir ; l'autre est surmontée d'un réservoir d'air
portant le tuyau de refoulement.

Quand l'eau arrive dans le bélier, le clapet B repose sur
son siège et le clapet A est ouvert. Le liquide s'écoule donc
librement par le déversoir ; sa vitesse de sortie augmente peu
à peu et devient bientôt suffisante pour soulever le clapet A,
ce qui produit un arrêt brusque de la colonne d'eau. Celle-ci

réagit par sa puissance vive ; elle ouvre le clapet B et pénètre en partie dans le réservoir. L'air que contient ce dernier se trouve ainsi comprimé, et l'effet de cette compression est de fermer le clapet B et de refouler de l'eau à l'extérieur. Le clapet **A** s'ouvre alors, et les mêmes phénomènes se reproduisent, chaque fermeture du clapet **A** déterminant un coup de bélier dans le réservoir à air.

Quand on dispose d'une chute suffisante, on se sert avec avantage des béliers hydrauliques pour élever automatiquement a des hauteurs considérables une partie de l'eau d'un ruisseau, d'un étang, d'un réservoir ; on les emploie principalement pour alimenter les maisons de campagne, les châteaux, les stations de chemin de fer, etc.

92. Remarques générales sur les pompes. — Dans la plupart des pompes, l'extrémité inférieure de la conduite d'aspiration est munie d'une *crépine* (*fig.* 110) destinée à arrêter les corps étrangers ; on y joint aussi un *clapet de pied* qui, s'ouvrant et se fermant en même temps que le clapet d'aspiration, empêche la pompe de se désamorcer lorsqu'elle cesse de fonctionner.

Quand les conduites d'aspiration et de refoulement sont un peu longues, il est utile de placer sur leur parcours un ou plusieurs *clapets de retenue*. Dans les conduites d'aspiration, ces clapets s'ouvrent dans le sens de l'aspiration et ont pour but d'éviter un désamorçage possible ;

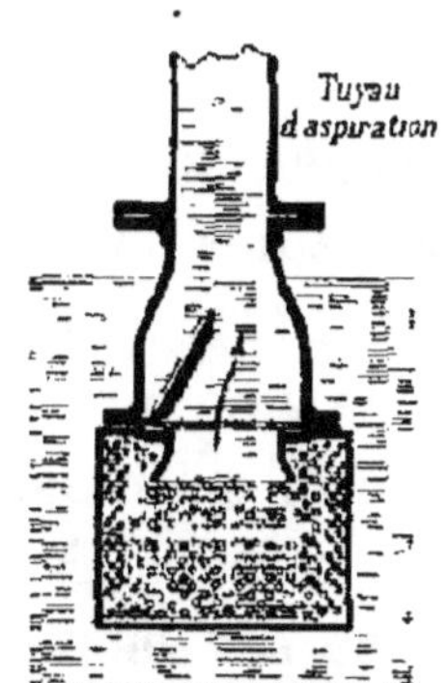

Fig 110 — Crépine et clapet de pied.

dans les conduites de refoulement, ils s'ouvrent dans le sens du refoulement et divisent la colonne montante en plusieurs tronçons, ce qui diminue la pression sur le clapet de refoulement et évite souvent des chocs dangereux.

Quand on veut élever des liquides chauds, il faut tenir compte de ce fait, que leurs vapeurs exerçant une action analogue à celle de l'air, tendent à réduire la valeur du vide qu'on cherche à produire pour amorcer la pompe. Aussi, pour assurer d'une façon certaine l'élévation de ces liquides, doit-on placer les réservoirs qui les contiennent à un niveau supérieur à celui du clapet d'aspiration. Ces liquides, par leur propre charge, ouvrent le clapet d'aspiration et rentrent dans la pompe, qui ne fonctionne plus alors qu'au refoulement : on dit que la pompe travaille *en charge*. Cette disposition est très fréquente. Elle est même employée, quand c'est possible, pour les liquides à température ordinaire, à cause du précieux avantage qu'elle a de diminuer l'effort à faire pour manœuvrer la pompe, laquelle n'a plus à produire le travail nécessaire à l'aspiration.

PRESSE HYDRAULIQUE

93. Définition et principe. — La presse hydraulique est un appareil qui permet d'exercer des pressions considérables en déployant des efforts relativement faibles. Elle constitue une application directe du principe de Pascal (35).

Considérons deux corps de pompe verticaux C et C', ayant respectivement pour sections S et s, et réunis par un tube latéral (*fig.* 111). Imaginons dans ce système un liquide en équilibre, maintenu par deux pistons mobiles P et P'. Si l'on exerce sur le piston P' une pression quelconque f, le piston P recevra de bas en haut, d'après le

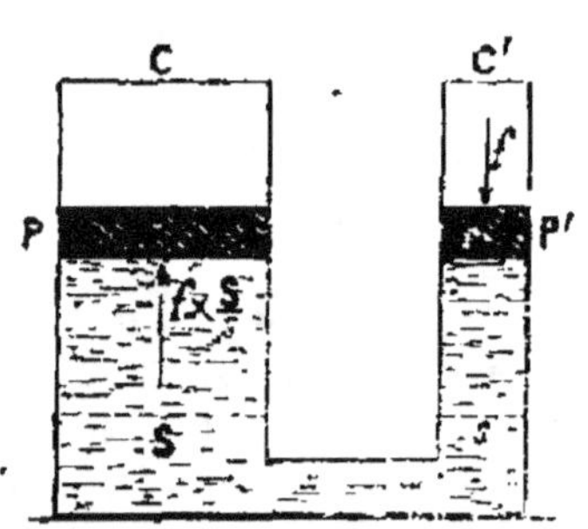

Fig. 111. — Principe de la presse hydraulique.

principe de Pascal, une pression égale à $f \times \dfrac{S}{s}$ (on admet, bien entendu, que cette dernière pression est suffisamment grande pour que les pressions dues au poids du liquide puissent être négligées). Cela posé, si la pression supportée extérieurement par le piston P est inférieure à $f \times \dfrac{S}{s}$, il obéira à la pression de l'eau et s'élèvera.

La presse hydraulique, imaginée par Pascal, est restée pendant longtemps à l'état de conception théorique. En effet, si dans l'appareil précédent les pistons sont trop justes, le frottement qui en résulte s'oppose à leur mouvement ; si au contraire ils se meuvent facilement, l'eau comprimée s'échappe entre leurs parois et celles du corps de pompe. Un mécanicien anglais, Bramah, a supprimé cet inconvénient par une disposition spéciale dont nous allons parler, et aujourd'hui la presse hydraulique est un des appareils les plus utiles à l'industrie.

94. Presse hydraulique de démonstration. — La fig. 112 représente une presse hydraulique très répandue dans les

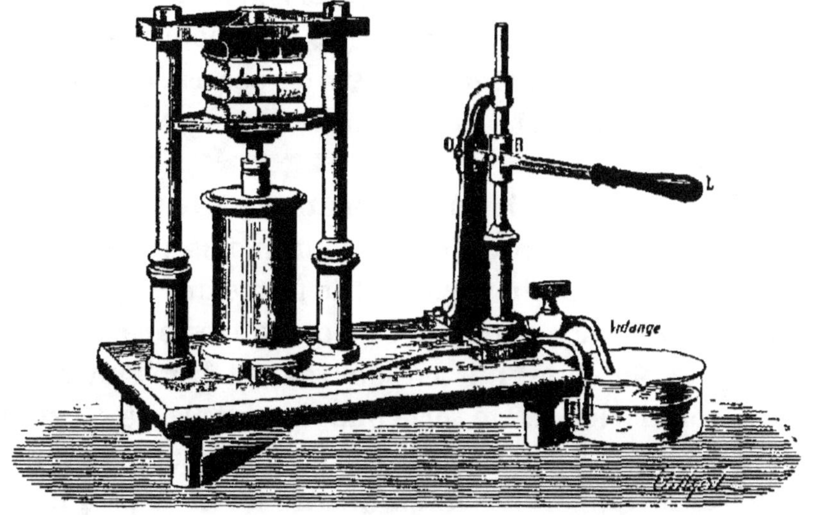

Fig. 112. — Presse hydraulique de démonstration.

laboratoires et servant aux démonstrations. Cet appareil se compose de deux cylindres ou corps de pompe en laiton dans lesquels se meuvent deux pistons plongeurs. Le petit corps de pompe est une véritable pompe aspirante et foulante (pompe d'injection), qui puise de l'eau dans un réservoir latéral et la refoule par un tube métallique dans le grand corps de pompe, lequel constitue la presse

hydraulique proprement dite. Les objets à comprimer
sont placés entre un plateau qui surmonte le gros piston
plongeur et un sommier fixé au socle de l'appareil par
deux fortes colonnes de fer. Pour éviter les fuites d'eau
dans le grand corps de pompe, on emploie le *cuir embouti*
de Bramah : c'est une sorte de rigole circulaire renversée,

Fig. 113. — Cuir embouti

en cuir épais et bien graissé
(*fig*. 113) ; elle est logée dans une
gorge circulaire creusée à la partie supérieure du grand corps de
pompe. Sous l'effet de la pression
de l'eau, le cuir embouti s'applique fortement d'une part
contre le piston, d'autre part contre les parois de la gorge,
et le joint est d'autant plus étanche que la pression est
plus forte.

On n'emploie pas de cuir embouti dans le petit corps
de pompe, car les pressions y sont moins fortes et les
fuites y ont moins d'importance ; la fermeture est assurée
suffisamment par une boite à cuir que traverse son piston
plongeur. Celui-ci est mis en mouvement par l'intermédiaire d'un levier L, de sorte que sa surface reçoit une
pression qui est égale à l'effort exercé directement multiplié par le rapport du grand bras de levier OL au petit
OR ; en multipliant encore cette pression par le rapport
de la section du grand piston à la section du petit, on
obtient la pression finale qui agit sur les corps comprimés.

Remarque. — Il ne faut pas oublier que si l'on obtient ainsi
une multiplication de l'effort exercé directement, en revanche
le grand piston parcourt moins de chemin que le petit. En
effet, soient S et s les sections des deux pistons, h' la hauteur dont le grand s'élève quand le petit s'abaisse de h ; sh
et Sh' représentent le volume de l'eau qui est passée d'un
corps de pompe dans l'autre.

On a donc $\dfrac{S}{s} = \dfrac{h}{h'}$. D'après cela, si S est 100 fois plus grand que *s*, h' sera 100 fois plus petit que h. En résumé, ce que l'on gagne en force, on le perd en chemin parcouru; aussi n'emploie-t-on la presse hydraulique que lorsque le point d'application de la force qui comprime a peu à se déplacer.

95. Presses hydrauliques industrielles. — Dans l'industrie, les presses hydrauliques sont formées des mêmes parties

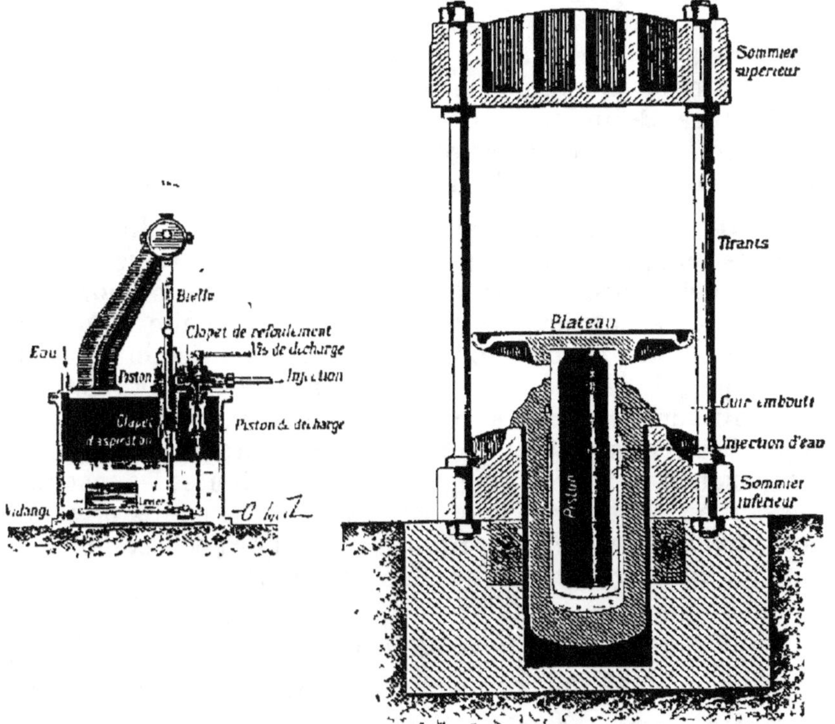

Fig. 114. — Presse hydraulique industrielle avec sa pompe d'injection.

essentielles que la presse de démonstration, mais on les construit de manière à pouvoir obtenir des pressions très considérables. La fig. 114 représente la coupe verticale d'une presse hydraulique industrielle avec sa pompe d'injection.

La pompe d'injection aspire l'eau contenue dans une bâche et la refoule dans le corps de presse à l'aide d'un piston plongeur mû par la vapeur.. Ce piston pénètre dans son corps de pompe par un calfat vissé qui serre un cuir. Lorsque la pression dans le canal d'injection atteint une certaine limite que l'on suppose dangereuse pour la presse ou pour la matière en travail, un petit piston de décharge s'abaisse et agit sur un levier a couteau et à contre-poids mobile, lequel soulève le clapet d'aspiration et fait ainsi cesser la pression.

Quand on veut *dépresser*, on ouvre une vis de décharge placée sur le trajet du canal d'injection; elle débouche un trou latéral et permet à l'eau de revenir dans la bâche.

Le corps de presse est muni du cuir embouti de Bramah et contient un long piston creux surmonté d'un plateau rapporté; il repose sur un sommier dont il est indépendant, ce qui facilite le montage et le remplaçage des pièces en cas de rupture. Enfin un second sommier, relié invariablement au sommier inférieur par de forts tirants boulonnés ou clavetés, sert à maintenir les corps qu'on veut comprimer.

Remarque. — En général, on ne refoule pas directement avec la pompe d'injection dans le corps de presse hydraulique; cela aurait pour inconvénient de faire monter le piston de ce dernier par intermittences et d'une trop petite quantité pour chaque tour. La pompe d'injection refoule dans une presse spéciale, appelée *accumulateur*, qui distribue de l'eau sous pression à une ou plusieurs presses hydrauliques. Ces accumulateurs, dont les dispositions varient beaucoup, sont très employés également pour toutes les machines servant aux manœuvres exécutées avec l'eau sous pression; leur invention a rendu pratique l'emploi de l'eau comprimée, emploi qui se généralise de plus en plus.

96. Usages de la presse hydraulique. — La presse hydraulique a de nombreuses applications; on s'en sert notamment pour extraire l'huile des graines oléagineuses, pour séparer l'acide oléique des autres acides gras dans la fabrication des bougies, pour réduire à un moindre volume les objets encombrants comme la paille, le coton, le foin, et les rendre ainsi plus facilement transportables; pour soulever les docks flottants destinés à soutenir les navires que l'on veut réparer, pour essayer les matériaux à la compression et à la traction; pour actionner les monte-charges, les ascenseurs, les appareils à découper, à mouler, à poinçonner, etc.

Dans les ateliers de construction, la presse hydraulique sert à fixer sur leurs essieux les roues des locomotives et des wagons, à emmancher les cylindres de laminoirs sur leurs axes, à caler les gros pignons et les grands volants, à cintrer et à gabarier les plaques de blindage, etc.

L'eau sous pression actionne également les machines à river, à cintrer, à étirer les tubes et les métaux ; les grues, les cabestans, etc.; elle est utilisée pour manœuvrer les gros projectiles, les ponts tournants, les ponts à tablier mobile, les portes d'écluses. Enfin c'est avec une pompe d'injection qu'on fait l'essai des chaudières à vapeur et qu'on gradue les manomètres métalliques destinés à mesurer de fortes pressions.

SIPHONS

97. Définition et description. — On donne le nom de siphons à des tubes recourbés, en verre ou en métal, destinés à transvaser les liquides d'un récipient à un vase inférieur.

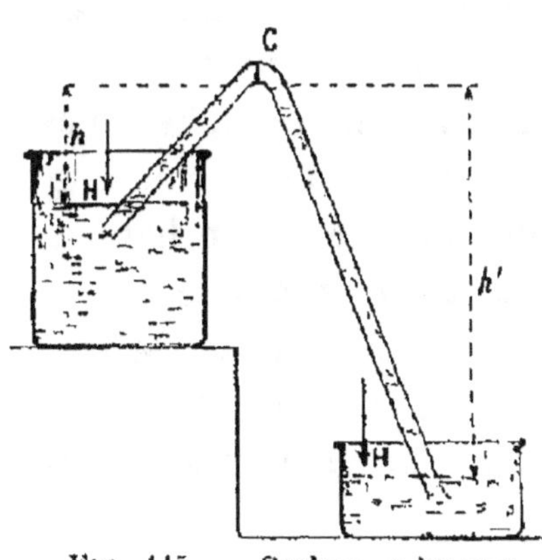

Fig. 115. — Siphon ordinaire

Le siphon le plus simple est formé d'un tube à deux branches inégales (*fig.* 115); la petite branche plonge dans le liquide à transvaser, la grande branche débouche dans l'air ou dans un vase destiné à recueillir le liquide. Si le siphon a été préalablement *amorcé*, c'est-à-dire rempli du liquide à transvaser, celui-ci s'écoule d'une manière continue par l'extrémité de la grande branche, et si les surfaces libres dans les deux vases ne peuvent pas arriver à se trouver sur le même plan horizontal, l'écoulement se produit tant que l'extrémité de la petite branche plonge dans le liquide.

98. Théorie du siphon. — Le liquide étant en mouvement dans le siphon, on ne peut faire usage *a priori* des principes d'hydrostatique applicables aux liquides en équilibre. Mais admettons, pour un instant, qu'il existe au sommet du siphon, en C, une petite cloison solide : l'écoulement se trouve ainsi arrêté et le liquide reste en équilibre de chaque côté de la cloison. Appelons H la hauteur d'une colonne de liquide à transvaser capable de faire équilibre à la pression atmosphérique (environ 1033^{cm} pour l'eau), h et h' les hauteurs verticales des branches du siphon au-dessus des niveaux du liquide dans chaque vase. Du côté de la petite branche, une unité de surface prise sur la cloison supporte la pression $H - h$ (évaluée en hauteur de colonne liquide) : du côté de la grande branche, cette même unité supporte la pression $H - h'$. Or h' étant plus grand que h, la pression $H - h$ est supérieure à la pression $H - h'$ et l'unité de surface considérée supporte du côté de la petite branche un excès de pression représenté par le poids d'une colonne de liquide ayant pour base cette unité et pour hauteur la différence $(H - h) - (H - h')$, c'est-à-dire $h' - h$. Comme il en est de même pour chaque unité de surface de la cloison, on comprend dès lors que si celle-ci devient libre, le mouvement du liquide ait lieu vers la grande branche.

Remarque. — La théorie précédente suppose que h et h' sont tous deux inférieurs à H. Si h est plus grand que H, il en est de même à plus forte raison de h', et dans ce cas le siphon non seulement ne fonctionne pas, mais il ne peut rester amorcé : le liquide se divise en C et s'abaisse dans chaque branche à une hauteur H au-dessus de la surface libre du liquide dans le vase correspondant ; on a ainsi un double baromètre avec chambre vide commune. On réalise facilement ce cas en amorçant avec du mercure un siphon dont la petite branche a au moins 80^{cm} de longueur. Enfin dans le cas où l'on aurait $h < H$, mais $h' > H$, le siphon fonctionnerait comme un siphon ordinaire, quoique ne restant pas amorcé complètement : il se formerait un vide barométrique dans la grande branche ; mais comme la pression du côté de la petite branche existerait toujours, le liquide s'écoulerait à travers le vide barométrique.

99. Amorçage du siphon. Usages. — Quand le siphon est destiné à transvaser de l'eau, du vin, etc., on peut l'amorcer soit en le remplissant de liquide avant de le renverser dans les deux vases, soit en plongeant la petite

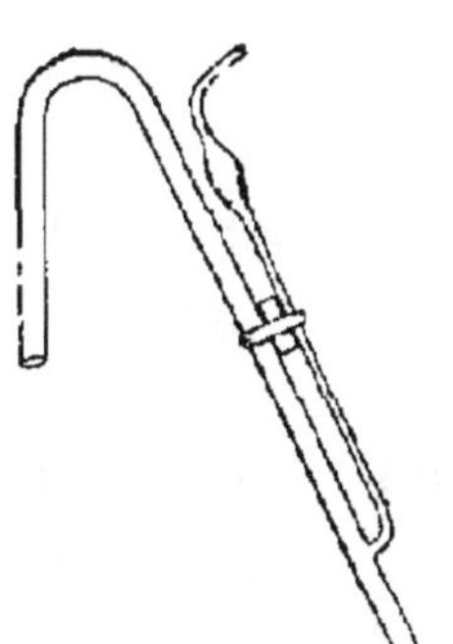

Fig. 116. — Siphon pour liquides vénéneux.

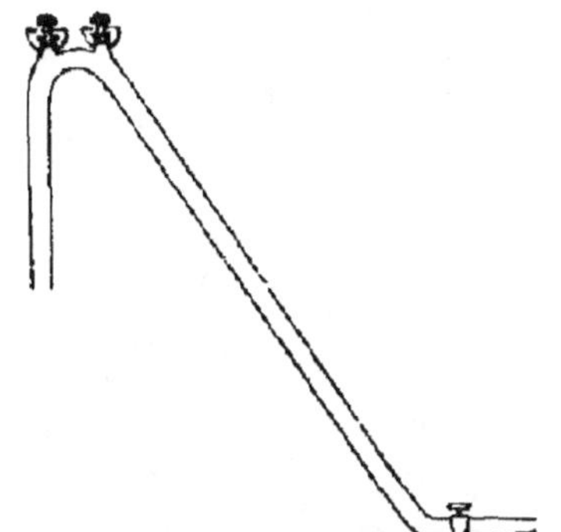

Fig. 117. — Siphon en platine pour acide sulfurique.

branche dans le vase supérieur et aspirant avec la bouche par l'extrémité de l'autre branche. Dans le cas d'un liquide vénéneux, on soude à la grande branche un tube latéral à renflement (*fig.* 116) et on amorce en aspirant l'air du siphon par ce tube, la petite branche plongeant dans le liquide à transvaser et la grande branche étant fermée momentanément avec le doigt.

Enfin pour les liquides corrosifs, comme les acides, on emploie des siphons munis d'un robinet à la partie inférieure. Dans les fabriques d'acide sulfurique, on se sert ordinairement de *siphons en platine* munis à la partie supérieure de deux orifices à entonnoir (*fig.* 117); le robinet inférieur étant fermé, on verse de l'acide sulfurique par l'entonnoir le plus rapproché du robinet, de manière à remplir complètement la grande branche; l'air expulsé sort par l'autre orifice. On ferme alors les deux orifices avec des bouchons spéciaux et on ouvre le robinet; le liquide s'écoule et l'air qui était contenu dans la petite branche se raréfie suffisamment pour permettre à l'acide à transvaser de s'élever jusqu'au sommet de cette branche, ce qui suffit pour déterminer l'amorcement.

Fig. 118 — Siphon pneumatique de Rousseau.

Dans les laboratoires, on se sert avantageusement, pour puiser les acides dans les touries, du *siphon pneumatique* de Rousseau (*fig.* 118); ce siphon s'amorce aisément à l'aide d'un tube latéral muni d'une poire en caoutchouc, et il reste toujours amorcé, ce qui permet de puiser du liquide à des intervalles éloignés sans amorcer à nouveau.

Quand on veut désamorcer, on soulève un petit bouchon de verre placé à la partie supérieure.

En Hydraulique, les siphons sont usités pour détourner les rivières, pour maintenir constant le niveau des biefs alimentant les canaux, pour franchir les vallées, pour nettoyer les égouts (siphons de chasse), etc.

Dans l'industrie, on appelle siphons par abus de langage des *tubes manométriques* servant à équilibrer la force élastique d'un gaz ou d'une vapeur (siphons des appareils de distillation, des conduites de gaz, etc.).

RÉSUMÉ DU CHAPITRE XI

Les *pompes* sont destinées à élever l'eau ou tout autre liquide par l'emploi des pressions. On les distingue en pompes à piston, pompes rotatives et béliers hydrauliques.

Les deux principaux types de pompes à piston sont les pompes aspirantes et élévatoires et les pompes aspirantes et foulantes. Une pompe aspirante et élévatoire comprend essentiellement un tuyau d'aspiration muni d'un clapet à sa partie supérieure, un corps de pompe dans lequel se meut un piston creux muni également d'un clapet, et enfin un tuyau d'ascension. Quand le piston monte, le clapet du tuyau d'aspiration se soulève et l'air contenu dans ce tuyau se répand en partie dans le corps de pompe, ce qui amène une diminution dans sa force élastique et une ascension de liquide dans le tuyau d'aspiration. Quand le piston descend, son clapet se soulève à son tour et l'air enfermé dans le corps de pompe s'échappe par le tuyau d'ascension. Après quelques coups de piston, l'eau dépasse le clapet du tuyau d'aspiration : la pompe est alors amorcée. A partir de ce moment, l'eau pénètre dans le corps de pompe à chaque montée du piston et est refoulée dans le tuyau d'ascension à chaque descente du piston. Théoriquement, une pompe de ce genre qui aspire de l'eau par exemple ne peut fonctionner que si la distance maxima du piston au niveau du liquide dans le puisard est inférieure à $10^m,33$ (hauteur de la colonne d'eau capable d'équilibrer la pression atmosphérique); dans la pratique, on ne donne pas au tuyau d'aspiration une hauteur supérieure à 8^m. — Les pompes aspirantes et foulantes diffèrent des précédentes en ce que leur piston est plein et leur tuyau de refoulement situé à la base du corps de pompe; un clapet, fixé à la partie inférieure du tuyau de refoulement, s'ouvre et livre passage au liquide quand le piston descend. Ces pompes s'emploient de préférence pour les liquides tenant en suspension des corps solides. Les unes sont à simple effet et ont ordinairement deux corps de pompe conjugués (pompe à incendie); les autres sont à double effet et avec un seul corps de pompe réunissent les mêmes avantages que les pompes à simple effet ayant deux corps de pompe.

Les pompes à piston ne peuvent communiquer à l'eau un mouvement uniforme, à cause des variations de vitesse de l'organe propulseur; on atténue ce défaut par certaines dispositions (réservoir à air, corps de pompe conjugués), mais on l'évite complètement par l'emploi des pompes rotatives. Dans ces pompes, l'eau est mise en mouvement par l'effort constant d'un moteur circulaire, et ce mouvement est, par suite, uniforme et continu. Enfin dans les béliers hydrauliques, c'est la réaction d'une colonne d'eau dont on supprime brusquement l'écoulement qui soulève la soupape de refoulement.

La *presse hydraulique* est un appareil qui permet, en quelque sorte, de multiplier les forces; elle repose sur le principe de Pascal (proportionnalité des pressions aux surfaces). Une petite pompe aspirante et foulante (pompe d'injection) aspire de l'eau dans un réservoir et la refoule sous le piston plongeur d'un grand corps de pompe qui constitue la presse hydraulique proprement dite. On évite les fuites en plaçant à la partie supérieure de ce dernier une rigole circulaire renversée (cuir embouti de Bramah). Les objets sont comprimés entre un plateau qui surmonte le gros piston plongeur et un fort sommier horizontal. L'effort exercé directement est multiplié par le rapport des sections des pistons de la presse et de la pompe d'injection; il est encore amplifié par un levier.

Les usages de la presse hydraulique sont très nombreux : compression des graines oléagineuses, des acides gras, de la paille; mise en mouvement des monte-charges, d'appareils divers; fixation des roues sur leurs essieux, etc.

Les *siphons* sont des tubes recourbés, destinés au transvasement des liquides. Le plus simple est constitué par un tube recourbé à deux branches inégales; après l'avoir amorcé, on plonge la petite branche dans le liquide à transvaser : celui-ci s'écoule de la petite branche vers la grande. Pour expliquer le fonctionnement du siphon, on admet momentanément l'existence, à son sommet, d'une petite cloison solide qui empêche l'écoulement; on démontre ensuite facilement que cette cloison supporte une pression plus élevée du côté de la petite branche que du côté de la grande. Les siphons ont des formes très variées : simple tube recourbé pour les liquides ordinaires, tube recourbé avec tube latéral à renflement pour les liquides vénéneux, siphons en platine et à robinet pour les acides, etc.

EXERCICES SUR LE CHAPITRE XI

30. Dans une pompe aspirante et élévatoire, le tuyau d'aspiration a 5^{cq} de section et une hauteur de $4^m,25$ au-dessus du niveau de l'eau dans laquelle il plonge. Le corps de pompe a $1^m,10$ de hauteur; on

demande quelle est sa section, sachant que l'eau s'élève, au premier
coup de piston, jusqu'au sommet du tuyau d'aspiration. On suppo-
sera la pression atmosphérique équilibrée par une colonne d'eau
de 10^m,33.

31. Le rayon du piston d'une presse hydraulique a 25^{cm}, celui du
piston de la pompe d'injection qui refoule l'eau a 5^{cm}. Le grand bras
du levier qui actionne ce dernier piston a 90^{cm}, le petit bras 10^{cm}.
Calculer l'effort exercé par le grand piston, sachant que la force appliquée directement à l'extrémité du grand bras de levier est 1 mégadyne (1 000 000 de dynes). On exprimera successivement cet effort
en mégadynes et en kilogrammes-poids.

32. Un siphon dont la petite branche a 10^{cm} de hauteur et la grande
branche 80^{cm} est amorcé avec de l'eau, puis employé à transvaser
du mercure. On demande : 1° si le mercure s'écoulera; 2° à quelle
hauteur il s'élèvera dans la petite branche.

CHALEUR

CHAPITRE XII

TEMPÉRATURES. — THERMOMÈTRES

100. Considérations générales. — La chaleur est la cause à laquelle nous rapportons nos sensations de *froid* et de *chaud* ; elle provoque chez les corps soumis à son action des phénomènes particuliers appelés *phénomènes calorifiques*, qui consistent le plus ordinairement en des variations de volume ou en des changements d'état physique. Ce n'est pas un agent spécial, matériel ; elle semble résulter, comme nous le verrons plus tard, d'un mouvement particulier de vitesse plus ou moins grande dont seraient animées les molécules qui constituent la matière. Enfin la chaleur est capable d'augmenter ou de diminuer dans un même corps suivant les circonstances où il se trouve placé : elle s'accumule dans un corps qui s'échauffe ; elle diminue dans un corps qui se refroidit ; d'après cela, la chaleur est une grandeur que l'on peut *mesurer* en choisissant une unité convenable de comparaison.

Dans l'exposé de la chaleur, nous verrons d'abord une

notion très importante qui caractérise l'état calorifique d'un corps et que l'on appelle sa *température*, puis nous étudierons successivement les effets généraux produits par la chaleur (*variations de volume* et *changements d'état physique*), la *calorimétrie*, ou mesure des quantités de chaleur qui entrent en jeu dans les différents phénomènes calorifiques, et enfin la *propagation* de la chaleur, c'est-à-dire la manière dont la chaleur passe d'un corps à un autre. Quant à la nature même de la chaleur, son étude exige des notions mécaniques spéciales que nous aborderons seulement dans le tome III.

101. Premières notions sur la dilatation des corps. — Presque tous les corps augmentent de volume quand on les chauffe ; c'est ce qu'on exprime en disant qu'ils se *dilatent*. Cette dilatation, très faible dans les solides, est plus grande dans les liquides et devient considérable dans les gaz ; on peut la mettre en évidence par quelques expériences très simples.

I. Dilatation des solides. — On prend un anneau de cuivre dans lequel peut passer librement une sphère de

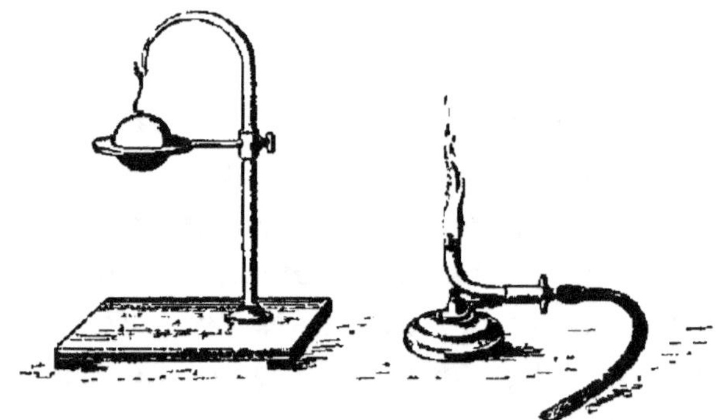

Fig. 119. — Anneau de S' Gravesande.

cuivre ayant à peu près le même diamètre que l'anneau (*fig.* 119). Si l'on chauffe la sphère seule à l'aide d'un brûleur, on constate qu'elle ne peut plus passer à travers l'anneau, ce qui montre que son volume a augmenté. Si l'on chauffe à la fois la sphère et l'anneau, celui-ci ne cesse pas d'embrasser la sphère suivant un grand cercle, ce qui montre qu'un solide creux se dilate comme s'il était plein. Cette expérience a été indiquée par S' Gravesande.

En général, les corps solides demeurent semblables à eux-mêmes en se dilatant, chaque unité de longueur augmentant de la même quantité dans toutes les directions. Il y a quelquefois intérêt à considérer la dilatation suivant une seule dimension linéaire, comme l'accroissement de longueur d'une barre, par exemple : cet allongement s'appelle la *dilatation linéaire*, par opposition à la *dilatation cubique*, qui représente l'augmentation de volume du corps.

Fig. 120. — Pyromètre à cadran.

La dilatation linéaire des tiges métalliques se démontre avec le *pyromètre à cadran* (*fig.* 120). Une tige de cuivre horizontale, dont une extrémité est fixée par une vis de pression et dont l'autre extrémité *c* passe librement à travers une ouverture, peut être chauffée à volonté par une grille à gaz. On amplifie l'allongement de la tige en faisant buter l'extrémité libre contre le petit bras d'un levier coudé ; le grand bras de celui-ci est une aiguille indicatrice mobile sur un cadran. Ordinairement la graduation du cadran donne direc-

tement en millimètres l'allongement de la tige métallique. Si
l'on cesse de chauffer, la tige revient peu à peu à sa longueur
primitive et l'aiguille finit par reprendre la position qu'elle
occupait avant l'expérience. Une série de tiges métalliques est
jointe à l'appareil, ce qui permet de constater que les différents
métaux subissent des dilatations linéaires inégales dans les
mêmes circonstances.

II. Dilatation des liquides. — Pour montrer la dilatation des liquides, on remplit complètement d'eau colorée
un ballon à fond plat,
puis on le ferme avec
un bouchon traversé
par un tube de verre
étroit et on marque la
hauteur à laquelle
s'élève le liquide dans
le tube (*fig.* 121). Si
l'on plonge brusque-
ment le ballon ainsi
préparé dans de l'eau
chaude, on voit d'a-
bord le sommet de la
colonne liquide bais-
ser, par suite de la
dilatation du ballon;
mais la dilatation du

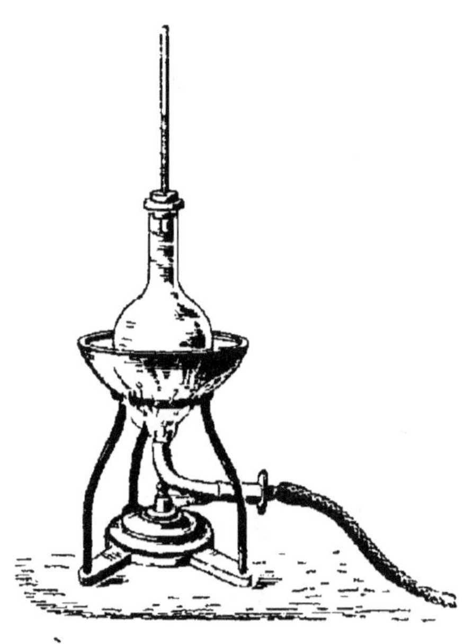

Fig. 121. — Dilatation apparente
d'un liquide.

liquide étant bien supérieure à celle du verre, il remonte
presque aussitôt et dépasse de beaucoup son niveau primitif. L'augmentation de volume que paraît prendre ainsi le
liquide dans une enveloppe qui se dilate moins que lui
s'appelle sa *dilatation apparente;* elle est évidemment
inférieure à sa *dilatation absolue,* c'est-à-dire à l'augmentation de volume qu'il subit réellement.

III. Dilatation des gaz. — On met en évidence la grande dilatation des gaz avec un ballon plein d'air, fermé par un bouchon traversé par un tube très étroit dans lequel on a introduit une petite colonne liquide (*fig*. 122). Il suffit d'appliquer les mains sur le ballon pour voir cette colonne s'éloigner rapidement.

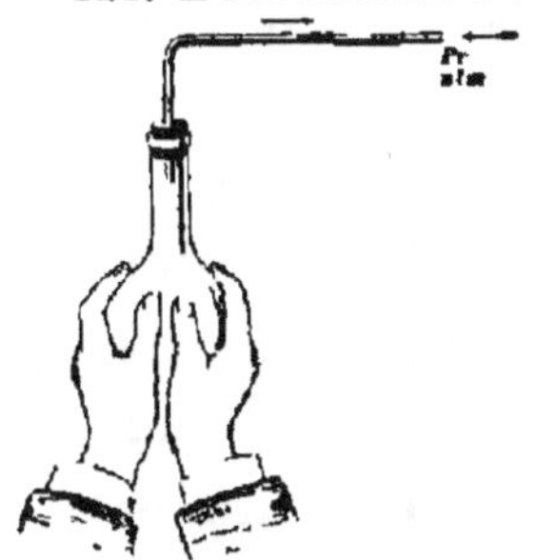

Fig. 122. — Dilatation des gaz sous pression constante.

Dans cette expérience, la force élastique de l'air enfermé dans le ballon n'a pas varié ; elle est restée égale à la pression atmosphérique ; on dit que l'air s'est dilaté sous *pression constante*. On peut chauffer un gaz à *volume constant*. Dans ce cas, la force élastique du gaz augmente progressivement et l'on doit exercer à sa surface une pression égale si l'on veut maintenir le volume du gaz invariable. Fermons un ballon à fond plat par un bouchon muni d'un tube de sûreté ; versons un peu de mercure dans ce tube, puis plongeons le ballon dans de l'eau tiède (*fig*. 123) : le mercure baisse dans la petite branche et monte dans la grande par suite de l'augmentation de force élastique du gaz. Versons alors du mercure dans la grande branche de manière à ramener le mercure à son niveau primitif dans la petite branche : le volume du gaz n'a pas varié par l'échauffement, mais sa force élastique a augmenté d'une quantité mesurée par la colonne de mercure *h*.

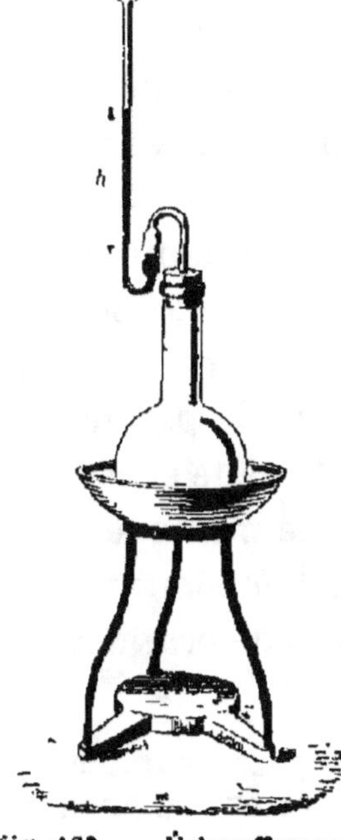

Fig. 123. — Échauffement d'un gaz à volume constant.

102. Notions générales sur les températures. — La température d'un corps est une grandeur qui caractérise son état d'échauffement ; elle se mesure par les variations de volume (dilatations et contractions) que ce corps subit sous l'influence de la chaleur.

Soit d'abord un corps que nous supposons soumis à une pression extérieure constante. Tant que son volume reste le même, sa température est dite *stationnaire* ; si son volume augmente, on dit que sa température *s'élève* ; si son volume diminue, on dit que sa température *s'abaisse*.

Comparons maintenant les températures de deux corps différents. Deux corps dont les volumes respectifs ne changent pas lorsqu'on les met en présence, à distance ou au contact, étaient *à la même température* et ne donnent lieu à aucun échange de chaleur. Deux corps dont les volumes varient quand on les met en présence étaient *a des températures différentes* ; le corps dont la température était la plus élevée se refroidit en même temps qu'il diminue de volume, l'autre s'échauffe en même temps qu'il augmente de volume, et il arrive un moment où les volumes des deux corps ne varient plus : ceux-ci sont alors à la même température, température qui est intermédiaire entre les deux températures initiales. D'après cela, si l'on introduit dans une enceinte quelconque un corps dont la masse est assez faible pour qu'elle ne modifie pas sensiblement par son contact la température de cette enceinte, il prendra au bout d'un certain temps cette même température et la fera connaître, si sa propre température est elle-même connue. Tel est le principe de la détermination des températures en *thermométrie*.

Dans le cas où l'on considère une masse gazeuse qui conserve le même volume, on dira que sa température augmente, diminue ou reste stationnaire suivant que sa force élastique augmente, diminue ou conserve la même valeur.

103. Températures fixes. — Pour pouvoir déterminer les températures, il faut avoir une base de comparaison.

On a choisi pour cela deux points de repère absolument fixes, auxquels on rapporte les différentes températures :

Lorsqu'on porte dans de la glace fondante le ballon qui nous a servi à démontrer la dilatation des liquides (*fig.* 121), on constate que le niveau du liquide dans le tube reste invariable en un certain point aussi longtemps qu'il reste une portion de glace à fondre. Si l'on retire le ballon de la glace et qu'on l'y reporte une deuxième, une troisième fois, ... à différents intervalles, le liquide reviendra toujours s'arrêter au même niveau dans le tube. En général, un corps plongé dans la glace fondante ne varie pas de volume; donc *la température de la glace fondante est constante*. Par convention, on donne à cette température le numéro d'ordre *zéro*.

Lorsqu'on place l'appareil précédent dans la vapeur d'eau bouillante, la pression atmosphérique étant égale à 76^{cm} et demeurant constante, le liquide occupe dans le tube un niveau beaucoup plus élevé que celui qu'il avait pris dans la glace fondante. Ce niveau ne varie pas tant que la pression atmosphérique ne varie pas elle-même. *La vapeur d'eau bouillante sous la pression de 76^{cm} a donc une température constante*. Par convention, on donne à cette température le numéro d'ordre 100.

Si enfin on retire l'appareil de la vapeur d'eau bouillante pour le porter de nouveau dans la glace fondante, le niveau du liquide descend progressivement dans le tube et finit par reprendre son premier niveau invariable, après avoir parcouru en quelque sorte une échelle de températures décroissantes, intermédiaires entre 100 et 0.

L'échelle des températures dont les deux points fixes sont caractérisés par 0 et 100 est seule adoptée en Physique; on l'appelle *échelle centigrade*.

REMARQUE. — Dans les pays du nord et principalement en Angleterre, on se sert fréquemment, pour les usages courants, d'une échelle due à Fahrenheit et dans laquelle les points fixes sont caractérisés par 32 (glace fondante) et 212 (vapeur d'eau bouillante). Enfin, nous citerons seulement pour mémoire une troisième échelle, qui fut longtemps employée en France ; c'est l'échelle de Réaumur, dans laquelle les points fixes de l'échelle centigrade sont caractérisés par 0 et 80.

THERMOMÈTRES

104. Substances thermométriques. — Les thermomètres sont des instruments qui, par leurs variations de volume, font connaître la température d'un corps ou d'une enceinte avec lesquels ils sont mis en contact.

Toute substance qui éprouve des variations de volume sous l'influence de la chaleur peut servir de *substance thermométrique*. On prend rarement pour cela les solides : ils sont trop peu dilatables et surtout ils ne sont pas comparables à eux-mêmes, c'est-à-dire qu'ils ne reprennent pas exactement le même volume lorsque, après avoir été chauffés, ils reviennent à leur température initiale.

Les liquides ne présentent pas au même degré les mêmes inconvénients, et ils constituent de bonnes substances thermométriques ; on emploie ordinairement le mercure, plus rarement l'alcool ou le toluène. Dans les thermomètres à liquides, c'est la dilatation apparente de ceux-ci qui définit la température, et comme les enveloppes de verre qui les renferment subissent sous l'action de la chaleur des variations de volume qui dépendent de la nature du verre, deux thermomètres renfermant le même liquide et dont les enveloppes sont, par exemple, l'une en cristal, l'autre en verre dur, n'indiquent pas des tempé-

ratures identiques dans les mêmes circonstances. Il en est
ainsi également de plusieurs thermomètres faits avec le
même verre et contenant respectivement du mercure, de
l'alcool, du toluène, ces différents liquides ne suivant pas
la même loi de dilatation. Il est donc nécessaire de comparer une fois pour toutes les indications du thermomètre
dont on se sert à celles d'un *thermomètre étalon* déterminé.
Dans la pratique, on compare les thermomètres à liquides
au *thermomètre à mercure en verre dur* employé au
Bureau international des poids et mesures.

Enfin les gaz sont les substances thermométriques par excellence, à cause de leur grande dilatabilité, dilatabilité qui permet de négliger complètement l'influence de la dilatation de l'enveloppe ;
mais leur maniement est assez délicat, aussi ne les
emploie-t-on guère que dans les expériences de
grande précision. Les principaux gaz usités sont
l'air et surtout l'hydrogène. Le *thermomètre à
hydrogène* est adopté comme type par tous les
physiciens ; c'est à lui que l'on rapporte rigoureusement les indications de tous les autres thermomètres.

105. Thermomètres à mercure. — Les thermomètres à mercure se composent d'un réservoir en verre
dur (verre à base de chaux), de forme cylindrique
ou légèrement conique (*fig.* 124) ; à ce réservoir est
soudée une tige de même matière dans laquelle
est creusé un canal capillaire terminé à la partie
supérieure par une petite ampoule. Le mercure
remplit complètement le réservoir et s'élève dans
le canal à une certaine hauteur. Enfin le long de
la tige se trouve une échelle de températures
dont les degrés extrêmes varient suivant les usages

Fig 124. — Thermo-
mètre à mercure.

aux quels le thermomètre est destiné. Dans les thermomètres de précision, la graduation a été gravée sur le verre lui-même avec de l'acide fluorhydrique, et chaque degré est généralement divisé en cinquièmes ou en dixièmes ; ce sont des thermomètres dits gradués sur tige. Dans les thermomètres ordinaires et les thermomètres d'appartement, les degrés ne portent pas de subdivisions ; ils sont tracés sur la plaque de bois ou de métal qui supporte l'instrument.

Les thermomètres à mercure ne peuvent indiquer de températures supérieures à 360°, température à laquelle ce liquide entre en ébullition ; au-delà de 360°, la force élastique de la vapeur de mercure devient supérieure à la pression atmosphérique et le réservoir pourrait éclater. D'un autre côté, bien que le mercure ne se congèle que vers — 40°, la graduation ne dépasse généralement pas — 10° : les températures plus basses se déterminent de préférence avec les thermomètres à alcool ou à toluène.

CONSTRUCTION ET GRADUATION. — La construction et la graduation des thermomètres de précision exige une certaine habileté et un outillage spécial qu'on ne rencontre guère que chez les constructeurs ; nous nous contenterons donc d'indiquer la marche à suivre pour construire et graduer un thermomètre destiné aux usages courants.

On trouve dans le commerce des tubes tout préparés formés d'un réservoir cylindrique, d'une tige capillaire et d'une ampoule terminée par une pointe effilée et fermée (*fig.* 125). Après avoir brisé la pointe de l'ampoule, on chauffe légèrement celle-ci avec un brûleur Bunsen, afin de chasser par dilatation une partie de l'air qu'elle contient, puis on plonge

Fig. 125. — Tube préparé pour thermomètre à mercure.

la pointe dans du mercure préalablement purifié : l'air contenu dans l'ampoule se contracte par refroidissement, sa
force élastique diminue et la pression atmosphérique fait
monter dans l'ampoule une certaine quantité de mercure. On
redresse alors l'instrument, on le couche sur une toile métallique placée au-dessus d'une rampe à gaz légèrement inclinée

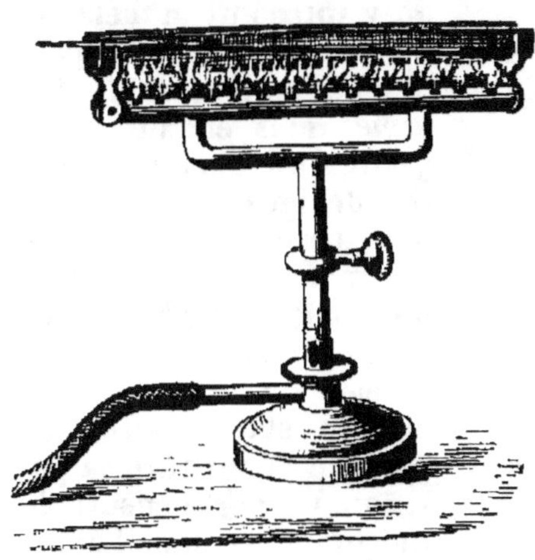

Fig. 126. — Rampe à gaz
pour remplissage du thermomètre.

(*fig*. 126), et on chauffe à la
fois l'ampoule, le tube et le
réservoir : une partie de
l'air du réservoir s'échappe à travers le mercure
de l'ampoule. En laissant
refroidir, le réservoir se
remplit en partie de mercure. On chauffe de nouveau, mais en portant le
liquide à l'ébullition (360°
environ); les vapeurs mer
.curielles chassent complètement l'air ainsi que
l'humidité que le tube
pouvait contenir et, par
refroidissement, le réser

voir et le tube se remplissent entièrement de mercure. On
porte alors l'instrument à
la plus haute température
qu'on veut lui faire marquer, afin de chasser l'excès de mercure, puis on
chauffe rapidement l'extrémité du tube à l'aide
du chalumeau à gaz et on
étire de manière à détacher l'ampoule et à fermer le tube en n'y laissant
pas.d'air autant que possible. On contourne enfin
l'extrémité effilée en
forme d'anneau. Par refroidissement, le mercure
rentre en partie dans le

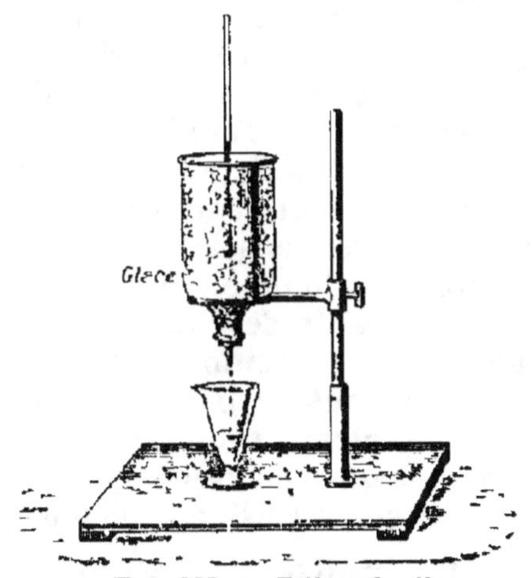

Fig. 127. — Détermination
du zéro d'un thermomètre ordinaire.

réservoir, laissant au-dessus de lui de l'air très raréfié.

Il faut maintenant graduer l'instrument ainsi construit
suivant l'échelle centigrade. Pour avoir le *point zéro*, on
peut se servir simplement d'une cloche à douille maintenue
verticalement et contenant de la glace finement concassée,
lavée à l'eau distillée et bien mouillée (*fig.* 127). A l'aide
d'une baguette de verre on creuse un trou dans la glace et
on y introduit le thermo-
mètre de manière qu'il
touche la glace de toutes
parts. mais en ne plon-
geant toutefois que la portion de tige juste suffisante
pour permettre de voir le
sommet de la colonne
mercurielle. Au bout d'un
quart d'heure environ, le
niveau du mercure est
devenu stationnaire ; on
marque d'un trait sa po-
sition. On porte ensuite le
thermomètre dans l'étuve
à vapeur d'eau de Regnault
(*fig.* 128) : c'est une chaudière cylindrique en cui-
vre surmontée de deux
cylindres concentriques,
lesquels sont disposés de

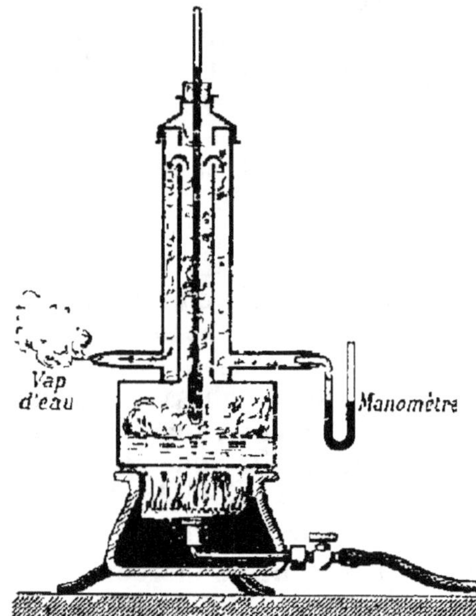

Fig 128.— Étuve à vapeur d'eau de Regnault

telle sorte que la vapeur produite par l'ébullition de
l'eau circule d'abord autour du thermomètre, puis autour
du cylindre central, avant de s'échapper dans l'atmosphère.
Le réservoir ne doit pas être immergé dans l'eau : on le
maintient à 2^{cm} environ de la surface du liquide bouillant.

Lorsque le niveau du mercure est redevenu stationnaire, on marque encore d'un trait sa position : ce sera
le degré 100 du thermomètre si la hauteur barométrique
pendant l'expérience a été de 76^{cm} exactement. Comme il en
est rarement ainsi, on calcule le degré correspondant à
l'ébullition en s'appuyant sur ce fait qu'au voisinage de 100°,

l'ébullition est avancée ou retardée d'environ $\dfrac{1}{27}$ de degré

pour chaque différence de pression de 1^{mm} de mercure (101°
sous une pression de 78^{cm},7, 99° sous une pression de 73^{cm},3,

etc.). L'étuve porte latéralement un petit manomètre qui permet de constater que la force élastique de la vapeur est égale à la pression atmosphérique au moment de l'observation.

Les deux points fixes étant ainsi obtenus, on peut se contenter de diviser leur intervalle en parties d'égale longueur si l'on ne veut pas atteindre une grande précision.

Déplacement du zéro. — Si, quelque temps après sa construction, on plonge un thermomètre dans la glace fondante, on trouve que le niveau du mercure ne coïncide plus avec le trait 0, et qu'il se tient constamment un peu au-dessus. Ce déplacement du zéro peut varier de quelques dixièmes de degré à quelques degrés ; il est dû à une sorte de résidu de dilatation que le réservoir a conservé après son remplissage, résidu qui met plus ou moins longtemps à disparaître. Un autre déplacement du zéro se produit en sens inverse quand on plonge un thermomètre dans la glace fondante après l'avoir porté à une température élevée. Les déplacements du zéro ont été considérablement atténués par la substitution du *verre dur préalablement recuit* au cristal dans la construction des thermomètres, et ce n'est plus que dans les mesures de précision qu'il est nécessaire de déterminer de temps en temps directement la position du zéro.

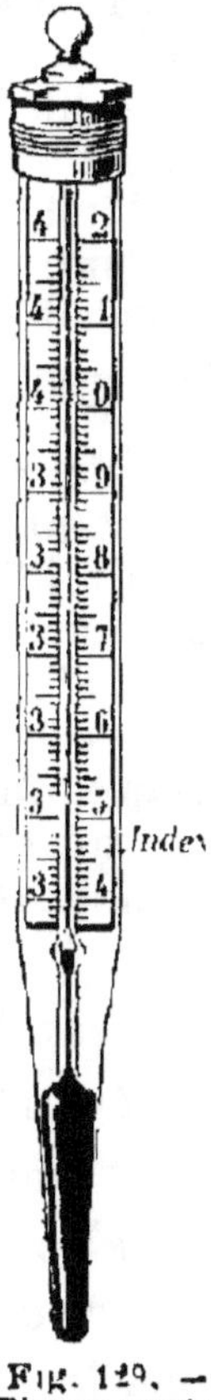

Thermomètres médicaux. — Les thermomètres qui servent à déterminer la température du corps humain sont des thermomètres à mercure : leur graduation ne s'étend généralement que de 35 à 44°, mais chaque degré est divisé en dixièmes. Les plus employés sont le thermomètre à index mercuriel et le thermomètre de Voisin.

Fig. 120. — Thermomètre médical à index mercuriel.

Le *thermomètre à index mercuriel* est un thermomètre à maximum contenant un petit index de mercure séparé de la colonne mercurielle par une bulle d'air (*fig.* 129). Quand la température s'élève, la bulle d'air suit la colonne thermométrique et pousse l'index ; quand elle baisse, l'index reste en place et son extrémité la plus éloignée du réservoir indique la température maxima à laquelle le thermomètre a été porté.

Pour se servir de cet instrument, on le secoue légèrement, le réservoir en bas, de façon à amener l'index vers l'origine de la graduation, puis on le place à l'endroit choisi pendant une dizaine de minutes et on le retire en le maintenant dans une position horizontale jusqu'à ce qu'on ait observé la position de l'extrémité de l'index. Chaque lecture doit être diminuée de la longueur de la bulle d'air si le thermomètre a été divisé sans tenir compte de cette valeur.

Le *thermomètre de Voisin* donne des indications presque instantanées. Le réservoir n'a qu'un millimètre de diamètre (*fig.* 130) ; aussi se met-il rapidement en équilibre de température. La tige est très fine et divisée en dixièmes de degré. On observe la graduation au moyen d'une loupe que porte la monture de l'instrument.

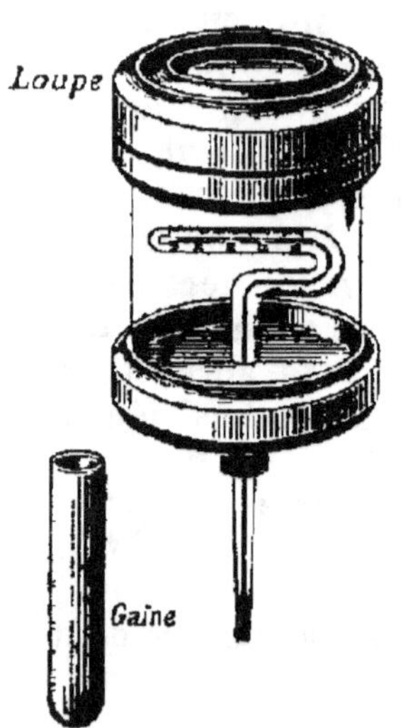

Fig. 130 — Thermomètre médical de Voisin

106. Thermomètres à alcool. — Les thermomètres à alcool ont une forme analogue à celle des thermomètres à mercure, mais la tige est percée d'un canal plus large (*fig.* 131), l'alcool étant plus dilatable que le mercure. L'alcool qu'ils contiennent est légèrement coloré en rouge par de l'orseille. Ce ne sont pas des thermomètres de précision ; ils servent soit pour les usages courants (température d'un appartement, d'une serre, d'un bain, etc.), soit pour les basses températures, l'alcool ne se congelant que vers 140° au-dessous de zéro.

CONSTRUCTION ET GRADUATION. — Les tubes préparés pour la construction des thermomètres à alcool sont formés d'un réservoir cylindrique, d'une tige à canal non capillaire et d'un entonnoir cylindrique ouvert (*fig.* 132). Leur remplissage est facile. Après voir versé dans l'entonnoir de l'alcool pur coloré, on chauffe légèrement le réservoir et on le laisse refroidir afin d'y faire pénétrer une certaine quantité d'alcool. On chauffe ensuite jusqu'à l'ébullition pendant quelques minutes : les vapeurs d'alcool entraînent l'air et, par refroidissement, l'alcool pénètre rapidement dans le réservoir et le remplit en entier. Comme une petite bulle d'air reste généralement à la naissance du réservoir après cette opération, on la chasse à l'extrémité en faisant tourner rapidement le thermomètre comme une fronde après avoir attaché solidement l'extrémité de la tige à une ficelle. On porte alors l'appareil à la température la plus élevée qu'il est destiné à mesurer, on enlève à ce moment l'excès d'alcool qui reste dans l'entonnoir, puis on détache ce dernier à l'aide du chalumeau à gaz, et on ferme le thermomètre en y laissant une très petite quantité d'air.

La détermination du zéro se fait dans la glace fondante, en opérant comme pour le thermomètre à mercure. Les thermomètres à alcool ne pouvant supporter de températures supérieures à 78° (point d'ébullition de l'alcool), on détermine un second point fixe par comparaison avec un thermomètre étalon à mercure : on plonge en même temps l'étalon et le nouvel instrument dans un bain dont la température est un peu inférieure à la température extrême que doit indiquer ce dernier (40 à 60°). Supposons que l'étalon indique 58° ; on marque un trait au point d'affleurement de l'alcool, on divise l'intervalle entre ce trait et le zéro en 58 parties égales et l'on prolonge cette graduation au-dessous de 0°. Il faut bien

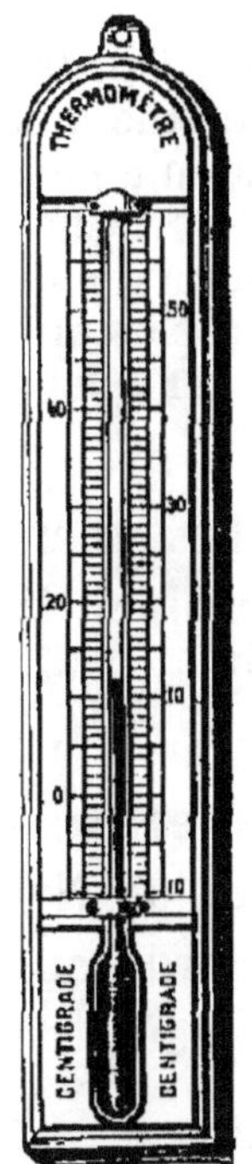

Fig. 131. —
Thermomètre
à alcool
pour
appartement.

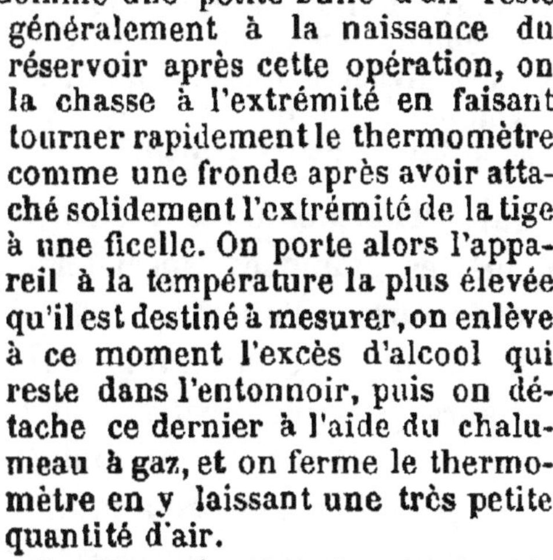

Fig. 132. —
Tube préparé
pour
thermomètre
a alcool.

remarquer que les degrés d'un thermomètre ainsi gradué, en dehors des points de repère 0 et 58, ne coïncident pas avec ceux de l'étalon, surtout aux basses températures. D'un autre côté, deux thermomètres a alcool sont eux-mêmes rarement comparables entre eux, le degré d'hydratation de l'alcool pouvant varier plus ou moins d'un échantillon à l'autre.

Remarque. — On tend de plus en plus a substituer le *toluène* a l'alcool dans les thermomètres destinés à mesurer les basses températures. Ce liquide présente en effet sur l'alcool l'avantage de conserver une mobilité excessive, même aux plus basses températures ; de plus, il est facile a obtenir pur, et comme il ne bout que vers 110°, il permet de déterminer directement le point 100. Les thermomètres à toluène portent des divisions inégales qui les rendent comparables aux thermomètres a mercure et aux thermomètres à gaz : leur graduation va generalement de + 30° à — 75°.

107. Thermomètres météorologiques. — Les thermomètres employés spécialement pour déterminer la température de l'air sont généralement des thermomètres à maximum et à minimum ou des thermomètres enregistreurs. Les plus usités sont le thermomètre enregistreur de Richard, le thermomètre à maximum de Negretti et le thermomètre à minimum de Rutherford, tous trois adoptés par le Bureau central météorologique de France.

Thermomètre enregistreur de Richard.—Il se compose essentiellement d'un tube métallique clos et complètement rempli d'alcool (*fig.* 133). Ce tube a une section elliptique; une de ses extrémités est fixée sur le bâti de l'appareil; l'autre extrémité est reliée par une bielle à un levier qui porte la plume chargée de tracer la courbe des températures sur un papier quadrillé. La dilatation de l'alcool fait varier la courbure du tube; il en résulte des déplacements de l'extrémité libre, déplacements qui sont considérablement amplifiés par le levier. Les modèles les plus sensibles donnent 10^{mm} de marche par degré et peuvent enregistrer des différences de température comprises entre — 70° et + 50°. La feuille de papier quadrillé est

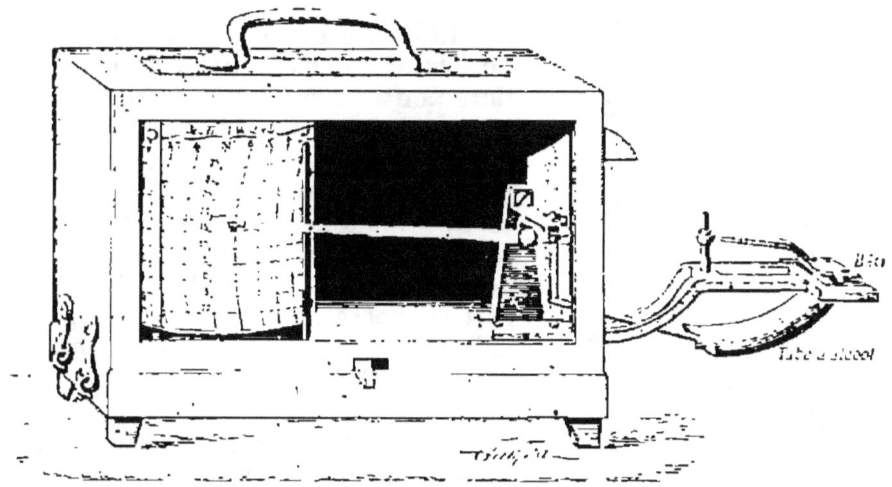

Fig. 133. — Thermomètre enregistreur de Richard.

enroulée sur un cylindre qui tourne d'un mouvement uniforme à l'aide d'un mouvement d'horlogerie et fait un tour par semaine.

Thermomètre à maximum de Negretti. — C'est un thermomètre à mercure, appelé aussi thermomètre *à étranglement*. Une pointe de verre est soudée au fond du réservoir thermométrique et le traverse dans toute sa longueur; elle vient s'engager dans le canal intérieur à la naissance de la tige, de manière à ne laisser entre elle et la paroi intérieure du canal qu'un très petit intervalle (*fig.* 134). Lorsque la température s'élève, la dilatation de la grande masse de mercure contenue dans le réservoir permet à ce liquide de franchir l'étranglement; si la température vient à baisser, la pointe empêche le mercure de retourner dans le réservoir. La température maxima se trouve donc indiquée par la position de l'extrémité de la colonne thermométrique *la plus éloignée* du réservoir. Quand on veut préparer de nouveau le thermomètre pour une expérience, il suffit de le frapper de coups légers, le réservoir en bas, afin de faire rentrer dans ce réservoir le mercure qui pourrait provenir de dilatations antérieures.

Thermomètre à minimum de Rutherford. — Le thermomètre de Rutherford contient de l'alcool non coloré dans lequel baigne entièrement un petit index en émail (*fig.* 135). Pour le mettre en expérience, on le retourne complètement, le réservoir en haut, jusqu'à ce que l'index vienne toucher l'extrémité de la colonne d'alcool. Cela posé, quand la température s'élève, l'alcool passe entre la paroi du canal et l'index, sans déplacer celui-ci ; quand la température s'abaisse, l'alcool en se contractant entraîne l'index par suite de l'adhérence qui se produit entre l'extrémité de l'index et le ménisque liquide. La température minima est donc donnée par l'extrémité de l'index *la plus éloignée* du réservoir. Le thermomètre de Rutherford est divisé en degrés inégaux, de manière à le rendre comparable au thermomètre à mercure.

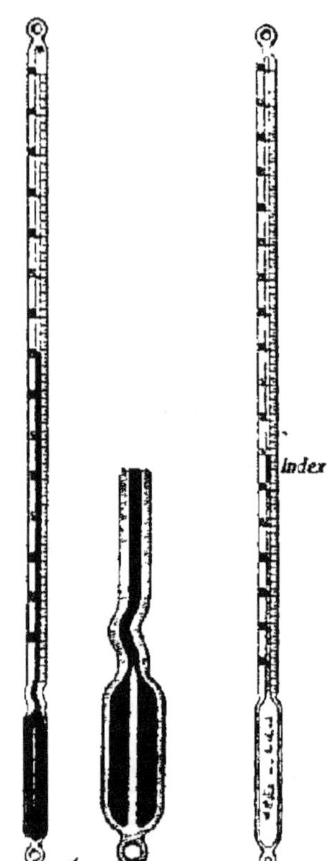

Fig. 134 — Thermomètre à maximum de Negretti.

Fig. 135. — Thermomètre à minimum de Rutherford.

Les deux thermomètres précédents doivent être installés autant que possible au milieu d'un terrain découvert, à 2ᵐ environ au-dessus d'un sol gazonné et sous un abri spécial. On doit les placer l'un et l'autre sous une inclinaison d'*environ* 30°.

Dans la météorologie ordinaire, on se sert quelquefois du thermométrographe de Six et Bellani, qui réunit dans le même appareil un thermomètre à maximum et un thermomètre à minimum ; cet instrument s'emploie utilement quand on ne cherche pas une grande précision, comme par exemple pour connaitre les températures maxima et minima d'une serre, etc.

108. Thermomètres industriels. — Les thermomètres industriels ont des formes très variées; nous nous contenterons de décrire, parmi les plus employés, les thermomètres à cadran et les pyromètres à cadran, qui portent dans l'industrie le nom général de *thalpotassimètres*.

Thermomètres à cadran — Ces thermomètres, construits par Richard, se composent d'un réservoir communiquant par un canal de faible diamètre avec un tube manométrique de Bourdon (*fig.* 136). Le tout est rempli d'un liquide. Quand la température s'élève, le liquide se dilate, fait mouvoir le tube manométrique, et ce mouvement, amplifié par un système de leviers, est transmis à une aiguille indicatrice. Un *compensateur* joint à l'appareil est chargé d'annuler les effets de la température ambiante sur la partie qui donne les indications. Les thermomètres à cadran servent à indiquer la température des étuves, séchoirs, diffuseurs, serres chaudes, tourailles, etc.; leur graduation ne dépasse jamais 350°.

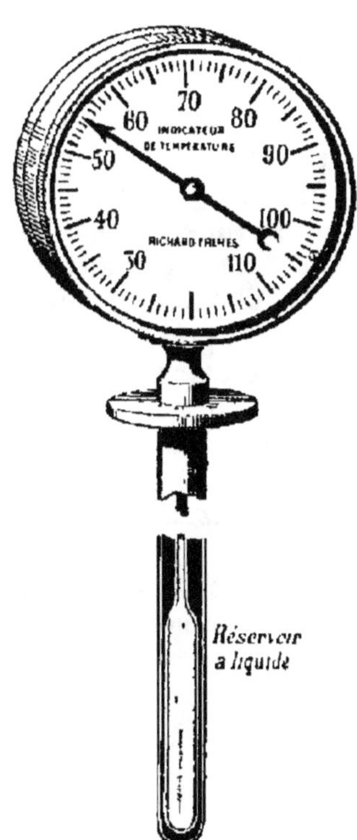

Fig. 136. — Thermomètre industriel à cadran.

Pyromètres à cadran. — Les pyromètres à cadran rentrent dans la catégorie des thermomètres à gaz. La partie qui plonge dans les fours est un réservoir en fer, qui communique par un tube filiforme droit ou courbe avec un tube mano-

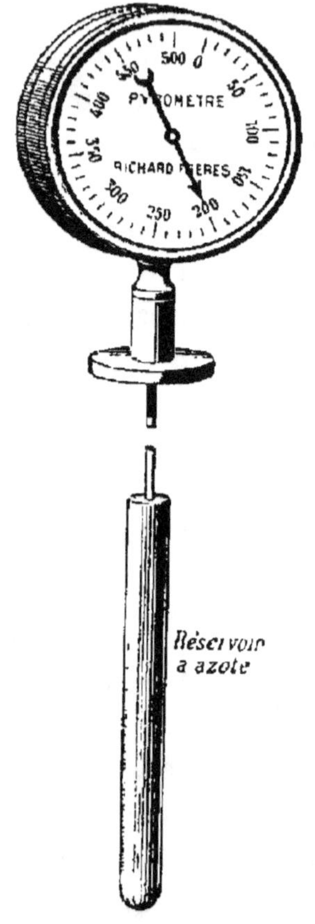

Fig. 137. — Pyromètre à cadran.

métrique (*fig.* 137). Le tout contient de l'azote sec et pur. Sous l'influence de la dilatation du gaz contenu dans le réservoir, le tube subit des mouvements, qu'il transmet à l'aiguille indicatrice par un système de leviers. L'appareil est construit et gradué d'après ce principe que la force élastique de l'azote chauffé à volume constant double pour une élévation de température de 273°.

Les pyromètres à cadran servent dans les fabriques de produits chimiques, de vernis, de produits céramiques; dans les verreries, etc. Ils ne peuvent guère donner de températures supérieures à 700°; pour des températures plus élevées, comme celles qui règnent dans les fours Siemens, les fours à porcelaine, etc., on emploie ordinairement des pyromètres assez compliqués, appelés *pyromètres à courant d'eau*, qui donnent les températures approximativement jusqu'à 2 500°.

RÉSUMÉ DU CHAPITRE XII

La chaleur est la cause de nos sensations de chaud et de froid; les phénomènes qu'elle provoque (phénomènes calorifiques) consistent ordinairement en des variations de volume ou des changements d'état physique. C'est une grandeur mesurable.

Presque tous les corps se dilatent sous l'influence de la chaleur. La dilatation des solides est très faible ; on la démontre par l'anneau de S' Gravesande (dilatation cubique) et le pyromètre à cadran (dilatation linéaire). Les liquides se dilatent plus que les solides ; mais comme ils sont contenus dans une enveloppe qui se dilate également, on n'observe que leur dilatation apparente et non leur dilatation absolue ou réelle.

Enfin la dilatation des gaz est très grande; on peut les chauffer, soit sous pression constante, soit à volume constant. Dans ce dernier cas, il y a augmentation de la force élastique du gaz.

La température d'un corps se mesure par les variations de volume qu'il subit sous l'influence de la chaleur; elle s'élève, s'abaisse ou reste stationnaire suivant que le volume augmente, diminue ou ne varie pas. Deux corps à des températures différentes étant mis en présence prennent peu à peu la même température. On rapporte les températures à deux températures fixes (glace fondante et vapeur d'eau bouillante sous la pression de 76^{cm}), auxquelles on donne par convention les numéros d'ordre 0 et 100 (échelle centigrade).

Les thermomètres font connaître les températures par leurs variations de volume. Les substances thermométriques les plus employées sont le mercure et l'alcool parmi les liquides, l'hydrogène parmi les gaz.

Le thermomètre à mercure se compose d'un réservoir et d'une tige en verre dur. La tige est traversée par un canal capillaire dans lequel le mercure s'élève à une certaine hauteur. Une échelle de températures est gravée sur le verre dans les thermomètres de précision; elle est tracée sur une plaque qui soutient l'instrument dans les thermomètres ordinaires. La température la plus élevée que puisse marquer un thermomètre à mercure est 360°, la plus basse — 40°. En médecine, on se sert ordinairement de thermomètres à maximum dans lesquels un index mercuriel est poussé par une bulle d'air quand la température s'élève et reste en place quand la température s'abaisse ensuite.

Les thermomètres à alcool ne servent que comme thermomètres ordinaires et pour les basses températures; ils contiennent de l'alcool coloré en rouge et leur canal est plus large que celui des thermomètres à mercure. Pour les graduer, on les place dans la glace fondante, ce qui donne le zéro, et on détermine un second point fixe par comparaison avec un thermomètre à mercure. Le toluène est fréquemment substitué à l'alcool pour la détermination des basses températures.

En Météorologie, on emploie soit des thermomètres à maximum et à minimum, soit des thermomètres enregistreurs. Ces derniers consistent en un tube méplat plein d'alcool et dont l'extrémité libre, sous l'effet des variations de température, subit des déplacements qui sont amplifiés par un levier et tracés sur du papier quadrillé.

Dans l'industrie, on emploie ordinairement des appareils indicateurs. Les thermomètres à cadran, par exemple, comprennent un réservoir communiquant par un tube fin avec un tube manométrique. Le tout est rempli d'un liquide. Les variations de température

qu'éprouve le réservoir produisent des mouvements du tube manométrique, mouvements qui sont amplifiés et transmis à une aiguille
indicatrice.

EXERCICES SUR LE CHAPITRE XII

33. Un thermomètre centigrade marque $25°$; quel est le nombre de
degrés marqué au même moment par un thermomètre Fahrenheit?

34. Quelles sont les raisons qui ont fait adopter le mercure pour
la construction des thermomètres de précision à liquides?

CHAPITRE XIII

ÉTUDE DES DILATATIONS

DILATATION DES SOLIDES

109. Formules relatives à la dilatation linéaire. —
Appelons l_0 la longueur d'une barre à $0°$, l la longueur
que prend cette même barre quand on la chauffe à $t°$: la
dilatation linéaire totale qu'elle subit entre $0°$ et $t°$ est
$l - l_0$; la dilatation de l'unité de longueur est $\dfrac{l - l_0}{l_0}$,
et enfin la dilatation moyenne de l'unité de longueur pour
une élévation de température de $1°$ est $\dfrac{l - l_0}{l_0 t}$. Ce dernier rapport s'appelle *coefficient moyen de dilatation
linéaire* de la barre entre 0 et $t°$; nous le représenterons
par la lettre grecque λ.

Cherchons maintenant la valeur de l en fonction de l_0.
Il vient successivement :

$$\frac{l - l_0}{l_0 t} = \lambda,$$

$$l = l_0 + l_0 \lambda t,$$

et
$$l = l_0(1 + \lambda t).$$

Le binome $(1 + \lambda t)$ s'appelle *binome de dilatation linéaire*. On voit que la longueur d'une barre à t^0 s'obtient en multipliant sa longueur à 0^0 par le binome de dilatation linéaire correspondant à cette même barre. Le même calcul s'applique à une dimension linéaire quelconque.

En appelant l' la longueur de la barre précédente à une température t'^0, on aurait de même

$$l' = l_0(1 + \lambda t').$$

Cette valeur de l', divisée par la valeur de l, donne

$$\frac{l'}{l} = \frac{1 + \lambda t'}{1 + \lambda t},$$

c'est-à-dire que les longueurs d'une même barre à différentes températures sont proportionnelles aux binomes de dilatation linéaire.

110. Détermination des coefficients de dilatation linéaire — Les coefficients de dilatation linéaire des corps solides ont été déterminés pour la première fois avec assez d'exactitude par Lavoisier et Laplace (1782). Leur méthode consistait en principe à amplifier considérablement la dilatation de la barre soumise à l'expérience, comme dans le pyromètre à cadran ; elle n'a plus qu'un intérêt historique.

Methode de Lavoisier et Laplace. — La barre à étudier reposait sur des rouleaux de verre dans une auge rectangulaire métallique, solidement établie sur un foyer (*fig.* 138). Une des extrémités de cette barre s'appuyait contre une lame de verre fixe ; l'autre extrémité pouvait s'allonger librement et était en contact constant avec un levier coudé dont la

branche horizontale supportait une lunette. On mettait d'abord
de la glace fondante dans l'auge pour amener la barre à 0°,
et on visait en même temps avec la lunette une certaine division N sur une mire verticale graduée, placée à environ 200^m
de distance; puis on remplaçait la glace par de l'huile et on

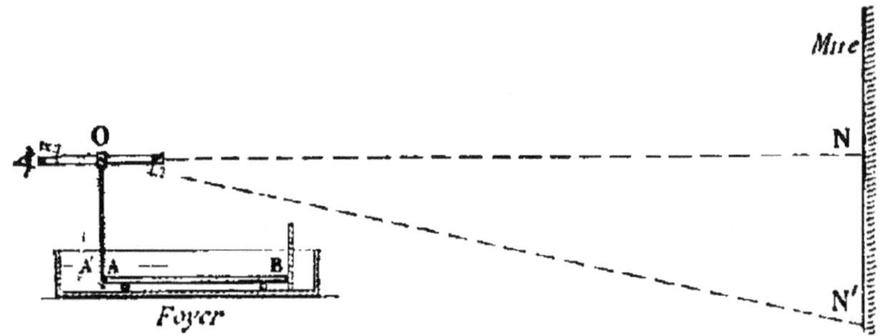

Fig. 138. — Principe de la méthode de Lavoisier et Laplace.

chauffait à $t°$. La barre, en se dilatant, repoussait la branche
verticale du levier; la branche horizontale tournait autour
du point O et s'inclinait ainsi que la lunette, de sorte que
celle-ci visait alors une autre division N' sur la mire.

Les triangles semblables AOA' et NON' donnent la relation

$$\frac{AA'}{OA} = \frac{NN'}{ON},$$

d'où l'on tire

$$AA' = NN' \cdot \frac{OA}{ON}.$$

Le rapport $\frac{OA}{ON}$ avait été déterminé une fois pour toutes;
il était égal à $\frac{1}{744}$. Quant au coefficient moyen de dilatation
linéaire de la barre entre 0° et $t°$, on l'obtient évidemment
en divisant l'allongement AA' par t et par la longueur de la
barre à 0°.

La principale critique que l'on puisse formuler contre cette
méthode, c'est qu'il règne une certaine incertitude sur la
valeur du rapport d'amplification $\frac{ON}{OA}$; il est difficile en effet
de déterminer exactement par quel point la branche OA
touche la barre et de mesurer la distance de ce point à l'axe
de rotation de la lunette.

Méthode différentielle. — Aujourd'hui, on applique généralement la méthode dite *différentielle*, qui permet de déterminer les coefficients de dilatation linéaire avec une très grande précision. Cette méthode, dont le principe est dû à Borda, consiste essentiellement à comparer les accroissements de longueur que subissent, pour des élévations de température déterminées, la règle dont on veut étudier la dilatation et une règle-étalon en platine dont la dilatation est bien connue.

Soient l la longueur de la règle à étudier quand elle est maintenue à une température constante t, l_0 sa longueur à 0°, λ son coefficient de dilatation linéaire, l' la longueur de la règle-étalon, maintenue à une température constante t'. La différence de longueur d que l'on observe dans ces conditions a pour valeur

$$l - l' \qquad \text{ou} \qquad l_0(1 + \lambda t) - l'.$$

Si l'on porte la règle à étudier à une autre température constante T, la nouvelle différence de longueur d' est représentée par $l_0(1 + \lambda \mathrm{T}) - l'$. On a donc

$$d + l' = l_0(1 + \lambda t)$$

et

$$d' + l' = l_0(1 + \lambda \mathrm{T}),$$

ce qui donne

$$\frac{d + l'}{d' + l'} = \frac{1 + \lambda t}{1 + \lambda \mathrm{T}}.$$

Dans cette équation, d, d', t et T sont donnés par l'expérience; la longueur l' de la règle-étalon se déduit de sa longueur à 0° mesurée une fois pour toutes; on calcule donc facilement le coefficient inconnu λ.

L'appareil qui permet d'appliquer cette méthode porte le nom de *comparateur*. La règle à étudier et la règle-étalon sont placées dans des auges spéciales contenant de l'eau et disposées parallèlement sur un chariot mobile; leur différence de longueur s'apprécie avec une très grande précision à l'aide de deux microscopes verticaux, à axes parallèles, dont on fait coïncider à chaque observation les réticules avec les traits qui limitent la longueur de la barre.

141. Résultats généraux relatifs aux dilatations linéaires. — Les mesures de dilatation linéaire ont montré

que le coefficient de dilatation linéaire du verre et des
métaux est sensiblement constant entre 0 et 100°, c'est-à-
dire que leur augmentation de longueur, entre ces limites,
est sensiblement proportionnelle à l'élévation de température. Au delà de 100°, cette proportionnalité n'existe
plus et le coefficient augmente à mesure que la température
s'élève.

Enfin les coefficients de dilatation linéaire peuvent varier
d'une quantité appréciable pour un même corps, d'un
échantillon à l'autre; de là la nécessité de déterminer
directement le coefficient de dilatation des métaux que
l'on emploie pour faire les règles-étalons, les règles
divisées destinées aux mesures de longueur de grande
précision, etc.

Le tableau suivant donne les coefficients de dilatation
linéaire du verre et des principaux métaux *pour 1° entre
0° et 100°.*

Corps	Coefficients	Corps	Coefficients
Acier non trempé .	0,000011500	Or.	0,000015136
Argent.	19097	Platine	08842
Cuivre jaune (laiton)	18782	Plomb	28484
» rouge. . .	17182	Verre en tube creux	08969
Étain	21730	» » plein.	09220
Fer	11821	Zinc	29580

112. Formules relatives à la dilatation cubique. —
Soient V_0 le volume d'un corps solide à 0°, V son volume à $t°$; l'accroissement moyen de l'unité de volume
lorsque sa température s'élève de 1° est exprimé par le

rapport $\dfrac{V - V_0}{V_0 t}$. Cet accroissement est le *coefficient moyen de dilatation cubique* du corps entre $0°$ et $t°$; nous le représenterons par k.

Les formules relatives à la dilatation cubique sont analogues aux formules relatives à la dilatation linéaire. On a

$$V = V_0(1 + kt),$$
$$V' = V_0(1 + kt'),$$

d'où

$$\frac{V'}{V} = \frac{1 + kt'}{1 + kt},$$

c'est-à-dire que les volumes d'un même corps à différentes températures sont proportionnels aux binomes de dilatation cubique.

Le coefficient de dilatation cubique d'un corps solide est très sensiblement égal au *triple* de son coefficient de dilatation linéaire.

En effet, considérons un cube ayant pour côté 1^{cm} à $0°$; son volume est 1^{cc}. Si l'on chauffe ce cube à $1°$, la longueur de chaque côté devient $1 + \lambda$, λ étant le coefficient de dilatation linéaire du corps constituant le cube, et le nouveau volume est $(1 + \lambda)^3$ ou $1 + 3\lambda + 3\lambda^2 + \lambda^3$. L'accroissement de volume n'est autre que le coefficient de dilatation cubique ; on a donc $k = 3\lambda + 3\lambda^2 + \lambda^3$. Or λ étant un nombre très petit (111), le carré et le cube de ce coefficient sont des fractions négligeables et l'on peut écrire sensiblement $k = 3\lambda$. Cette valeur de k est adoptée dans tous les calculs relatifs aux dilatations.

Variation de la densité avec la température. — Lorsqu'on chauffe un corps, son volume varie, mais sa masse reste constante. On peut donc écrire

$$M = V_0 D_0 = VD,$$

V_0 et D_0 représentant le volume et la densité du corps à $0°$, V et D son volume et sa densité à $t°$. Si l'on remplace V par sa valeur, il vient

$$V_0 D_0 = V_0 (1 + kt)D,$$

d'où l'on tire $$D = \frac{D_0}{1 + kt}.$$

Cette relation exprime que la densité d'un corps à t^o est inversement proportionnelle à son binome de dilatation cubique.

Remarque. — Nous avons supposé jusqu'ici que les corps solides en se dilatant restent semblables à eux-mêmes ; il n'en est ainsi que pour les solides amorphes, c'est-à-dire ne pouvant pas cristalliser (les verres, par exemple) et les solides cristallisés dans le système cubique (sel gemme, aluns, la plupart des métaux). Pour les solides cristallisés dans les autres systèmes, la dilatation n'est pas la même dans toutes les directions: c'est ainsi par exemple que dans le système du prisme à base hexagonale, auquel appartient le quartz, il y a un coefficient de dilatation linéaire suivant l'axe principal et un coefficient différent suivant toute autre direction perpendiculaire à cet axe.

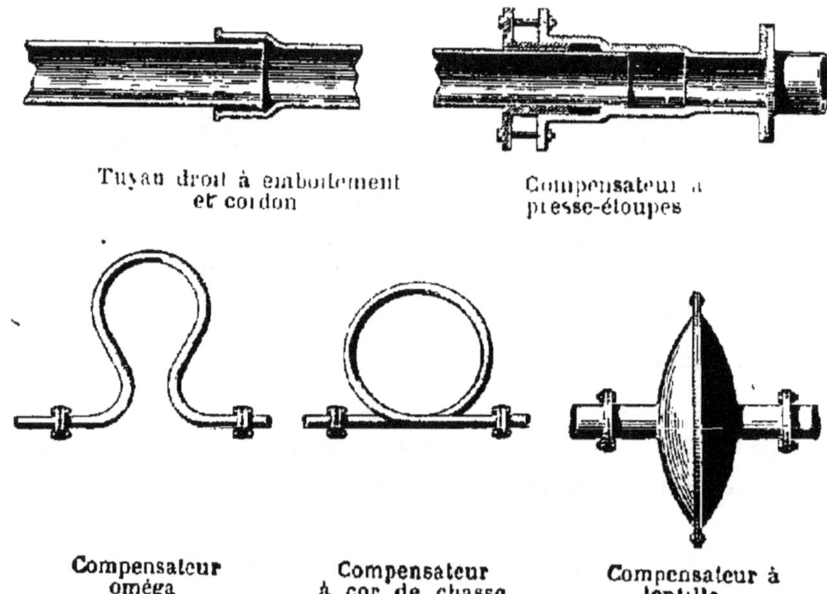

Fig 139. — Principaux systèmes de compensation employés pour les conduites.

113. Applications des dilatations des solides. — Bien que la dilatation des métaux soit faible, il faut en tenir compte dans la fixation des pièces métalliques : c'est ainsi que les rails des chemins de fer ne sont jamais placés en contact absolu ; que les feuilles de zinc des toitures ne sont clouées que par un de leurs bords ; que les barreaux de grilles ne sont pas scellés, mais posés à repos sur leurs sommiers, avec jeu aux deux extrémités ; que les tuyaux de conduite, qui doivent être fixés à contact pour éviter les fuites, sont munis sur leur parcours d'appareils de compensation, etc.

La fig. 139 représente les principaux systèmes de compensation employés pour les tuyaux de conduite. Les conduites d'eau et de gaz établies en tranchées sont formées par des tuyaux en fonte à emboîtement et à cordon. Cet emboîtement affecte la forme d'une tulipe dans laquelle s'engage librement l'extrémité du tuyau portant le cordon. L'espace annulaire est rempli de plomb coulé, puis refoulé au mâtoir. Cette disposition laisse le jeu nécessaire à la dilatation. Pour les tuyauteries aériennes, qui se dilatent plus parce qu'elles sont exposées à de brusques changements de température, on compense les variations de longueur par différents dispositifs : boîte à étoupes (conduites d'eau et de gaz), boucle en forme d'oméga ou en forme de cor de chasse (conduites de vapeur, d'air comprimé, etc.), lentilles fonctionnant à soufflet (conduites de grand diamètre), etc.

Pour faciliter la dilatation sans détériorer les culées et les piles, les tabliers métalliques des grands ponts sont montés à leurs points d'appui sur des galets qui roulent sur des sabots en fonte scellés dans les maçonneries (*fig.* 140). — On compense la dilatation des fils de fer servant à manœuvrer, souvent à de très grandes distances, les signaux des

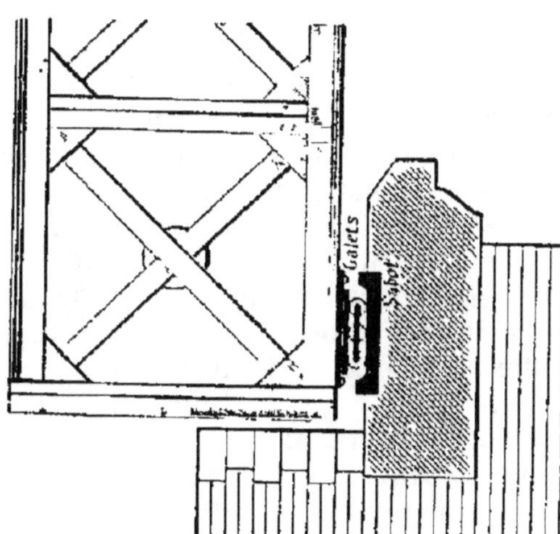

Fig. 140 — Compensateur de dilatation d'un pont métallique

chemins de fer, à l'aide d'un contre-poids qui, passant sur une poulie, tend toujours le fil également. — Les grands combles métalliques sont articulés au faîtage (*fig.* 141), de sorte que les variations de longueur dues à la dilatation se traduisent par de petits déplacements des boulons d'articula-

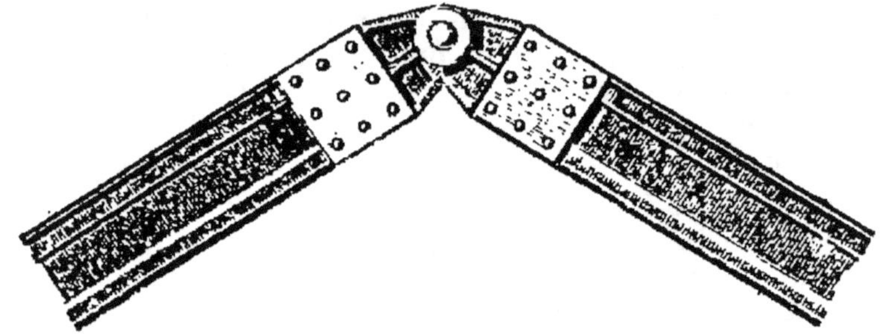

Fig. 141. — Comble articulé au faîtage.

tion dans le sens vertical. Un exemple remarquable de ce mode de construction est la galerie des Machines de l'Exposition de 1889 ; on peut citer aussi le grand arc du fameux viaduc de Garabit, sur lequel passe le chemin de fer de Neussargues à Marvejols.

Enfin, on utilise dans l'industrie la dilatation des solides pour le serrage des pièces métalliques, le cerclage des roues de voiture, le frettage, etc.

La rivure à chaud de deux feuilles de tôle provoque, par le fait de la contraction des rivets revenant du rouge à la température ordinaire, un serrage énergique des pièces en contact. Sur cette observation est basé le *rivetage*, si usité pour la construction des chaudières à vapeur, des autoclaves et autres récipients. De même le cerclage des roues de voiture à chaud fait non seulement adhérer le bandage à la jante, mais il applique encore fortement les raies contre le moyeu. — Le *frettage* des tubes résistants et des bouches à feu repose sur le même principe. Des anneaux ou frettes calibrés sont emmanchés de force et à chaud sur le tube ou le fût du canon ; par refroidissement, il en résulte un serrage énergique. Inversement, pour décaler un volant de son arbre quand les moyens ordinaires échouent, il suffit de chauffer le moyeu du volant ; ce moyeu se dilatant seul permet le dégagement. Ce procédé est analogue à celui qu'on emploie pour déboucher les flacons bouchés à l'émeri dans lesquels il s'est produit une adhérence entre le bouchon et le col.

Dans les laboratoires, on corrige par le calcul la dilatation des règles graduées quand on effectue des mesures de longueur de précision. Les divisions étant habituellement tracées à 0°, si l est la longueur lue à $t°$, il faut la multiplier par le binome de dilatation linéaire pour avoir la longueur correspondante à 0°.

Pendules compensateurs. — On sait que le mouvement des horloges est régularisé par un pendule dont les oscillations, étant très petites, sont toutes de même durée tant que sa longueur reste constante. Cela posé, supposons le pendule formé d'un seul métal ; lorsque la température s'élève, il s'allonge, et comme il oscille alors plus lentement, l'horloge retarde ; l'inverse se produit lorsque la température s'abaisse. Pour remédier à cet inconvénient, on a imaginé des *pendules compensateurs*, qui oscillent toujours dans le même temps quelles que soient les variations de température Les principaux types sont le pendule à gril et le pendule à mercure.

Le *pendule à gril* est formé d'une lentille en laiton, soutenue par une série de tiges alternativement en acier et en laiton. Ces tiges sont fixées de manière que l'allongement des tiges d'acier ne puisse s'effectuer que de haut en bas et celui des tiges de laiton de bas en haut. Dans le pendule d'Harrisson, il y a cinq tiges d'acier, dont une centrale, et quatre en laiton. Dans le pendule de Brocot (*fig.* 142), la tige centrale est également en acier, mais il n'y a plus que deux tiges en laiton ; elles agissent à l'intérieur de la lentille sur un système de leviers ayant pour effet d'abaisser ou de relever la lentille suivant la température.

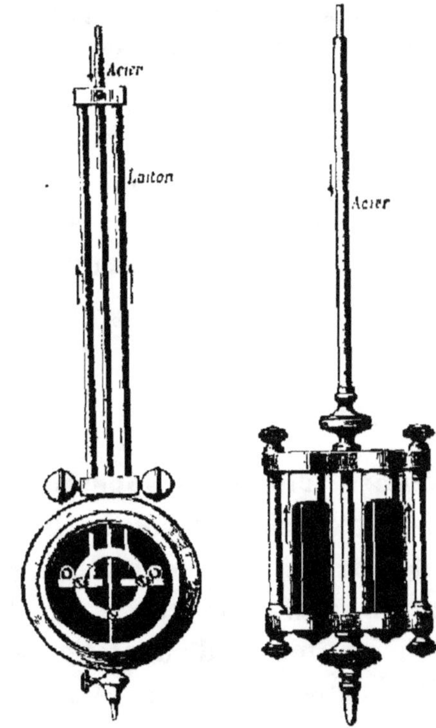

Fig. 142. — Pendule compensateur de Brocot.

Fig. 143 — Pendule compensateur de Graham.

Il est facile de calculer la condition de compensation dans un pendule à gril. Soient L la longueur totale des tiges d'acier à 0°, L′ celle des tiges de laiton à la même température, λ et λ' les coefficients de dilatation linéaire de l'acier et du laiton. A une température quelconque t, l'allongement des tiges d'acier est $L\lambda t$ et l'allongement des tiges de laiton $L'\lambda't$. Pour que la longueur du pendule reste constante, on doit avoir $L\lambda t = L'\lambda't$ ou $\dfrac{L}{L'} = \dfrac{\lambda'}{\lambda}$, c'est-à-dire que les longueurs totales des tiges d'acier et des tiges de laiton doivent être en raison inverse des coefficients de dilatation linéaire correspondants.

Enfin, dans le *pendule à mercure*, dû à Graham, une tige d'acier soutient deux cylindres en cristal contenant du mercure (*fig.* 143). La dilatation du mercure se pro duit en sens inverse de celle de l'acier et maintient au pendule une longueur constante.

DILATATION DES LIQUIDES

114. Dilatation absolue et dilatation apparente. — Nous avons vu qu'il y a lieu de considérer dans les liquides la *dilatation apparente* et la *dilatation absolue* (101). A ces dilatations correspondent un coefficient moyen de dilatation apparente et un coefficient moyen de dilatation absolue. Ce dernier est l'accroissement réel que prend l'unité de volume d'un liquide pour une élévation de température de 1°; il est très sensiblement égal au coefficient de dilatation apparente augmenté du coefficient de dilatation cubique de l'enveloppe.

Considérons en effet l'unité de volume d'un liquide à 0°, et appelons Δ le coefficient de dilatation absolue de ce liquide, δ son coefficient de dilatation apparente. A 1°, le volume réel du liquide est $1 + \Delta$, par définition ; le volume qu'il paraît occuper est $1 + \delta$; mais comme chaque unité de capacité de la partie du vase qui le contient est elle-même devenue $1 + k$, le volume du liquide à $t°$ est, en réalité, $(1 + \delta)(1 + k)$. On peut donc écrire

$$1 + \Delta = (1 + k)(1 + \delta),$$

d'où l'on tire $\qquad \Delta = \delta + k + k\delta,$

et, en négligeant le produit $k\delta$, formé de deux nombres très petits,

$$\Delta = \delta + k.$$

15. Étude de la dilatation absolue du mercure. — Le coefficient de dilatation absolue du mercure a été déterminé par Dulong et Petit, en appliquant une méthode dans laquelle n'intervient pas la dilatation de l'enveloppe.

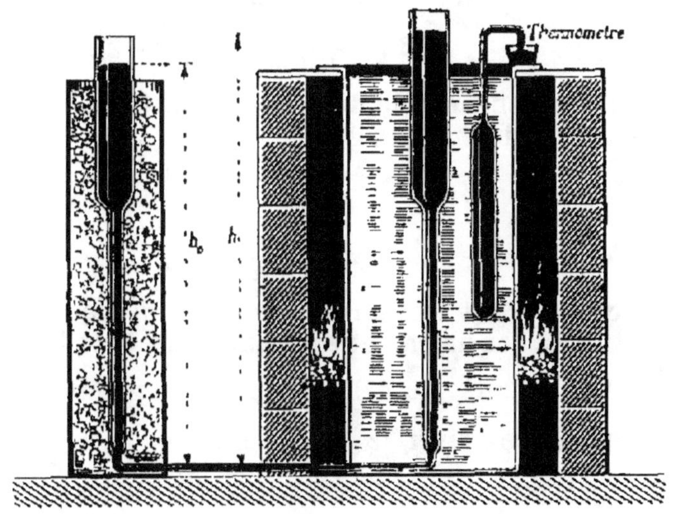

Fig. 144. — Appareil de Dulong et Petit simplifié.

Cette méthode repose sur ce que *dans deux vases communicants les hauteurs de deux liquides de densités différentes sont inversement proportionnelles à ces densités* (44). Nous la décrirons brièvement, à cause de l'intérêt historique qu'elle a conservé.

L'appareil se composait essentiellement de deux tubes verticaux, réunis par un tube capillaire parfaitement horizontal et enveloppés chacun d'un manchon métallique (*fig.* 144). Du mercure était contenu dans les deux tubes et s'y élevait au même niveau quand ils se trouvaient à la même température.

Pour procéder à l'expérience, on remplissait l'un des manchons de glace pilée, et l'autre d'huile qu'on chauffait à l'aide d'un fourneau à une température constante t, donnée par des thermomètres spéciaux.

On mesurait enfin avec un cathétomètre les hauteurs h_0 et h du mercure froid et du mercure chaud qui se faisaient équilibre de part et d'autre au-dessus du tube horizontal.

Appelons d_0 la densité du mercure à 0°, d sa densité à t°; on a, en vertu du principe énoncé plus haut,

$$\frac{h}{h_0} = \frac{d_0}{d}.$$

Mais
$$d = \frac{d_0}{1 + \Delta t} \qquad (112),$$

Δ étant le coefficient de dilatation absolue du mercure.

On a donc finalement

$$\frac{h}{h_0} = 1 + \Delta t,$$

d'où l'on tire
$$\Delta = \frac{h - h_0}{h_0 t}.$$

Dulong et Petit trouvèrent par cette méthode que le coefficient Δ est sensiblement constant entre 0° et 100° et égal à $\frac{1}{5550}$ ou 0,00018. Au-delà de 100°, il augmente un peu avec la température; ainsi, le coefficient moyen entre 0 et 300° est $\frac{1}{5300}$.

116. Thermomètre à poids. — Le thermomètre à poids, imaginé par Dulong et Petit, a été employé par ces physiciens pour déterminer le coefficient de dilatation apparente du mercure, pour évaluer les températures dans quelques cas spéciaux, et pour mesurer la dilatation cubique de certains corps solides; on s'en sert aujourd'hui pour étu-

dier la dilatation des enveloppes de verre et pour déterminer les coefficients de dilatation absolue et apparente
de la plupart des liqui-
des.

Cet instrument se
compose d'un réservoir
cylindrique de verre,
prolongé par un tube
capillaire recourbé deux
fois à angle droit et terminé en pointe (*fig.* 145) ;
une petite capsule de
porcelaine, appelée *cap-
sule de déversement*, sert
principalement à recueil-
lir pendant les expé-

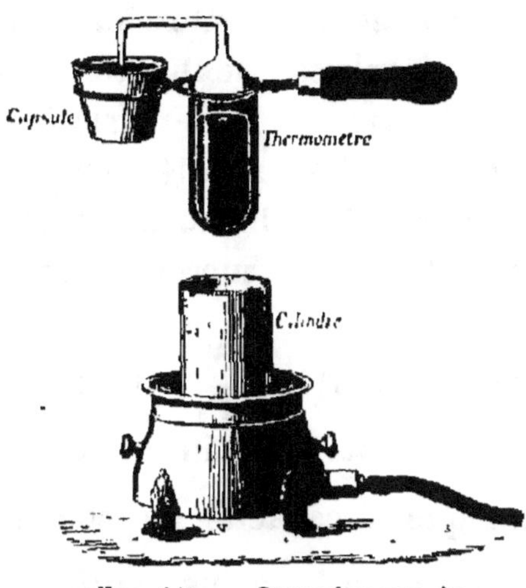

Fig. 145 — Remplissage du
thermomètre à poids.

riences le liquide chassé du réservoir par la dilatation.

Soit à déterminer le coefficient de dilatation cubique du
verre dont est formé le thermomètre. On le porte avec sa
capsule sur le plateau d'une balance, on y adjoint une
masse supérieure à celle du mercure qu'il peut contenir,
500^{gr} par exemple, et l'on fait la tare. On le remplit ensuite de mercure. Cette opération est analogue à celle qui
a été décrite à propos du thermomètre à mercure (105) ;
on prend soin seulement d'entourer le réservoir d'une
grille métallique et de le chauffer dans un cylindre de fer
afin qu'il ne se perde pas de mercure en cas d'accident
(*fig.* 145). Le thermomètre, toujours accompagné de sa
capsule, est alors placé dans la glace fondante ; quand il
est plein de mercure à 0°, on vide la capsule et on la re-
place sous la pointe, puis on sèche l'appareil, on le laisse
revenir à la température ambiante et on le porte sur le

même plateau ; le mercure qui se déverse dans la capsule n'échappe pas à la pesée. Pour rétablir l'équilibre, il faut remplacer les 500^{gr} additionnels par une masse moindre ; la différence entre ces deux masses représente évidemment la masse M du mercure qui remplissait le thermomètre à 0°. On porte enfin l'appareil dans un bain-marie à une température connue t ; une nouvelle quantité de mercure tombe dans la capsule et, quand l'équilibre de température est établi, on pèse directement le mercure déversé : soit m sa masse.

La capacité du thermomètre à 0° est $\dfrac{M}{D_0}$, D_0 étant la densité du mercure à 0° ; à $t°$ cette capacité est devenue $\dfrac{M}{D_0}(1 + kt)$. En écrivant que la capacité du contenant est égale au volume du contenu à la même température, on a

$$\frac{M}{D_0}(1 + kt) = \frac{M - m}{D}.$$

Comme $D = \dfrac{D_0}{1 + \Delta t}$ (112), on a finalement

$$M(1 + kt) = (M - m)(1 + \Delta t),$$

équation de laquelle on tire k.

REMARQUES. — 1° La dilatation de l'enveloppe étant connue, si l'on remplace dans l'équation précédente $1 + \Delta t$ par sa valeur $(1 + \delta t)(1 + kt)$ (114), il vient

$$\delta = \frac{m}{(M - m)t}.$$

Dulong et Petit ont ainsi déterminé le coefficient de dilatation apparente du mercure et l'ont trouvé égal à $\dfrac{1}{6480}$ entre 0 et 100° dans les enveloppes de verre qu'ils employaient.

Les mêmes physiciens se sont servis fréquemment du thermomètre à poids pour obtenir les températures. Ils le portaient dans le milieu dont ils voulaient connaître la température x et déterminaient la masse m de mercure qui s'échappait par la pointe; x était alors donné par l'équation

$$\frac{1}{6480} = \frac{m}{(M - m)x}.$$

2° Dans le cas où l'on veut connaître la dilatation app - rente ou la dilatation absolue d'un liquide quelconque, on répète avec le thermomètre à poids les mêmes opérations que pour obtenir la dilatation de l'enveloppe, mais en remplissant celle-ci du liquide que l'on veut étudier. Cette détermination présente d'ailleurs plusieurs causes d'erreur : les liquides autres que le mercure ayant une densité beaucoup plus faible, les masses M et m sont plus petites; de plus, comme ils sont plus ou moins volatils, une certaine quantité du liquide chassé par la dilatation s'évapore pendant l'expérience. Pour ces diverses raisons, on préfère étudier la dilatation des liquides par la méthode des *thermomètres comparés*, méthode qui consiste à construire avec le liquide un thermomètre à tige et a en comparer la marche avec celle d'un thermomètre étalon soigneusement contrôlé par un thermomètre à air. Voici, à titre d'exemples, les coefficients moyens de dilatation absolue de quelques liquides usuels :

Alcool, 0,0012. — Éther ordinaire, 0,0021. — Eau (de 4 à 25°), 0,0001.

117. Maximum de densité de l'eau. — L'eau ne suit pas une loi de dilatation analogue à celle des autres liquides. Si l'on élève progressivement la température d'une masse donnée d'eau à partir de 0°, on constate que jusqu'à 4° elle se contracte au lieu de se dilater; à 4° elle occupe un volume plus petit qu'à toute autre température, et enfin au-dessus de 4° la contraction cesse et le liquide se dilate. Il en résulte que la densité de l'eau doit augmenter de 0 à 4°, pour diminuer ensuite au-dessus de cette dernière température.

On vérifie expérimentalement que le maximum de densité de l'eau est à 4° au moyen de l'appareil de Hope (*fig*. 146). Il se compose d'une éprouvette à pied percée

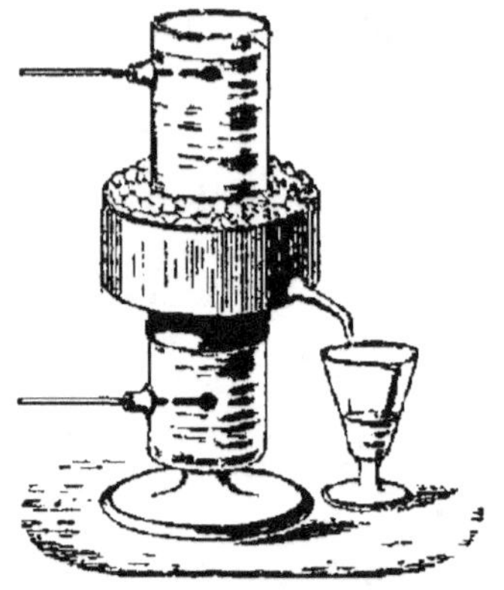

Fig. 146. — Appareil de Hope.

latéralement de deux trous livrant passage à deux thermomètres, l'un à la partie supérieure, l'autre à la partie inférieure; un manchon métallique entoure la partie moyenne de l'éprouvette.

Après avoir rempli cette dernière d'eau à la température ordinaire, on met de la glace dans le manchon et on observe les deux thermomètres. Le thermomètre supérieur reste d'abord à peu près stationnaire, tandis que le thermomètre inférieur baisse rapidement, ce qui prouve que l'eau, à mesure qu'elle se refroidit, devient plus dense et gagne le fond du vase. Lorsque le thermomètre inférieur est arrivé à 4°, il ne descend plus; le thermomètre supérieur baisse à son tour, atteint et dépasse 4°, pour arriver finalement à 0°; on en conclut que l'eau, à mesure qu'elle se refroidit au-dessous de 4°, au niveau du manchon, devient moins dense et gagne la partie supérieure de l'éprouvette.

Les variations de densité de l'eau ont été étudiées avec beaucoup de soin par Despretz. Il se servit d'un thermomètre à tige contenant de l'eau bien pure et bien purgée d'air, et mesura d'abord le volume qu'occupait l'eau à 0°, puis les volumes apparents à des températures croissant successivement de 0 à 30°. La moyenne de ses expériences donna 4°,001 comme température à laquelle se produit le maximum de contraction et par suite le maximum de densité. Voici quelques nombres indiquant la densité ou masse spécifique de l'eau, exprimée en grammes-masse, à différentes températures :

0°. 0,999871   4°. 1,000000
2°. 0,999969   10°. . . . 0,999747

L'existence du maximum de densité de l'eau explique comment, dans les lacs et les rivières, la température de l'eau à partir d'une certaine profondeur demeure constamment égale à 4°, quelles que soient les variations de température qui se produisent à la surface. Sous l'influence de ces variations, influence qui ne se fait sentir que jusqu'à une faible distance, les couches supérieures sont tantôt plus froides, tantôt plus chaudes que les couches profondes, et comme dans tous les cas elles ont une densité moindre, il ne peut y avoir uniformité de température dans la masse par le mélange des diverses couches de liquide. Cette remarque ne s'applique pas à l'eau de mer, le maximum de densité de ce liquide se produisant à une température inférieure à celle de son point de congélation, comme cela a lieu pour la plupart des dissolutions salines.

118. Applications des dilatations des liquides. — La principale application des dilatations des liquides consiste à utiliser leur dilatation apparente dans la construction de la plupart des thermomètres et des pyromètres. Comme application spéciale dans les laboratoires, nous ferons la *réduction des hauteurs barométriques à* 0°.

Nous avons vu que la colonne mercurielle du baromètre fait équilibre à la pression atmosphérique. Or la densité du mercure variant avec la température, une même pression atmosphérique est équilibrée à des températures différentes par des colonnes mercurielles de hauteurs différentes. Pour rendre les observations barométriques faites dans un même lieu comparables entre elles, on convient de les ramener toujours à 0°; cela revient à calculer la hauteur d'une colonne de mercure qui, à 0°, exercerait la même pression que la hauteur barométrique observée à $t°$. Appelons H cette dernière, H_0 la hauteur correspondante à 0°.

Les hauteurs de deux liquides de densités différentes qui font équilibre à la pression atmosphérique sur une même surface étant inversement proportionnelles à ces densités (58), on a

$$\frac{H_0}{H} = \frac{D}{D_0}.$$

Mais $D = \dfrac{D_0}{1 + \Delta t}$, Δ étant le coefficient de dilatation absolue du mercure.

Par suite,

$$H_0 = \frac{H}{1 + \Delta t}.$$

Telle est la hauteur barométrique corrigée de la dilatation du mercure.

Si la hauteur H est lue sur une règle métallique dont la graduation a été effectuée à $0°$, il faut la multiplier par le binome de dilatation linéaire du métal pour avoir la hauteur réelle de la colonne barométrique. On a donc dans ce cas

$$H_0 = H \frac{1 + \lambda t}{1 + \Delta t},$$

ou sensiblement $H_0 = H[1 - (\Delta - \lambda)t]$.

DILATATION DES GAZ

119. Considérations générales. — Le volume d'une masse gazeuse déterminée dépend de sa température et de la pression qu'elle supporte. Si la température reste constante, le gaz n'est soumis qu'à la loi de Mariotte : $VH = V'H'$. Si la température varie, trois cas peuvent se présenter : 1° *la pression que supporte le gaz est constante;* le gaz se dilate librement et les variations de volume que l'on observe sont dues uniquement aux changements de température (101) ; 2° *le volume du gaz est constant;* sa

force élastique augmente alors progressivement (101);
3° *le volume et la force élastique du gaz varient à la fois;*
c'est le cas le plus général.

120. Dilatation des gaz sous pression constante. —
Considérons une même masse gazeuse ayant pour volumes
V_0 et V à 0° et à $t°$ sous pression constante. Le rapport
$\dfrac{V - V_0}{V_0 t}$ exprime l'accroissement éprouvé par l'unité de
volume pour une élévation de température d'un degré;
on l'appelle *coefficient de dilatation du gaz sous pression
constante.* Nous le représenterons par la lettre grecque α.

On a donc

$$V = V_0(1 + \alpha t),$$

et comme on aurait de même

$$V' = V_0(1 + \alpha t'),$$

on peut écrire

$$\frac{V}{1 + \alpha t} = \frac{V'}{1 + \alpha t'},$$

c'est-à-dire que les volumes occupés à différentes températures par une même masse de gaz qui supporte une
pression constante sont proportionnels aux binomes de
dilatation.

**Détermination des coefficients de dilatation des gaz
sous pression constante.** — Les premières expériences un
peu précises sur la dilatation des gaz ont été faites par
Gay-Lussac. La fig. 147 représente l'appareil employé par
ce physicien pour étudier la dilatation de l'air sec.

Cet appareil se composait essentiellement d'un thermomètre en verre à gros réservoir sphérique de capacité
connue et à tige longue, étroite, divisée en parties d'égale

capacité. De l'air sec était contenu dans le réservoir et dans une partie de la tige; il n'était séparé de l'air extérieur que par un index de mercure, de telle sorte que la dilata-

Fig. 147.— Appareil de Gay-Lussac

tion du gaz se produisait sous la pression à peu près cons-tante de l'atmosphère. Le thermomètre étant placé hori-zontalement dans une caisse en fer-blanc, on remplissait celle-ci de glace fondante et on notait le volume V_0 de la masse gazeuse à 0°, puis on remplaçait la glace fondante par de l'eau que l'on chauffait à l'aide d'un fourneau. L'index mercuriel avançait vers l'extrémité de la tige, et sa position à un moment donné faisait connaître le volume apparent V de l'air à une température connue $t°$. Le volume réel de l'air à $t°$ est $V(1 + kt)$, k étant le coeffi-cient de dilatation cubique du verre ; on avait donc, pour valeur du coefficient de dilatation de l'air,

$$\alpha = \frac{V(1 + kt) - V_0}{V_0 t}.$$

Lois de Gay-Lussac. — Gay-Lussac résuma ses expé-riences sur l'air et sur divers gaz dans les lois suivantes :

1° Le coefficient moyen de dilatation sous pression constante est le même pour tous les gaz entre 0 et 100° ; il est égal à 0,00375.

2° La dilatation des gaz est indépendante de la pression extérieure.

REMARQUE. — Les expériences de Gay-Lussac comportaient plusieurs causes d'erreur : 1° l'index mercuriel, n'adhérant pas au tube, n'isolait qu'imparfaitement l'air de l'atmosphère extérieure ; aussi un peu d'air du réservoir pouvait-il s'échapper entre l'index et la paroi du tube pendant qu'on chauffait l'appareil ; 2° l'air emprisonné par l'index n'était pas suffisamment desséché. Pour introduire de l'air sec dans son thermomètre, Gay-Lussac le remplissait d'abord de mercure, puis il y adaptait un tube large à chlorure de calcium, et, après avoir renversé l'appareil, le réservoir en haut, il faisait sortir le mercure goutte à goutte à l'aide d'un fil de platine introduit dans le tube capillaire. Le mercure était bien remplacé par de l'air ayant passé sur le chlorure de calcium, mais cette opération était insuffisante pour débarrasser complètement l'air de la vapeur d'eau qu'il contenait.

Après Gay-Lussac, Regnault, en employant un appareil dans lequel la pression était toujours maintenue sensiblement égale à la pression atmosphérique, étudia avec une grande précision la dilatation des gaz sous pression constante. Il trouva que les lois de Gay-Lussac ne sont qu'approximatives, que les divers gaz ont des coefficients de dilatation un peu différents, et que ces coefficients sont d'autant plus grands que les gaz sont plus rapprochés de leur point de liquéfaction.

Voici les coefficients moyens de dilatation sous pression constante de quelques gaz entre 0 et 100° :

Coefficients.

Air	$0,003\,670$ ou sensiblement $\dfrac{1}{273}$.
Hydrogène........	$0,003\,661$
Azote	$0,003\,668$
Gaz carbonique..	$0,003\,710$
Gaz sulfureux ...	$0,003\,903$.

121. Action de la chaleur sur les gaz à volume constant. — Soient H_0 la force élastique d'une masse gazeuse à 0°, H sa force élastique à t^o, le volume du gaz n'ayant pas varié; le rapport $\dfrac{H - H_0}{H_0 t}$ est le *coefficient d'augmentation de force élastique* à volume constant. Appelons α' ce coefficient; il vient

$$H = H_0(1 + \alpha' t).$$

Le binome $1 + \alpha' t$ est le *binome d'élasticité* du gaz. On aurait de même

$$H' = H_0(1 + \alpha' t'),$$

d'où

$$\frac{H}{1 + \alpha' t} = \frac{H'}{1 + \alpha' t}.$$

Les forces élastiques d'une même masse gazeuse de volume constant à différentes températures sont donc proportionnelles aux binomes d'élasticité.

Les coefficients d'augmentation de force élastique à volume constant ont été déterminés avec beaucoup de soin par Regnault. Comme les gaz ne suivent pas rigoureusement la loi de Mariotte, le coefficient α' pour un même gaz est un peu différent du coefficient de dilatation sous pression constante, et l'écart est d'autant plus grand que la loi réelle de compressibilité du gaz s'écarte plus de la loi de Mariotte. Dans la pratique on peut, à cause de leur faible différence, confondre les coefficients α et α', surtout pour les gaz qui, comme l'air et l'hydrogène, ne se liquéfient qu'à de très basses températures.

122. Dilatation des gaz à volume et pression variables. — Désignons par V le volume d'une masse gazeuse à t^o et sous la pression H, et cherchons le volume V' de cette même masse à t'^o et sous la pression H'.

Supposons d'abord que la pression seule varie et devienne H'; le volume V_1 que prendra la masse gazeuse est donné par la loi de Mariotte : $VH = V_1 H'$. On a donc

$$V_1 = V \frac{H}{H'}.$$

Supposons maintenant que la pression H' restant constante, la température devienne t'^o. On peut appliquer l'équation de Gay-Lussac (120), ce qui donne

$$\frac{V_1}{1 + \alpha t} = \frac{V'}{1 + \alpha t'}.$$

Remplaçons enfin V_1 par sa valeur; il vient

$$\frac{VH}{1 + \alpha t} = \frac{V'H'}{1 + \alpha t'}.$$

Cette relation importante réunit les lois de Mariotte et de Gay-Lussac; aussi est-elle appelée quelquefois *équation des gaz parfaits*, un gaz parfait étant tout gaz qui obéirait rigoureusement à ces deux lois. Elle a lieu pour toutes valeurs correspondantes entre elles de volume, de température et de pression ; on peut donc dire que *le produit du volume d'une masse gazeuse par la pression qu'elle supporte, divisé par le binome de dilatation, est un nombre constant.*

Étude de la dilatation de l'air à volume et sous pression variables. — Regnault a étudié la dilatation de l'air dans ces conditions à l'aide d'un appareil qu'on emploie encore dans certains cas comme *thermomètre à air*. Ses recherches ont eu pour but de fixer la valeur moyenne du coefficient de dilatation de l'air, valeur qu'on doit employer dans les conditions où la formule $\dfrac{VH}{1 + \alpha t}$ est applicable.

L'appareil de Regnault se compose d'un réservoir cylindrique de verre, terminé par un tube recourbé dont l'extrémité est effilée (*fig.* 148). On détermine préalablement sa capacité $\dfrac{M}{D_0}$ (M étant la masse de mercure qu'il contient à 0°) et son coefficient de dilatation k.

L'appareil étant placé dans une enceinte dont la température t est connue, on raccorde l'extrémité effilée avec une série de tubes en U contenant de la pierre ponce imbibée d'acide sulfurique et on fait communiquer le dernier de ces tubes avec une petite pompe pneumatique. On fait le vide une première fois, puis on laisse rentrer de l'air qui se dessèche en

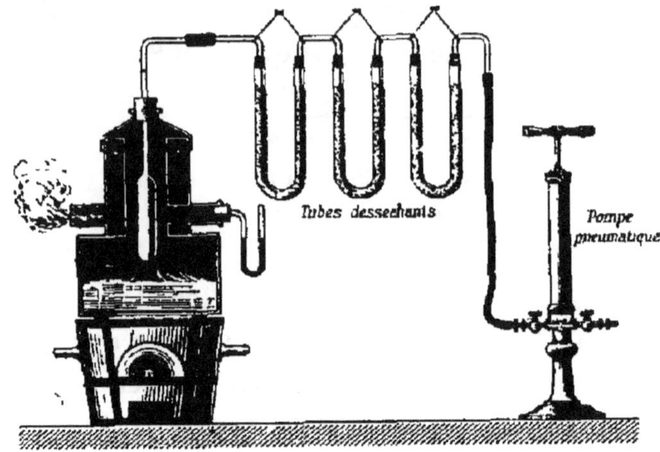

Fig 148. — Remplissage du thermomètre à air.

traversant les tubes en U, et on répète cette opération une vingtaine de fois. Après la dernière rentrée d'air sec, on ferme à la lampe l'extrémité effilée et on relève au même moment la hauteur barométrique H. L'appareil est ensuite renversé verticalement sur une cuve à mercure (*fig.* 149) ; on brise la pointe du tube avec une pince, puis on environne le réservoir de glace fondante : le mercure monte dans le réservoir à une hauteur h. Soit H' la hauteur barométrique au même moment. On bouche enfin l'extrémité du tube avec un peu de cire ; on enlève l'appareil, on le sèche et on le porte sur le plateau d'une balance pour déterminer la masse m de mercure qui y a pénétré.

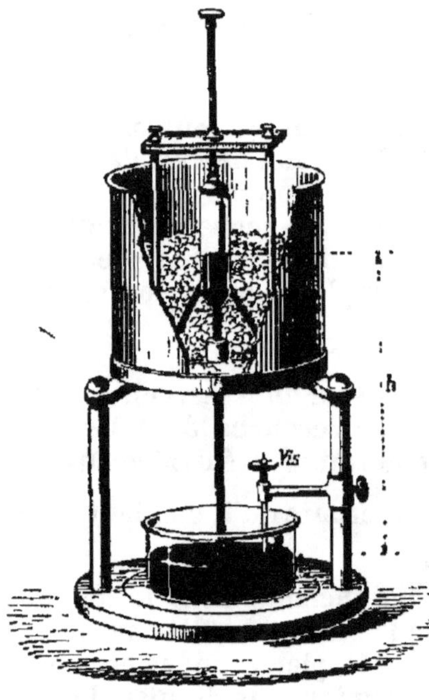

Fig. 149. — Thermomètre à air amené à 0°.

La capacité de l'enveloppe à $t°$ est $\dfrac{M}{D_0}(1 + kt)$: c'est aussi le volume de l'air sec qu'on y a introduit à $t°$ et sous la pression H. Quand l'appareil a été renversé sur la cuve à mercure, la masse d'air n'a pas changé ; son volume est $\dfrac{M - m}{D_0}$ et sa force élastique $H' - h$. Appliquons successivement l'équation des gaz parfaits dans les deux conditions où l'air s'est trouvé placé ; il vient

$$\frac{\dfrac{M}{D_0}(1 + kt)H}{1 + \alpha t} = \frac{M - m}{D_0}(H' - h),$$

ou

$$\frac{M(1 + kt)H}{1 + \alpha t} = (M - m)(H' - h),$$

équation d'où l'on tire α. Regnault a trouvé ce coefficient égal à 0,0036623.

Lorsqu'on se sert de l'appareil comme *thermomètre*, on le remplit d'air sec et pur et on le porte dans l'enceinte dont on veut déterminer la température. Après avoir attendu qu'il se soit mis en équilibre de température avec cette enceinte, on ferme la pointe au chalumeau, on inscrit la hauteur barométrique H et on continue comme précédemment.

123. Premières notions sur les densités des gaz. — On appelle densité absolue ou masse spécifique d'un gaz la masse de l'unité de volume de ce gaz à $0°$ et sous la pression de 76^{cm} de mercure.

La pression absolue exercée par une colonne de mercure de 76^{cm} de hauteur à $0°$ variant légèrement d'un lieu du globe à un autre (59), la masse spécifique d'un gaz n'est pas une quantité constante. Il n'en est pas de même de la *densité d'un gaz par rapport à l'air*, c'est-à-dire du rapport entre la masse d'un certain volume de ce gaz et la masse du même volume d'air, ces volumes étant considérés à la même température et sous la même pression : la densité ainsi définie est la même en tous les points du globe. D'un autre côté, tous les gaz ne suivent pas les mêmes lois de compressibilité et de dilatation que l'air, la densité d'un gaz par rapport à l'air est variable suivant les conditions de température et de pression, principalement si le gaz est facilement liquéfiable ; c'est pour cette raison qu'on convient de déterminer les densités dans des conditions bien définies, à $0°$ et sous la pression de 76^{cm}. Les densités ainsi obtenues ont reçu le nom de *densités normales*. On appelle donc densité normale d'un gaz le rapport entre les masses de volumes égaux de ce gaz et d'air considérés à $0°$ et sous la pression de 76^{cm}.

Les densités normales des gaz ont été déterminées par Regnault, puis par M. A. Leduc, qui a légèrement rectifié les résultats de Regnault. On trouvera ces densités dans le cours de Chimie. Quant à la densité absolue ou masse spécifique de l'air, elle a été déterminée également par Regnault, qui l'a trouvée égale, à Paris, à $0^{gr},001293$ (l'unité de volume étant le centimètre cube).

124. Applications des dilatations des gaz. — Soit à trouver *la masse d'un certain volume d'air* V à $t°$ et sous la pression H ; le volume V_0 qui serait occupé par la même masse à $0°$ sous la pression de 76^{cm} s'obtient en appliquant l'équation des gaz parfaits :

$$V_0 \times 76 = \frac{VH}{1 + at},$$

d'où l'on tire

$$V_0 = V \frac{H}{76} \frac{1}{1 + at}.$$

Or on sait que la masse d'un centimètre cube d'air à $0°$ et sous la pression de 76^{cm} est $0^{gr},001293$; par suite, la masse M du volume V_0 sera donnée par la formule

$$M = V \times 0,001293 \times \frac{H}{76} \times \frac{1}{1 + at}.$$

Dans cette formule, V est exprimé en centimètres cubes, H en centimètres ; M est donné en grammes-masse. Si l'on prend le litre comme unité de volume, la masse spécifique de l'air est $0,001293 \times 1000 = 1^{gr},293$.

Cherchons maintenant la *masse d'un gaz quelconque* qui aurait pour volume V^{cc} à t^o et sous la pression H^{cm} ; il suffit de multiplier la masse de l'air qui occuperait le même volume que le gaz à 0° et 76^{cm} par la densité normale d du gaz. On a donc pour valeur de la masse M' du gaz

$$M' = V \times 0,001293 \times d \times \frac{H}{76} \times \frac{1}{1 + \alpha t}.$$

Nous aurons fréquemment occasion d'employer ces formules.

Thermomètres à gaz. — Les gaz constituent les meilleures substances thermométriques (104) ; leur grande dilatation sous pression constante et leur augmentation rapide de force élastique sous volume constant les rendent très sensibles aux variations de température ; elles permettent de négliger complètement la dilatation de l'enveloppe, ce qui fait que deux thermomètres construits avec le même gaz seront toujours *comparables entre eux* quelle que soit la nature du verre qui forme cette enveloppe. C'est donc aux thermomètres à gaz qu'on a recours quand on veut obtenir une température avec précision, et c'est parmi eux qu'on choisit le *thermomètre étalon* ou *thermomètre normal*, auquel on compare les températures de tous les autres thermomètres en dehors des points fixes 0 et 100. Dans les laboratoires, on détermine quelquefois des températures avec le thermomètre à air, tel qu'il a été décrit (122) ; mais le thermomètre étalon employé aujourd'hui par tous les physiciens est un *thermomètre à hydrogène, fondé sur les variations de force élastique d'une masse d'hydrogène à volume constant.* L'hydrogène a en effet un coefficient d'augmentation de force élastique à volume constant indépendant de la pression ; il permet à la fois de mesurer des températures très basses et des températures très élevées.

Soient H_0 la force élastique d'une masse d'hydrogène à la température de la glace fondante, H_{100} la force élastique qu'elle possède sous le même volume à la température de la vapeur d'eau bouillante sous la pression de 76^{cm} : on appelle *degré centigrade normal* l'élévation de température qui produit une augmentation de force élastique égale à $\dfrac{H_{100} - H_0}{100}$.

Portons le thermomètre à une température inconnue x, toujours à volume constant, et mesurons la nouvelle force élastique H ; les variations de température étant proportionnelles aux variations de force élastique, nous aurons

$$\frac{x}{100} = \frac{H - H_0}{H_{100} - H_0}.$$

Par convention, $H_0 = 100^{cm}$; et comme $H_{100} = H_0\left(1 + \dfrac{100}{273}\right)$, il vient

$$x = \frac{273(H - 100)}{100},$$

ou
$$x = 273(H - 1),$$

si H est évalué en mètres.

Le thermomètre normal installé au Bureau international des poids et mesures se compose essentiellement d'une enveloppe cylindrique en platine iridié ayant un peu plus d'un litre de capacité ; cette enveloppe communique, par l'intermédiaire d'un tube de petit diamètre, avec un manomètre de précision dans lequel on relève les hauteurs du mercure à l'aide de microscopes.

La manipulation du thermomètre à hydrogène est longue et délicate ; aussi dans la pratique le véritable thermomètre normal usuel est le *thermomètre de précision à mercure en verre dur*, pour lequel on a dressé une table de comparaison avec le thermomètre à hydrogène (104).

RÉSUMÉ DU CHAPITRE XIII

On appelle coefficient de dilatation linéaire d'une barre l'augmentation que subit l'unité de longueur de cette barre pour une élévation de température de 1°. Il résulte de cette définition que la longueur d'une barre à $t°$ s'obtient en multipliant sa longueur à 0° par son binome de dilatation linéaire $1 + \lambda t$. Les coefficients de dilatation linéaire ont été déterminés par Lavoisier et Laplace en amplifiant considérablement la dilatation de la barre soumise à l'expérience, comme dans le pyromètre à cadran. Aujourd'hui on compare, à l'aide de microscopes, les accroissements de longueur de la règle dont on veut déterminer la dilatation linéaire et d'une règle-étalon en platine dont le coefficient est bien connu. On a trouvé par ces mesures que la dilatation linéaire des solides est très faible et qu'elle est sensiblement uniforme jusqu'à 100°; au-delà elle n'est plus proportionnelle à la température.

L'accroissement que subit l'unité de volume d'un solide pour une élévation de température de 1° s'appelle le coefficient de dilatation cubique de ce solide; il est égal au triple du coefficient de dilatation linéaire correspondant, du moins pour les corps non cristallisés. La densité d'un corps diminue à mesure que la température s'élève; à $t°$, elle est égale au quotient de la densité à 0° par le binome de dilatation cubique.

On tient compte de la dilatation des solides dans la pose des rails, des feuilles de zinc des toitures, des tuyaux de conduite en métal; dans l'assemblage des charpentes métalliques; dans la pose des ponts en fer, etc., etc. Dans les pendules compensateurs, on compense la dilatation de la tige métallique qui soutient la lentille par la dilatation inverse d'un autre métal, de manière à conserver au pendule une longueur constante malgré les variations de température; les principaux pendules de ce genre sont le pendule à gril (acier et laiton) et le pendule de Graham (acier et mercure).

On distingue dans les liquides un coefficient de dilatation apparente et un coefficient de dilatation absolue. Ce dernier est égal au coefficient apparent augmenté du coefficient de dilatation cubique de l'enveloppe. Le coefficient de dilatation absolue du mercure a été déterminé par Dulong et Petit en portant du mercure respectivement à 0° et à $t°$ dans deux tubes communicants : les hauteurs du mercure sont alors en raison inverse des densités à ces températures, ce qui permet d'obtenir le coefficient absolu sans faire intervenir la dilatation de l'enveloppe. Le thermomètre à poids sert pour étudier la dilatation des enveloppes ou la dilatation des divers liquides; on le remplit de mercure à 0°, puis on le porte à $t°$, on détermine la masse de mercure qui sort et on écrit qu'à $t°$ la capacité de l'enveloppe est égale au volume du mercure qui reste dans le thermomètre.

L'eau présente à 4° un maximum de densité : cela tient à ce qu'elle diminue de volume en passant de 0 à 4°, puis augmente de volume au-dessus de cette température. On met en évidence ce maximum de densité par l'expérience de Hope.

Les hauteurs barométriques observées doivent être réduites à 0° pour être comparables dans un même lieu. Cette réduction se fait en divisant la hauteur observée à $t°$ par le binome de dilatation absolue du mercure, puis en multipliant le résultat par le binome de dilatation linéaire de la règle métallique sur laquelle est tracée la graduation.

Un gaz peut être chauffé, soit sous pression constante, soit à volume constant, soit à volume et pression variables.

Sous pression constante, le gaz se dilate librement et son volume à $t°$ s'obtient en multipliant son volume à 0° par le binome $1 + \alpha t$. Gay-Lussac a étudié la dilatation des gaz sous pression constante ; pour l'air, son appareil était une sorte de thermomètre dans lequel de l'air sec était séparé de l'atmosphère par un index mercuriel : il trouva que le coefficient de dilatation sous pression constante est sensiblement le même pour tous les gaz et égal à 0,00375. En réalité, il n'en est ainsi que lorsque les gaz sont éloignés de leur point de liquéfaction.

Lorsqu'on chauffe un gaz à volume constant, sa force élastique augmente. Le coefficient d'augmentation de force élastique d'un gaz est sensiblement le même que son coefficient de dilatation sous pression constante.

Etant donné le volume V d'un gaz à $t°$ et sous la pression H, on calcule facilement le volume qu'il occuperait à $t'°$ et sous la pression H' en appliquant les lois de Mariotte et de Gay-Lussac. Ces lois sont réunies dans le rapport $\dfrac{VH}{1 + \alpha t}$, rapport qui est constant pour un même gaz.

On appelle densité absolue ou masse spécifique d'un gaz la masse d'un centimètre cube de ce gaz à 0° et sous la pression de 76^{cm}. Comme cette densité n'est pas constante, on prend la densité des gaz par rapport à l'air dans les mêmes conditions de température et de pression. Les densités inscrites dans les tables sont les densités normales (prises à 0° et 76^{cm}) ; elles expriment le rapport entre les masses de volumes égaux de gaz et d'air considérés à 0° et 76^{cm}.

Les thermomètres à gaz constituent les thermomètres de précision par excellence. La grande dilatation des gaz leur donne une supériorité réelle sur les liquides aux points de vue de la sensibilité et de la comparabilité ; aussi est-ce parmi les thermomètres à gaz qu'on choisit le thermomètre normal destiné à servir d'étalon pour tous les autres thermomètres. On a adopté le thermomètre à hydrogène, fondé sur les variations de force élastique d'une masse d'hydrogène à volume constant.

EXERCICES SUR LE CHAPITRE XIII

35. Deux lames, l'une de fer, l'autre de cuivre, parallèles et d'égale longueur à 0°, sont soudées ensemble à leurs deux extrémités et maintenues ainsi écartées de 1^{mm} l'une de l'autre. On les chauffe à 200°. En admettant que le système se courbe en arc de cercle, quels seront le rayon et le métal de l'arc extérieur?

Coefficient de dilatation linéaire : fer, 0,000012; cuivre, 0,000018.

36. Une sphère en platine a 5^{cm} de rayon à 20°. On demande : 1° son volume à 50°, le coefficient de dilatation linéaire du platine étant 0,0000088 ; 2° sa masse, sachant que la densité du platine à 0° est 22.

37. Un thermomètre à mercure est plongé jusqu'à la division 25 dans de la vapeur d'eau à 100°. Le reste de la tige est dans l'air, dont la température est 15°. Quelle est la température marquée par le thermomètre?

Le coefficient de dilatation apparente du mercure est $\dfrac{1}{6480}$.

38. La masse de mercure qui remplit un thermomètre à poids à 0° est 225^{gr}; on porte le thermomètre dans de l'eau dont la température est constante : il sort 10^{gr} de mercure. On demande la température de l'eau. Le coefficient de dilatation absolue du mercure est $\dfrac{1}{5550}$.

39. Un ballon de 10^{lit} de capacité à 0° a été rempli d'air sec à 0° et sous la pression de 76^{cm}. La pression extérieure étant devenue 75^{cm}, on chauffe le ballon à 100° après l'avoir ouvert. Quelle est la masse d'air qui s'échappe? Masse spécifique de l'air, 0^{gr},001293; coefficient de dilatation de l'air, $\dfrac{1}{273}$.

40. Un vase d'argent contenant un gaz à la température de 100° et sous la pression de 80^{cm} de mercure est chauffé à une température t telle que la force élastique du gaz s'élève à 165^{cm},8. Le coefficient de dilatation du gaz étant égal à $\dfrac{1}{273}$, on demande de calculer la température t :

1° En négligeant la dilatation du vase;

2° En en tenant compte, sachant que le coefficient de dilatation cubique de l'argent est égal à 0,00006.

CHAPITRE XIV

FUSION ET SOLIDIFICATION

125. Changements d'état en général. — Outre les changements de volume que nous venons d'étudier, les corps peuvent éprouver des changements d'état lorsqu'ils sont soumis à des variations de température. Parmi ces changements d'état, les uns sont purement physiques, comme la *fusion*, la *vaporisation*, la *liquéfaction*, la *solidification*; les autres sont du domaine de la Chimie, tels sont les phénomènes de *combinaison* et de *décomposition*.

126. Phénomène de la fusion. — On appelle fusion le passage d'un corps de l'état solide à l'état liquide sous l'influence de la chaleur.

Tous les corps solides fondent à une température plus ou moins élevée, à l'exception de certains composés, comme le papier, le bois, que la chaleur décompose avant qu'ils perdent l'état solide. Suivant la nature du corps solide, on observe deux modes de fusion bien distincts. Certains corps, comme le verre, le fer, la cire à cacheter, le carbone, ne fondent pas brusquement; ils se ramollissent, puis deviennent visqueux avant de prendre l'état parfaitement liquide : on dit que leur fusion est *pâteuse*. D'autres corps au contraire passent de l'état parfaitement solide à l'état parfaitement liquide sans passer par un état intermédiaire : ils subissent la fusion *brusque*; tels sont le soufre, la glace. La fusion brusque est soumise à deux lois que nous allons énoncer.

127. Lois de la fusion brusque. — 1re Loi : Sous une pression constante, la fusion se produit toujours, pour un même solide défini chimiquement, à une température déterminée et constante qu'on appelle point de fusion.

Nous verrons plus loin qu'il faut des variations considérables de pression pour produire un changement appréciable dans la valeur du point de fusion d'un corps ; aussi, dans les circonstances ordinaires, cette valeur ne dépend que de la nature du corps et elle en constitue un des caractères spécifiques les plus importants.

Parmi les nombreux procédés qui ont été indiqués pour la détermination des points de fusion, nous décrirons celui de M. Himly, qui est employé avantageusement pour les corps entrant en fusion à des températures relativement peu élevées. La disposition de l'expérience varie suivant qu'il s'agit

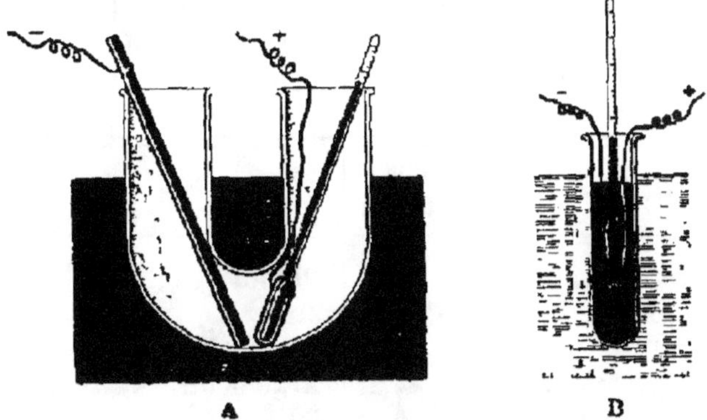

Fig. 150 — Détermination des points de fusion par le procédé Himly.

d'un corps bon conducteur de la chaleur ou d'un corps mauvais conducteur. Dans le premier cas, on fait une baguette avec le métal ou l'alliage à étudier et on le place dans l'une des branches d'un tube de porcelaine que l'on peut chauffer avec du mercure ou avec un alliage fondu (*fig.* 150, A); dans l'autre branche, on introduit un thermomètre dont le réservoir a été recouvert préalablement d'une couche mince d'argent par voie chimique, puis d'une couche mince de cuivre par galvanoplastie. Enfin le thermomètre et la baguette appartiennent à un circuit qui comprend un fil de cuivre autour du réservoir du thermomètre, une pile, une sonnerie, et un fil attaché à la baguette. Les premières gouttes provenant de la fusion se rassemblent au fond du tube et ferment le circuit : la sonnerie se met aussitôt en mouvement, et l'opérateur, ainsi prévenu, note sur le thermomètre le moment précis de la fusion. Dans le cas d'un corps mauvais conducteur (phosphore, paraffine, etc.), on en enduit le thermomètre précédent comme d'un vernis et on le plonge dans du mercure (*fig.*150, B); le contact entre ce liquide et le thermomètre s'établit dès que la fusion commence.

Quand on veut obtenir rapidement le point de fusion d'une substance qui fond à une température peu élevée, on introduit une petite boulette de cette substance dans un tube de verre à pointe effilée que l'on plonge dans un liquide dont on élève très lentement la température : dès que la boulette fond, elle s'allonge et descend plus ou moins dans la partie effilée. On lit l'indication d'un thermomètre sensible au moment précis où se produit le changement d'état.

Le tableau suivant donne les points de fusion, sous la pression atmosphérique, des corps les plus usuels.

Corps	Points de fusion	Corps	Points de fusion
Mercure	— 39,5	Plomb	326
Eau de mer . . .	— 2,5	Zinc.	415
Eau distillée . . .	0	Aluminium . . .	625
Phosphore. . . .	44,2	Argent fin. . . .	954
Acide stéarique . .	70	Cuivre	1054
Soufre	114,5	Or fin	1075
Arsenic	210	Fonte grise . . .	1220
Étain	235	Platine.	1775

L'échelle des points de fusion est, comme on le voit, très étendue. Certains corps qui ne figurent pas dans le tableau précédent et qui étaient regardés autrefois comme des corps infusibles ou *réfractaires* (chaux, silice) ont pu être fondus à l'aide du four électrique, dans lequel on utilise la haute température (3500° environ) produite par l'arc voltaïque.

2° Loi : La fusion n'est pas instantanée ; dés qu'elle est commencée, la température reste invariable jusqu'à ce que la fusion soit complète.

Cette loi se vérifie aisément en plongeant un thermomètre dans la glace fondante (103).

Chaleur de fusion. — De ce que la température demeure ainsi constante pendant toute la durée de la fusion, il résulte que la chaleur cédée par le foyer à la masse en fusion, chaleur qui n'est pas sensible au thermomètre, est employée uniquement à produire le travail interne nécessaire pour obtenir le changement d'état, ou, autrement dit, pour amener les molécules dans des positions relatives différentes de celles qu'elles occupaient à l'état solide à la même température. Cette chaleur ainsi transformée en travail, était appelée autrefois *chaleur latente de fusion*; aujourd'hui on la nomme simplement *chaleur de fusion*, tout en réservant spécialement cette dénomination à la quantité de chaleur absorbée par l'unité de masse d'un corps solide pour passer à l'état liquide sans changer de température.

La chaleur de fusion varie d'un corps à un autre et constitue pour chacun d'eux une propriété spécifique; nous verrons bientôt comment on peut la mesurer.

Applications des lois de la fusion. — Les points de fusion des différents corps solides constituent autant de températures fixes, parmi lesquelles on a choisi le point de fusion de la glace comme 0° de l'échelle centigrade.

La connaissance exacte de ces températures et leur constance pour un même corps sont souvent employées soit pour découvrir la nature d'un corps, soit pour en vérifier la pureté.

Dans le commerce, les suifs pour les usages de la stéarinerie sont achetés suivant leurs points de fusion. Il en est de même pour un certain nombre de produits industriels.

128. Phénomène de la solidification. — La solidification est le passage de l'état liquide à l'état solide par refroidissement.

Les phénomènes qu'on observe pendant la solidification sont inverses de ceux qui se produisent pendant la fusion. Si l'on abandonne au refroidissement un corps qui a été chauffé un peu au-delà de son point de fusion, on constate généralement qu'au moment où il revient à cette température, une partie de la masse commence à se solidifier ; la température reste stationnaire aussi longtemps que dure la solidification ; après quoi elle recommence à décroître. Pour les corps qui subissent la fusion pâteuse, le retour à l'état solide se fait par degrés insensibles, comme le passage de cet état à l'état liquide. En résumé, le phénomène de la solidification est soumis à deux lois, qui correspondent à celles de la fusion et s'appliquent, comme ces dernières, aux corps dont le retour à l'état solide se fait sans état intermédiaire.

1re **Loi** : Pour chaque corps défini chimiquement, la solidification se produit à une température déterminée, qui n'est autre que celle de la fusion.

2e **Loi** : La température de la masse qui se solidifie est constante pendant toute la durée de la solidification, quelles que soient les causes de refroidissement extérieures.

Il résulte de cette deuxième loi que la solidification est accompagnée d'un dégagement de chaleur. Cette chaleur, qui maintient ainsi constante la température de la masse malgré le refroidissement, provient de la transformation du travail interne correspondant à la solidification ; l'expérience montre qu'elle est rigoureusement égale à la chaleur qui a été absorbée pendant la fusion.

Surfusion. — On dit qu'il y a *surfusion* lorsque la température d'un liquide s'abaisse au-dessous de son point de solidification, sans cependant qu'il se solidifie. Cette exception à la première loi de la solidification se produit avec la plupart des liquides lorsqu'on les laisse refroidir à l'abri de toute agitation, et surtout lorsqu'il ne reste dans le liquide aucune parcelle solide de la même substance. Quand un liquide a été ainsi amené à l'état de surfusion, ses molécules sont dans une sorte d'équilibre peu stable qu'une faible cause est capable de détruire ; l'agitation, le contact de l'air suffisent le plus souvent pour amener une solidification qui s'opère toujours brusquement ; mais le moyen le plus sûr pour faire cesser l'état de surfusion consiste à projeter dans le liquide une parcelle solide semblable à celles dans lesquelles il se transformerait. Dans tous les cas, dès que la surfusion cesse, la température remonte sensiblement à la température normale de solidification du corps.

On démontre habituellement le phénomène de la surfusion par les expériences suivantes :

1° On place dans un mélange réfrigérant un thermomètre ordinaire dont le réservoir est enchâssé dans un cylindre renfermant de l'eau privée d'air (*fig.* 151). L'eau reste liquide à plusieurs degrés au-dessous de zéro. On soulève le thermomètre et on l'agite brusquement ; la congélation s'opère à l'instant et la température remonte, à cause de la chaleur produite par ce changement d'état.

2° Dans un grand ballon rempli d'eau on assujettit un thermomètre et deux larges tubes contenant l'un et l'autre du phosphore ordinaire recouvert d'une couche d'eau (*fig.* 152). On chauffe le tout à une température un peu supérieure au point de fusion du phosphore (44°,2), puis on

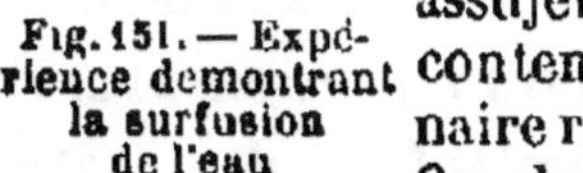

Fig. 151. — Expérience démontrant la surfusion de l'eau

laisse refroidir. Le thermomètre descend très lentement ; il dépasse le point de solidification et peut même baisser jusqu'à 30° sans que le phosphore se solidifie. A ce moment, on descend dans l'un des tubes une baguette de verre à l'extrémité de laquelle adhère une parcelle très petite de phosphore ordinaire : dès que cette extrémité arrive au contact du phosphore en surfusion, celui-ci se solidifie, et la solidification est si rapide que la baguette ne peut pénétrer dans la masse ; en même temps, la température remonte rapidement. Le phosphore rouge ne produit aucun effet : si l'on touche le phosphore contenu dans le second tube avec une baguette à l'extrémité de laquelle adhère du phosphore rouge, on n'amène pas la solidification.

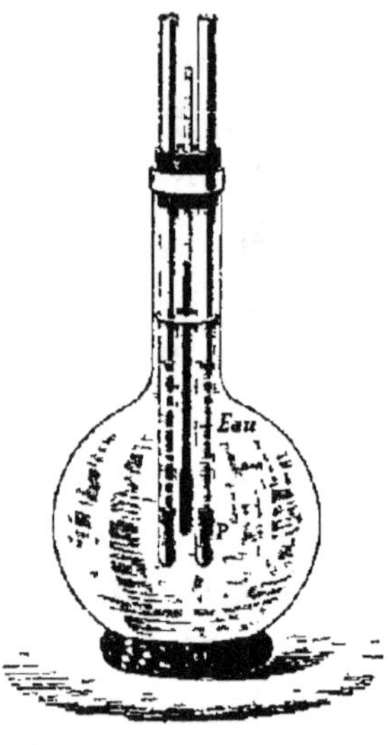

Fig 152. —
Surfusion du phosphore.

129. Changements de volume accompagnant la fusion et la solidification. — La plupart des corps éprouvent une variation brusque de volume pendant leur fusion et pendant leur solidification.

En général, un corps solide, en passant à l'état liquide, augmente de volume ; le liquide obtenu est, par suite, moins dense que le solide, ce qui explique pourquoi dans la fusion du soufre, de la cire, du plomb, les parties restées solides tombent toujours au fond du vase. Inversement, la solidification de ces substances par refroidissement est accompagnée d'une diminution de volume : on dit qu'elles éprouvent un *retrait* ; c'est pour cela que le phosphore n'adhère pas aux tubes dans lesquels on le moule. Quand on scelle une barre de fer dans la pierre, on est obligé d'ajouter du soufre fondu à plusieurs reprises pour combler les vides produits pendant la solidification.

Certains corps cependant, comme la glace, la fonte de

1er, le bismuth, font exception aux règles précédentes. Ils éprouvent en passant à l'état liquide une diminution de volume et par suite un accroissement de densité ; aussi pour tous ces corps les parties restées solides surnagent. En revanche, leur solidification est accompagnée d'une augmentation de volume : le bismuth brise les tubes de verre dans lesquels on le coule ; la fonte grise est très propre au moulage car, versée à l'état liquide dans un moule, elle se dilate en se solidifiant et remplit exactement toutes les cavités du moule.

Les changements de volume qui accompagnent la fusion et la solidification sont particulièrement importants à considérer pour la *glace*. Le physicien anglais Tyndall a montré qu'elle est formée par la réunion d'un très grand nombre de petits cristaux étoilés (*fleurs de glace*), présentant en leur centre un petit espace vide (*fig.* 153) L'existence de ces espaces vides résulte de l'augmentation de volume qui s'est produite pendant la congélation.

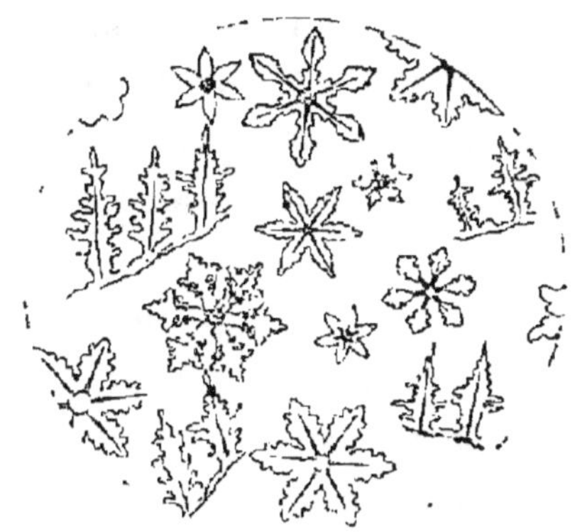

Fig. 153 — Fleurs de la glace vues en projection

L'augmentation de volume qu'éprouve l'eau en se congelant est susceptible d'exercer des effets mécaniques très puissants. En hiver, des tuyaux qu'on a laissés remplis d'eau sont fréquemment rompus ; des vases à col étroit contenant de l'eau se brisent, parce que l'eau, se congelant d'abord à la surface, forme une sorte de bouchon qui emprisonne le reste du liquide. Dans les cours on montre les effets mécaniques de l'expansion de la glace en plaçant dans un mélange réfrigérant un canon de fusil rempli d'eau et fermé par un bouchon à vis : le canon se déchire dans toute sa longueur avec un bruit sec au moment où l'eau intérieure se solidifie. Cette force expansive explique comment les plantes peuvent périr par l'action du froid ; l'eau qui forme en grande partie la sève se congèle dans les vaisseaux, dont les parois se trouvent déchirées par l'expansion de la glace. Les pierres dites *gélives* sont des pierres poreuses qui se désagrègent au moment des gelées et sont par suite impropres aux constructions ; cette désagrégation est due à la congélation de l'eau de pluie qu'elles avaient absorbée.

La glace est moins dense que l'eau et flotte à la surface de ce liquide. Cette propriété a des conséquences importantes dans la nature : pendant les froids rigoureux, l'eau des lacs et des rivières se congèle à la surface ; les glaçons se soudent les uns aux autres et constituent ainsi une couche compacte qui, conduisant mal la chaleur, préserve de la congélation les parties profondes et y rend la vie possible pour les animaux et les végétaux.

130. Influence de la pression sur la fusion et la solidification. — Les variations de la pression extérieure, quand elles sont assez considérables, modifient dans un sens ou dans l'autre la température de fusion ou de solidification d'un corps.

Pour les corps qui augmentent de volume en se liquéfiant, ce qui est le cas général, la pression extérieure est un obstacle à la dilatation ; par suite, un accroissement de pression extérieure élèvera la température de fusion. Bunsen a constaté en effet que la paraffine, qui fond à 46°,3 sous la pression atmosphérique, ne fond plus qu'à 49°,9 sous une pression cent fois plus grande. Réciproquement, pour les mêmes corps, la pression extérieure facilite la diminution de volume lors du passage à l'état solide et peut amener un abaissement de la température de solidification.

Inversement, pour les corps dont le volume diminue par la fusion et augmente par la solidification, la pression extérieure favorise la fusion et s'oppose à la solidification ; un accroissement de pression abaissera donc le point de fusion et élèvera le point de solidification. M. Thomson, en comprimant de la glace, a constaté que sous une pression 16 fois plus grande que la pression atmosphérique, son point de fusion s'abaisse à — 0°,13 environ. M. Mousson, en opérant sous une pression de plusieurs milliers d'atmosphères, est parve..u à liquéfier un cylindre de glace maintenu à 18° au-dessous de zéro.

Regel de la glace. — Le regel de la glace consiste en ce que deux morceaux de glace, pressés fortement l'un contre l'autre, se soudent aussitôt ensemble. Ce phénomène, qui a lieu même au milieu de l'eau tiède, est une conséquence de l'abaissement du point de fusion par la pression. Sous l'effet de la pression produite aux points de contact, le point de fusion s'abaisse et une partie de la glace se liquéfie. L'eau provenant de la fusion est à une température un peu inférieure à 0°; elle ne peut rester à l'état liquide que si la pression est maintenue. Dès qu'on cesse de presser les deux morceaux l'un contre l'autre, la congélation se produit de nouveau et les morceaux se trouvent ainsi soudés l'un à l'autre.

Fig. 154 — Expérience montrant le phénomène du regel.

Dans les cours on montre le regel en posant sur un bloc de glace un fil métallique tendu par des masses assez fortes (*fig.* 154). Le fil traverse peu à peu tout le bloc de glace sans cependant y laisser de discontinuités, car la section qu'il détermine se referme d'elle-même derrière lui, par le regel de l'eau de fusion que la pression avait produite.

On peut aussi répéter la belle expérience de Tyndall.
Entre deux blocs de buis présentant chacun une cavité
lenticulaire, on introduit
de la glace pilée et on
comprime fortement le
tout à l'aide d'une presse
(*fig.* 155). La glace se
brise d'abord en une
multitude de fragments

Fig. 155. — Expérience de Tyndall.

plus petits, mais ces fragments se soudent bientôt et l'on
retire du moule une lentille de glace parfaitement compacte et transparente.

Ce moulage de la glace par pression a permis à Tyndall
d'expliquer la formation et le mouvement des *glaciers*. La
neige qui tombe dans les régions élevées descend vers la
plaine et se transforme d'abord, sous l'influence d'une fusion
partielle suivie d'une congélation, en une masse granuleuse
composée de neige tassée et de petits glaçons ; c'est ce qu'on
appelle le *névé*. Les couches profondes du névé, comprimées
par les nouvelles couches qui s'accumulent sans cesse à la
partie supérieure, fondent et donnent de l'eau qui tend à
s'écouler ; mais dès que celle-ci n'est plus pressée, elle *regèle*,
formant ainsi peu à peu une masse transparente qui constitue le glacier proprement dit. Ces alternatives de fusion et
de regel font que le glacier se moule exactement sur les
rochers et progresse vers la vallée jusqu'à l'endroit où la
température n'est plus assez basse pour produire le regel.

131. Dissolution des solides dans les liquides. — On
appelle *dissolution* le passage d'un corps de l'état solide
à l'état liquide en se mélangeant à un liquide qu'on appelle
dissolvant. Ainsi, le sel marin se dissout dans l'eau, le
soufre et le phosphore se dissolvent dans le sulfure de
carbone, etc. La dissolution est, en somme, un mode particulier de fusion accompagné de la diffusion du liquide

produit dans la masse du dissolvant ; mais elle diffère essentiellement de la fusion ordinaire en ce qu'il n'y a pas de température fixe de dissolution.

La quantité d'un corps solide qui peut se dissoudre dans un liquide est très variable : elle dépend surtout de la nature de ce solide et de la température du liquide. En général, on appelle *coefficient de solubilité* d'un corps solide le nombre maximum de grammes qu'en peut dissoudre un litre du dissolvant à la température que l'on considère.

Le phénomène de la dissolution est accompagné, comme celui de la fusion, d'une absorption de chaleur. Cette absorption est due ici à la fois au passage du corps solide à l'état liquide et à la diffusion du liquide produit dans le dissolvant ; elle a pour effet d'abaisser la température de ce dernier. Si l'on dissout par exemple de l'azotate d'ammonium en proportions convenables dans l'eau, on obtient un abaissement de température d'au moins 25°. Toutefois, lorsqu'il y a combinaison chimique entre le corps solide et son dissolvant, deux causes agissent en sens inverse : la chaleur absorbée par la dissolution et la chaleur dégagée par la combinaison. Suivant que l'une ou l'autre prédomine, l'effet résultant est un abaissement ou une élévation de température. On réalise ce dernier cas en dissolvant du chlorure de calcium dans l'eau ou en mélangeant de la neige avec de l'acide sulfurique en excès.

Cristallisation par voie de dissolution. — La plupart des corps, en repassant de l'état liquide à l'état solide après avoir été dissous, prennent des formes géométriques régulières, caractéristiques pour chacun d'eux : on dit qu'ils *cristallisent*. Ces formes, appelées *cristaux*, ne se produisent que si le changement d'état a lieu lentement et si le corps est susceptible de cristalliser.

Lorsque le corps est à peine plus soluble à chaud qu'à froid (sel marin), on en sature le dissolvant à la température ordinaire, et on abandonne la dissolution à l'évaporation lente. Lorsque la solubilité du corps augmente considérablement avec la température (alun), on en dissout la plus grande quantité possible à la température d'ébullition du liquide saturé ; par refroidissement, l'excès du corps dissous à la faveur de la chaleur se dépose en cristaux.

La cristallisation par voie de dissolution est souvent appelée cristallisation par *voie humide*, par opposition à la cristallisation par *voie sèche*, qui se produit ordinairement quand on abandonne à un refroidissement lent et régulier un corps solide préalablement fondu sous l'action de la chaleur.

Sursaturation. — La sursaturation est un phénomène analogue à la surfusion. Une dissolution saturée à chaud peut généralement, quand on prend certaines précautions, subir un abaissement de température plus ou moins considérable sans que le corps dissous se dépose ou cristallise : on dit alors qu'il y a *sursaturation*. Quand une dissolution est sursaturée, on provoque une cristallisation instantanée en y introduisant une parcelle de cristal de même nature que le solide dissous; en même temps, on constate un dégagement sensible de chaleur.

Le phénomène de la sursaturation peut être mis en évidence aisément avec les dissolutions d'hyposulfite, de sulfate ou d'acétate de sodium, d'azotate de calcium, etc. On fait par exemple une dissolution saturée à chaud d'acétate de sodium dans une fiole à fond plat (*fig.* 156), puis on recouvre le col d'un petit cône de papier-filtre pour empêcher la chute des parcelles du même sel qui pourraient se trouver dans l'atmosphère et on laisse refroidir à l'abri de toute

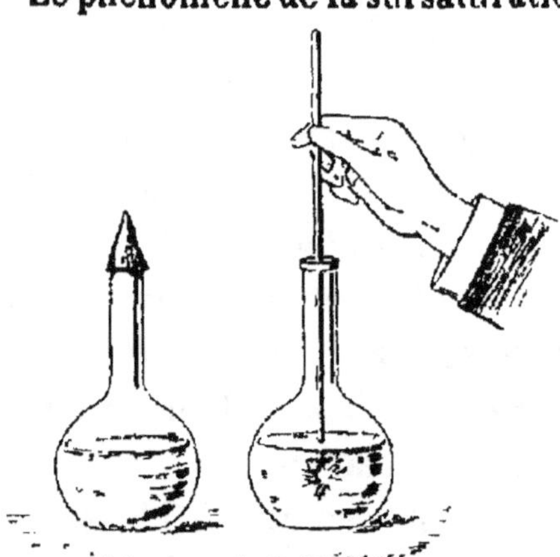

Fig. 156. — Sursaturation
d'une dissolution d'acétate de sodium.

agitation. La cristallisation ne se produit pas; mais si l'on vient à introduire, à l'aide d'une baguette de verre, une parcelle d'acétate de sodium dans la liqueur, des aiguilles cristallines se produisent autour de cette parcelle et envahissent rapidement toute la masse. Avec l'azotate de calcium, sel qui est déliquescent et ne peut par suite se rencontrer dans l'atmosphère à l'état de poussières solides, la sursaturation est plus facile à produire : on verse la dissolution saturée de ce sel sur une plaque de verre et, au bout d'un certain temps, on promène dans le liquide sursaturé une baguette à l'extrémité de laquelle adhère un fragment d'azotate de calcium ; on voit alors la cristallisation se produire instantanément autour des points touchés et se propager rapidement dans le liquide.

Mélanges réfrigérants. — Les mélanges réfrigérants sont destinés à abaisser la température des corps qui y sont plongés ; leur emploi repose sur l'absorption de chaleur qui accompagne la fusion et la dissolution.

On compose les mélanges réfrigérants de manières très diverses. Dans les uns, on utilise simplement le froid qui accompagne la dissolution ; nous citerons comme exemples la dissolution de l'azotate d'ammonium dans l'eau, la dissolution du sulfate de sodium dans l'acide chlorhydrique. Dans les autres, la dissolution est accompagnée d'une combinaison effectuée avec dégagement de chaleur; mais on s'arrange de manière que l'effet résultant soit un abaissement de température. Si l'on mélange par exemple 1 partie d'acide sulfurique avec 4 parties de neige, la chaleur absorbée par la fusion de cette dernière est bien plus considérable que la chaleur dégagée par la combinaison de l'acide sulfurique avec l'eau provenant de la fusion : on obtient un abaissement de 20° au-dessous de la température initiale du mélange. Si l'on avait pris 4 parties d'acide sulfurique pour 1 partie de neige, on eût constaté au contraire une élévation de température d'environ 80° ; dans ce cas, la chaleur absorbée par la fusion de la neige

est bien inférieure à la chaleur dégagée par la formation
de l'acide sulfurique hydraté.

Les mélanges réfrigérants sont utilisés pour liquéfier
certains gaz dans les laboratoires ; pour fabriquer des
glaces, des sorbets, etc. Les plus employés sont formés de
glace ou de neige et de sels divers (chlorure de sodium,
salpêtre, chlorure de calcium). Pour chacun de ces
mélanges, il existe généralement une limite inférieure
d'abaissement de température, qui n'est autre que le point
de congélation de la dissolution aqueuse du sel qui entre
dans le mélange considéré.

Soit, par exemple, un mélange de sel marin et de glace
pilée : l'abaissement de température est dû à la fois à la
fusion de la glace et à la dissolution du sel dans l'eau provenant de la fusion ; il est limité par le point de congélation de
la dissolution saturée de sel marin, car si la temperature du
mélange descendait au-dessous de ce point, les cristaux de
sel se reformeraient en dégageant de la chaleur. Or l'expe-
rience montre que si l'on refroidit progressivement une dissolution saturée de sel marin, il se forme à la fois des cristaux
de sel et des cristaux de glace quand un thermomètre plongé
dans la solution indique une température d'environ — 21°
D'après cela, la limite inférieure donnée par un mélange de
glace et de sel est environ — 21°. Pour un mélange de neige
et de chlorure de calcium (4 parties de chlorure et 3 de neige),
la limite est environ — 48°, ce qui permet de produire avec
ce mélange la congélation du mercure.

RÉSUMÉ DU CHAPITRE XIV

La fusion est le passage d'un solide à l'état liquide par l'action de
la chaleur. Certains corps subissent la fusion pâteuse, comme le
verre; d'autres fondent nettement sans passer par aucun état intermédiaire (fusion brusque). La fusion de ces derniers est soumise à
la loi suivante : pour un même corps, la fusion se produit toujours
à la même température; cette température, appelée point de fusion,
ne varie pas pendant toute la durée du changement d'état. La cha-

leur fournie par la source à la masse en fusion s'appelle chaleur de fusion.

La solidification est l'inverse de la fusion. Comme cette dernière, elle se produit à une température fixe (point de solidification), qui est celle de la fusion; de plus, cette température est constante pendant toute la durée du phénomène. La chaleur qui avait été absorbée pendant la fusion est restituée pendant la solidification.

Si un corps préalablement fondu se refroidit à l'abri de toute agitation, sa température peut s'abaisser au-dessous de son point de solidification sans qu'il se solidifie. Ce phénomène, appelé surfusion, ne se produit que si le corps fondu ne renferme aucune parcelle solide de même substance; on le met en évidence avec de l'eau privée d'air par ébullition ou avec du phosphore (expérience de Gernez).

En général, la fusion est accompagnée d'une augmentation de volume et la solidification d'une contraction. Certains corps (glace, fonte) suivent des règles inverses : l'eau, en se solidifiant, augmente de volume; la glace formée a par suite une densité moindre, ce qui fait qu'elle surnage. L'expansion de la glace, au moment de sa formation, produit des effets mécaniques puissants (rupture des pierres gélives, d'un canon de fusil, etc.).

Les variations de la pression extérieure n'ont d'influence sur le point de fusion que si elles sont considérables. Un accroissement de pression élève la température de fusion des substances qui augmentent de volume en fondant (soufre); il abaisse celle des substances qui diminuent de volume (glace). Une conséquence de l'abaissement du point de fusion dans ce dernier cas est le regel de la glace : deux morceaux de glace pressés l'un contre l'autre se soudent aussitôt ensemble. Tyndall a expliqué par le regel la plasticité apparente de la glace dans les glaciers.

La dissolution d'un solide dans un liquide est une sorte de fusion accompagnée d'une diffusion du corps dissous dans le dissolvant. Ce phénomène entraine, comme la fusion, un abaissement de température. Quand il y a combinaison entre le solide et son dissolvant, la chaleur dégagée par la combinaison peut être plus grande que la chaleur absorbée par la dissolution, et celle-ci parait accompagnée d'une élévation de température. Lorsqu'un corps dissous reprend lentement l'état solide, il cristallise généralement; suivant la nature du corps, on produit sa cristallisation par voie humide soit en faisant évaporer lentement le dissolvant, soit en laissant refroidir une dissolution saturée à chaud. Souvent cette dernière ne laisse pas déposer le corps dissous malgré l'abaissement de température; il y a alors sursaturation; mais on provoque la cristallisation immédiate en introduisant dans le liquide une parcelle cristalline de même espèce que le sel dissous (acétate de sodium, azotate de calcium).

Dans les mélanges réfrigérants, on utilise l'abaissement de température produit par la fusion et la dissolution. Ces mélanges peuvent être constitués par de simples dissolvants (azotate d'ammonium et eau); le plus souvent, ce sont des mélanges de glace et d'un sel (chlorure de sodium, chlorure de calcium); l'abaissement de température qui a lieu dans ce cas est dû à la fois à la fusion de la glace et à la dissolution du sel dans l'eau formée.

CHAPITRE XV

ÉTUDE DES VAPEURS

---

132. Vaporisation en général. — On donne le nom spécial de *vapeurs* aux fluides élastiques produits par les corps qui sont liquides ou solides aux températures ordinaires sous la pression atmosphérique. Le passage de ces corps à l'état gazeux s'appelle *vaporisation*; il a lieu à toute température pour la plupart des liquides et pour quelques solides (iode, camphre). Il n'y a donc pas à considérer de *point de vaporisation* analogue au point de fusion ou de solidification.

La vaporisation d'un liquide ordinaire peut se faire de deux manières. Si le liquide est abandonné à l'air libre dans un récipient, son volume diminue peu à peu par suite de la production lente de vapeurs à la surface : on dit qu'il y a *évaporation*. Si le même liquide est chauffé progressivement, il arrive un moment où l'on voit des bulles de vapeur se former au sein même de la masse et venir crever à la surface : le liquide est alors en *ébullition*.

L'étude des phénomènes de l'évaporation et de l'ébullition exige d'abord la connaissance des propriétés générales des vapeurs. Pour bien mettre ces propriétés en évidence, il est nécessaire de produire les vapeurs dans un espace vide d'air ou de tout autre gaz, comme la chambre barométrique; nous commencerons donc par étudier la formation des vapeurs dans le vide.

133. Vaporisation dans le vide. — Lorsqu'un liquide est introduit dans le vide, il y a production *instantanée* de vapeurs dont la force élastique est comparable à celle des gaz.

Pour le démontrer, on prend un tube de Torricelli reposant sur une cuve à mercure, et on y fait passer quelques gouttes d'éther, par exemple, à l'aide d'une

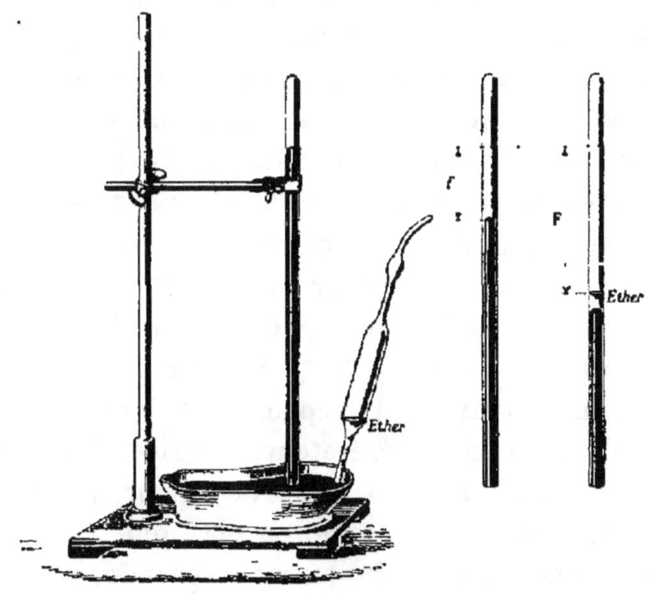

Fig 157. — Vaporisation dans le vide.

pipette recourbée (*fig*. 157). Le liquide s'élève en raison de sa faible densité ; dès qu'il arrive dans la chambre barométrique, il disparaît *instantanément* ; en même temps, le mercure se déprime, puis se maintient à un certain niveau. La force élastique de la vapeur d'éther qui occupe l'espace situé au-dessus du mercure est évidemment égale à la différence entre les hauteurs du mercure dans un baromètre ordinaire et dans ce baromètre à vapeur d'éther. On fait passer de nouveau quelques gouttes d'éther dans le tube; il se vaporise encore et le mercure subit une nouvelle dépression, indiquant que la force élastique de la vapeur d'éther a augmenté. Cependant la force élastique de cette vapeur ne s'accroit pas indéfiniment; si l'on continue d'introduire de l'éther, il arrive un moment où la vaporisation cesse; le liquide forme alors une petite couche à la surface du mercure, dont le niveau ne varie plus. Lorsqu'un excès d'éther subsiste ainsi en contact avec la vapeur, l'espace situé au-dessus du mercure renferme la quantité maxima de vapeur d'éther qu'il puisse contenir à la température de l'expérience: on dit qu'il est *saturé*, ou encore que la vapeur est *saturante*. La force élastique de celle-ci, mesurée par la dépression qu'a subi la colonne mercurielle, ne peut également devenir plus grande; on l'appelle *force élastique maxima* de la vapeur d'éther à la température de l'expérience. D'après cela, tant que la vapeur n'est pas en contact avec un excès de liquide générateur, l'espace situé au-dessus du mercure n'est pas saturé; la vapeur qui le remplit n'est pas saturante, et sa force élastique à un moment donné a une valeur f plus ou moins grande, mais toujours inférieure à la force élastique maxima F à la même température.

134. Propriétés générales des vapeurs saturantes. — 1° *A température égale, la force élastique maxima d'une vapeur saturante varie avec la nature du liquide générateur.*

L'expérience de la vaporisation dans le vide réussit avec la plupart des liquides, et il n'y a de différence entre eux que la hauteur de la dépression qu'on observe. Si l'on veut comparer sous ce rapport l'eau, l'alcool et l'éther, par exemple, on emploie quatre tubes barométriques disposés parallèlement sur une même planchette (*fig.* 158). Le premier sert de baromètre témoin ; dans les trois autres on introduit respectivement un excès d'eau, d'alcool et d'éther.

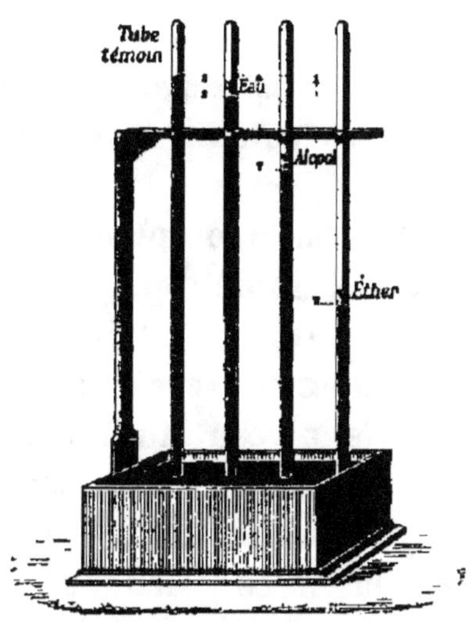

Fig. 158 — Comparaison des forces élastiques maxima de différents liquides

On constate alors que la dépression du mercure est plus grande dans le baromètre à alcool que dans le baromètre à eau, et plus grande dans le baromètre à éther que dans les deux autres. On exprime ces faits en disant que l'éther est plus volatil que l'alcool, et que l'alcool est plus volatil que l'eau.

2° *La force élastique maxima d'une vapeur saturante augmente à mesure que la température s'élève.*

Cette propriété se démontre facilement en promenant la flamme d'un brûleur Bunsen le long d'un baromètre contenant une vapeur saturante ; on voit le niveau du mercure se déprimer rapidement, ce qui montre que la force élastique croît avec la température, puisque la vapeur restant toujours en présence d'un excès de liquide possède à chaque instant sa force élastique maxima. Si on laisse revenir le tube à la température ordinaire, le mercure remonte peu à peu et finit par reprendre son premier niveau.

3° *A température égale, la force élastique maxima d'une vapeur saturante est indépendante du volume occupé par la vapeur.*

Pour vérifier cette propriété importante, on plonge dans une cuvette profonde (67) un tube barométrique gradué, plein de mercure, et on fait passer dans ce dernier un excès d'éther (*fig.* 159) ; le niveau du mercure baisse immédiatement, et la chambre barométrique se sature de vapeur dont la force élastique maxima à la température de l'expérience est mesurée par la hauteur barométrique, diminuée de la hauteur de mercure soulevée dans le tube.

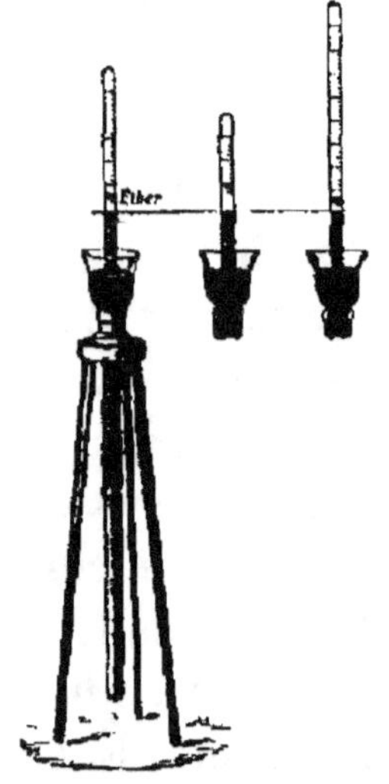

Fig. 159. — Expérience montrant que la force élastique maxima est indépendante du volume occupe par la vapeur.

L'expérience étant ainsi disposée, on enfonce le tube dans la cuvette ou bien on le soulève, afin de faire varier le volume occupé par la vapeur. Dans le premier cas, l'espace libre situé au-dessus du mercure diminue, mais le niveau du mercure ne baisse pas ; on voit seulement que l'épaisseur de la couche d'éther augmente légèrement, une partie de la vapeur d'éther repassant à l'état liquide. Dans le second cas, l'espace occupé par la vapeur augmente, mais le niveau du mercure reste encore invariable ; le liquide en excès se transforme partiellement en vapeur et sa hauteur diminue. Donc la force élastique d'une vapeur saturante est bien indépendante de son volume.

Si la quantité d'éther qu'on a introduite dans le tube n'est pas trop considérable, on peut, en soulevant suffisamment le tube, déterminer la vaporisation complète du liquide. On constate alors, en continuant à soulever le tube, que la force élastique de la vapeur devenue non saturante va en diminuant à mesure que son volume augmente, et cela conformément à la loi de Mariotte, ce qui montre que les vapeurs non saturantes se comportent comme tout autre gaz.

135. Mesure de la force élastique maxima de la vapeur d'eau à différentes températures. — La force élastique de la vapeur d'eau augmente, comme nous l'avons vu, avec la température. La connaissance exacte de sa valeur aux différentes températures présente un grand intérêt pratique, surtout à cause de l'emploi de la vapeur d'eau comme force motrice; aussi les recherches à ce sujet ont-elles été l'objet de travaux nombreux. Les méthodes les plus précises sont celles de Dalton, de Regnault et de Gay-Lussac.

I. Méthode de Dalton. — La fig. 160 représente l'appareil très simple dont s'est servi Dalton pour déterminer les forces élastiques maxima de la vapeur d'eau *entre 0 et 100°*. Il se compose de deux baromètres, l'un contenant au-dessus du mercure une couche d'eau suffisante pour fournir de la vapeur saturante à toute température; l'autre, sec, destiné à donner la pression atmosphérique du moment. Les deux tubes plongent dans une marmite en fonte contenant du mercure; ils sont appliqués sur une règle divisée munie de thermomètres échelonnés et sont entourés d'un large manchon de verre rempli d'eau. L'appareil étant placé sur un fourneau, on chauffait le mercure de la marmite et par suite l'eau du manchon à des températures croissantes jusqu'au voisinage de 100°, température à laquelle le mercure du baromètre à vapeur descend sensiblement jusqu'au niveau du mercure dans la marmite. La force élastique maxima correspondant à une température déterminée était mesurée par la distance verticale des niveaux du mercure dans les deux baromètres (différence réduite à 0°).

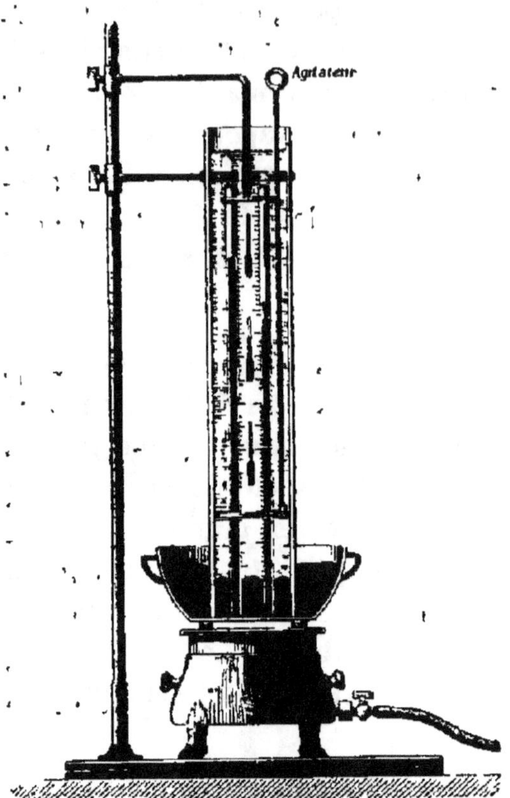

Fig 160. — Appareil de Dalton.

La méthode de Dalton est loin d'être irréprochable. Les lectures faites au travers d'un manchon cylindrique manquent d'exactitude à cause des erreurs introduites par la réfraction. De plus, il est difficile de maintenir une température rigoureusement uniforme dans toute l'étendue du manchon, et cela malgré l'emploi d'un agitateur ; aussi, quan l la vapeur occupe une longueur assez grande, elle est inégalement chauffée dans ses divers points et il en résulte une certaine incertitude sur la température à laquelle correspond la force élastique observée. C'est pour cette raison que Dalton ne construisit la table des forces élastiques maxima de la vapeur d'eau qu'*entre 0 et 70°* environ.

II. Méthodes de Regnault. — Regnault a imaginé deux méthodes principales pour mesurer les forces élastiques maxima de la vapeur d'eau. La première, pour toutes les températures comprises *entre* 0 *et* 50°, n'est qu'un perfectionnement de la méthode de Dalton ; la seconde, qui lui a permis d'aller *jusqu'à* 230°, est une méthode indirecte fondée sur un principe se rattachant à l'ébullition.

1ʳᵉ Méthode (de 0 à 50°). — Le manchon de l'appareil de Dalton est remplacé par une caisse métallique large qui n'embrasse que la partie supérieure des deux tubes barométriques (*fig.* 161). Cette caisse contient de l'eau et est munie d'un agitateur et d'un thermomètre ; sa face antérieure présente une fenêtre en verre laissant voir les tubes dans l'intérieur ; comme une glace plane ne produit pas de réfraction irrégulière, on peut relever exactement les niveaux du mercure avec un cathétomètre. L'eau de la caisse est chauffée au moyen d'une lampe à alcool ou refroidie par l'introduction de petits fragments de glace. Comme on ne dépasse pas 50° et que la caisse est peu élevée, on obtient facilement une température uniforme et on n'a pas à craindre les mêmes erreurs qu'avec l'appareil de Dalton.

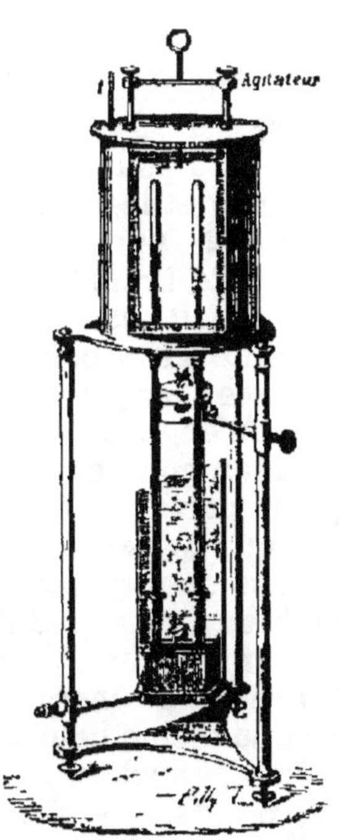

Fig. 161. — Appareil de Regnault (de 0 à 50°).

Soit h la différence de niveau du mercure dans les deux baromètres à une température t ; cette différence ramenée à

0° a pour valeur $\dfrac{h}{1 + \Delta t}$, Δ étant le coefficient de dilatation absolue du mercure. Indépendamment de cette correction, il faut tenir compte de la hauteur de la petite couche d'eau qui surmonte le mercure dans le baromètre à vapeur et des dépressions capillaires, dépressions qui ne sont pas égales dans les deux tubes, le mercure étant mouillé d'un côté tandis qu'il est sec de l'autre.

2ᵉ **MÉTHODE** (jusqu'à 230°). — Principe : *Quand un liquide est en ébullition, la force élastique de la vapeur qu'il émet est égale à la pression qui s'exerce sur sa surface libre.*

Pour vérifier ce principe dans le cas de l'ébullition à l'air libre, on se sert d'un tube recourbé dont la petite branche est fermée et la grande, ouverte (*fig.* 162). Après avoir rempli la petite branche de mercure, on y fait passer une petite quantité d'eau préalablement privée d'air par ébullition, puis on engage le tube dans un ballon contenant de l'eau, qu'on porte à l'ébullition. Dès que la vapeur se dégage, l'eau que renferme la petite branche se réduit elle-même en vapeur et l'on voit les niveaux du mercure se mettre à la même hauteur dans les deux branches. Il ne peut en être ainsi que si ces niveaux supportent de part et d'autre la même pression ; donc la force élastique de la vapeur formée dans la petite branche est égale à la pression atmosphérique.

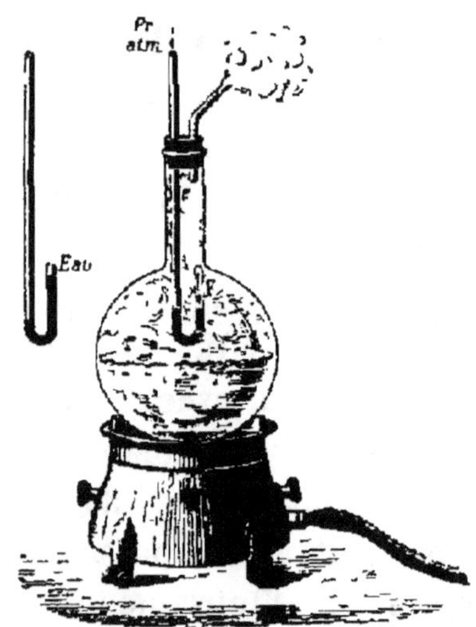

Fig. 162. — Expérience montrant que la force élastique de la vapeur d'eau bouillante est égale à la pression extérieure.

D'après ce principe, si l'on fait bouillir de l'eau dans une enceinte fermée sous des pressions connues et progressivement croissantes, l'ébullition se produira à des températures qui croîtront en même temps et il suffira de déterminer ces températures pour avoir les forces élastiques maxima correspondantes.

La fig. 163 représente l'appareil employé par Regnault pour des pressions inférieures à la pression atmosphérique ou qui ne lui sont pas notablement supérieures. Il comprend essentiellement une petite chaudière en cuivre contenant de l'eau et chauffée par un fourneau, un tube

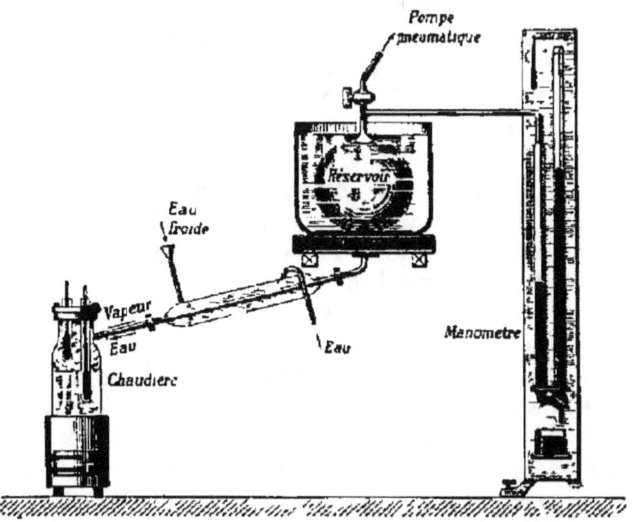

Fig. 163. — Appareil de Regnault (jusqu'à 230°)

incliné, enveloppé d'un manchon parcouru par un courant d'eau froide, et un gros réservoir en cuivre enfermé dans un vase plein d'eau à la température ambiante. Le réservoir porte à sa partie supérieure un ajutage à deux branches : la branche latérale communique avec un manomètre de précision destiné à mesurer la pression; la branche verticale est munie d'un robinet, et peut être raccordée avec une pompe pneumatique. La vapeur formée dans la chaudière monte dans le tube incliné, s'y condense au contact de l'eau froide, et le liquide qui résulte de cette liquéfaction retombe dans la chaudière, de sorte que celle-ci ne se vide jamais. Enfin quatre tubes en fer contenant du mercure traversent le couvercle de la chaudière et plongent dans l'intérieur à des profondeurs différentes; des thermomètres maintenus dans ces tubes sont destinés à indiquer, les uns, la température du liquide, les autres, la température de la vapeur.

On sait que la force élastique maxima de la vapeur d'eau à 100° est égale à 76^{cm}. Cela posé, pour mesurer les forces élastiques maxima au-dessous de 100°, on raréfie l'air dans le réservoir et par suite dans la chaudière; l'eau que contient cette dernière entre en ébullition à une température d'autant moins élevée que la pression est plus faible. Dès que ce phénomène se produit, les thermomètres deviennent stationnaires : on note la température d'ébullition; la force élastique maxima de la vapeur d'eau pour la température observée n'est autre que la pression indiquée au même moment par le manomètre. Pour les températures supérieures a 100°, la pompe pneumatique doit fonctionner comme pompe foulante. On soumet l'air du réservoir et de la chaudière à des pressions croissantes, supérieures a 76^{cm}; l'ébullition est alors retardée, et il suffit de noter simultanément les indications des thermomètres et du manomètre pour avoir la force élastique correspondant à la température à laquelle s'est produite l'ébullition.

Pour mesurer les forces élastiques maxima sous des pressions élevées, Regnault se servit d'un appareil analogue au précédent, mais plus solide et de plus grandes dimensions. La pression y était mesurée par le grand manomètre à air libre qu'il avait employé pour vérifier la loi de Mariotte (69).

III. Méthode de Gay-Lussac. — Gay-Lussac a déterminé les forces élastiques maxima de la vapeur d'eau *au dessous de* 0° en modifiant l'appareil de Dalton de manière à pouvoir appliquer le principe de Watt ou de la *paroi froide*.

Voici en quoi consiste ce principe, dont nous verrons d'ailleurs de nombreuses applications en Physique.

Considérons un tube recourbé, complètement fermé et dont les deux branches A et B contiennent un même liquide maintenu à des températures différentes T et t (*fig.* 164) ; il ne peut y avoir équilibre, la force élastique maxima correspondant à T° étant supérieure

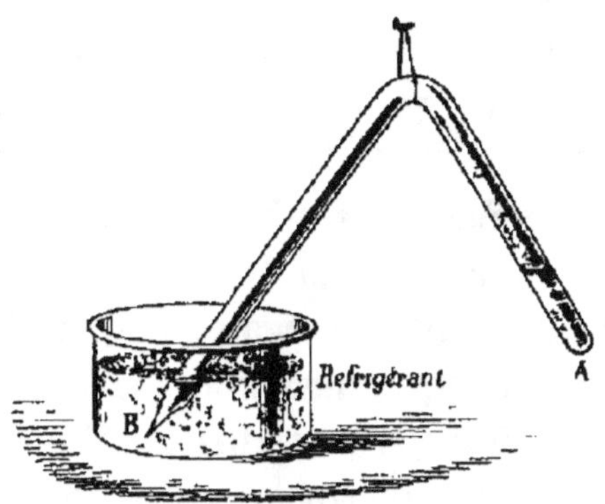

Fig. 164. — Principe de Watt.

à celle qui correspond à $t°$. Les vapeurs émises par le liquide de la branche A se rendent dans la branche B et, ne pouvant y exister au-dessus de la force élastique maxima correspondant à $t°$, s'y condensent. Il se produit donc une véritable *distillation* de A vers B jusqu'à ce que tout le liquide soit réuni dans cette dernière branche : à ce moment, la force élastique maxima de la vapeur dans tout le tube est celle qui correspond à la température t.

Le principe de Watt n'est que la généralisation de ce qui précède ; on peut l'énoncer de la manière suivante: *Lorsque les différentes parties d'une enceinte ne sont pas à la même température, tout liquide placé dans la partie la plus chaude émet continuellement des vapeurs qui vont se condenser dans la partie la plus froide, et, quand tout le liquide est réuni dans cette dernière région, si cela est possible, il y a équilibre et la force élastique maxima de la vapeur du liquide est celle qui correspond à la température de la région ou paroi la plus froide.*

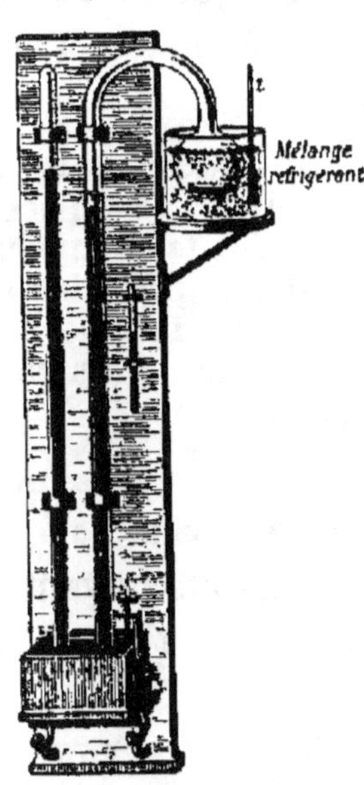

Fig. 165. — Appareil de Gay-Lussac.

.Dans l'appareil dont s'est servi Gay-Lussac, le baromètre à vapeur d'eau est recourbé à sa partie supérieure et se termine par un petit ballon qui plonge dans un mélange réfrigérant (*fig.* 165). L'eau qu'on a introduite dans ce baromètre passe par distillation de la partie chaude à la partie froide, où elle se congèle. Lorsqu'il ne reste plus d'eau liquide au-dessus du mercure, la force élastique maxima qui s'établit dans le tube est égale, d'après le principe de Watt, à la force élastique maxima correspondant à la température la plus basse, c'est-à-dire à celle du mélange réfrigérant. Il n'y a donc qu'à inscrire, en regard de la température donnée par le thermomètre plongé dans ce mélange, la différence de niveau du mercure dans les deux tubes, différence observée au cathétomètre et réduite à 0°. Gay-Lussac a trouvé ainsi que la glace, même à des températures bien inférieures à 0°, émet des vapeurs de force élastique appréciable.

Le mélange réfrigérant employé par Gay-Lussac était un mélange pâteux formé de sel et de glace pilée ; on ne pouvait donc être assuré que la température fût la même en tous les points. Regnault a repris la méthode précédente, mais en préparant le mélange réfrigérant avec du chlorure de calcium et de la neige ; ce mélange est liquide et on peut en rendre la température uniforme par l'agitation.

Résultats des mesures des forces élastiques maxima de la vapeur d'eau. — L'ensemble des expériences que nous venons de décrire a conduit aux résultats suivants :

1° *La force élastique maxima de la vapeur d'eau augmente toujours avec la température ;*

2° *Il n'y a pas de relation simple entre la température de la vapeur d'eau et sa force élastique maxima.* Celle-ci croît beaucoup plus rapidement que la température; de là la nécessité d'établir des tables qui indiquent, en regard de chaque température, la force élastique maxima correspondante ou plutôt la hauteur de mercure à 0° qui ferait équilibre à cette force élastique.

Les tables les plus complètes ont été dressées par Regnault ; elles embrassent toutes les températures comprises entre — 30 et 230°. En voici un abrégé :

Températures	Forces élastiques maxima	Températures	Forces élastiques maxima
— 30°	0^{cm},039	40°	5^{cm},491
— 20	0 ,093	50	9 ,198
— 10	0 ,209	100	76 ,000
0	0 ,460	120	149 ,128
+ 10	0 ,946	150	353 ,123
20	1 ,739	200	1168 ,896
30	3 ,155	230	2092 ,640

Diverses formules générales plus ou moins compliquées ont été proposées afin de représenter l'ensemble des résultats fournis par l'expérience. Dans les calculs industriels, on emploie ordinairement la formule simple de Duperray, $F = T^4$, formule qui est suffisamment approximative F représente la force élastique maxima de la vapeur d'eau en kilogrammes par centimètre carré, T la température en centaines de degrés. Le tableau suivant indique, en chiffres ronds, les températures auxquelles la force élastique maxima de la vapeur d'eau vaut un nombre entier de kilogrammes :

	kg		kg
99°	1	158°	6
120°	2	164°	7
133°	3	170°	8
143°	4	175°	9
151°	5	179°	10

Applications. — C'est à la table des forces élastiques maxima de la vapeur d'eau qu'on a recours pour déterminer le second point fixe du thermomètre (105). Cet instrument étant placé dans la vapeur d'eau bouillante sous une pression H indiquée au même moment par le baromètre, on marque, au point où s'arrête le mercure dans le thermomètre, la température qui correspond à la force élastique maxima égale à la pression H.

Une seconde application est l'emploi des *hypsomètres*. Ce sont des instruments qui permettent de remplacer le baromètre pour la mesure des différences d'altitude. La pression exercée par l'atmosphère diminuant de plus en plus à mesure qu'on s'élève, la température d'ébullition de l'eau s'abaisse en même temps, et il suffit de noter cette température, puis de chercher dans les tables la force élastique maxima correspondante pour avoir la pression qu'eût donnée un baromètre placé à la même station. L'hypsomètre de Regnault est portatif et très commode ; il se compose de plusieurs tuyaux cylindriques en cuivre qui peuvent s'emboîter l'un dans l'autre (*fig.* 166) ; le tuyau supérieur porte un ajutage latéral pour le dégagement de la vapeur d'eau et soutient un bon thermomètre par un bouchon ; le tuyau inférieur est muni d'une petite chaudière contenant de l'eau distillée qu'on fait bouillir à l'aide d'une lampe à alcool.

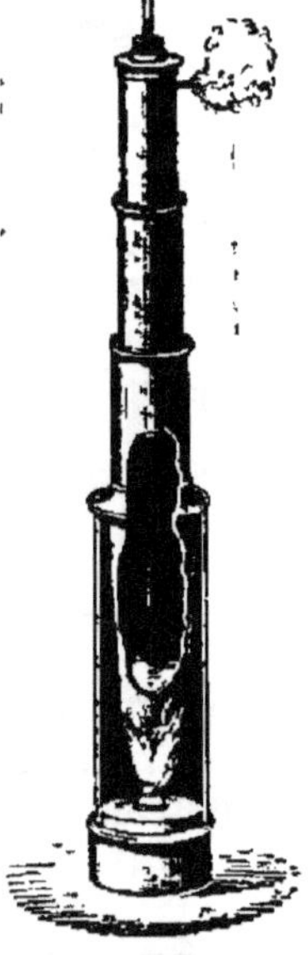

Fig. 166. — Hypsomètre de Regnault.

136. Forces élastiques maxima de la vapeur des différents liquides. — En appliquant aux liquides autres que l'eau les méthodes que nous avons exposées pour la détermination des forces élastiques maxima, on a trouvé qu'ils émettent presque tous des vapeurs ayant une force élastique plus ou moins grande. Cependant certains liquides, comme l'acide sulfurique normal, la glycérine, ne se vaporisent pas à la température ordinaire. Quant au mercure, la force élastique de sa vapeur ne commence guère à devenir sensible qu'au-dessus de 100° ; aussi peut-on sans inconvénient la négliger dans les observations barométriques et manométriques faites à la température ordinaire.

Le tableau suivant donne quelques-uns des résultats obtenus par Regnault pour divers liquides :

Températures	Alcool	Éther	Sulfure de carbone	Mercure
— 20°	0^{cm},33	6^{cm},89	4^{cm},73	»
0	1 ,27	18 ,43	12 ,79	6^{cm},0020
20	4 ,45	43 ,28	29 ,80	0 ,0037
50	21 ,99	126 ,49	85 ,70	»
100	169 ,75	495 ,33	332 ,51	0 ,0746
150	731 ,84	»	909 ,60	0 ,4266

137. Notions sommaires sur la densité des vapeurs. — La densité d'une vapeur non saturante se définit, comme la densité d'un gaz, le rapport entre les masses de deux volumes égaux de vapeur et d'air dans les mêmes conditions de température et de pression.

D'après cela, la masse M d'un volume V de vapeur dont la densité est d, la température t et la force élastique f, sera donnée par la formule

$$M = V \times 0,001293 \times d \times \frac{f}{76} \times \frac{1}{1 + \alpha t}. \qquad (124)$$

L'expérience montre qu'en général la densité d'une vapeur varie beaucoup plus que celle d'un gaz avec les conditions de température et de pression. Si l'on prend une vapeur un peu au-delà de son point de saturation et si l'on détermine sa densité à des températures de plus en plus élevées, les conditions de pression restant les mêmes, on constate que cette densité décroît progressivement jusqu'à une certaine température au-dessus de laquelle elle devient sensiblement constante. Ainsi la densité de la vapeur de soufre, par exemple, a pour valeur 6,6 un peu au-delà de 450°, sous la pression atmosphérique, tandis qu'à partir de 860°, sous la même pression, elle est sensiblement constante et égale à 2,23. Cette valeur limite vers laquelle tend la densité d'une vapeur à mesure qu'elle s'éloigne de son point de saturation est presque identique à la densité *théorique* calculée en se basant sur des considérations chimiques ; c'est celle qu'on inscrit dans les tables de densités des vapeurs. A partir de la température où la densité d'une vapeur conserve la même valeur, la vapeur suit les lois de Mariotte et de Gay-Lussac, puisqu'un certain volume de vapeur subit alors les mêmes variations que le même volume d'air dans des circonstances identiques de température et de pression.

Le tableau suivant donne les densités limites de quelques vapeurs :

	Densités	
Eau.	0,622	ou sensiblement $\frac{5}{8}$.
Alcool absolu. .	1,61	
Éther ordinaire .	2,59	
Chloroforme . .	4,20	
Soufre	2,23	
Phosphore. . .	4,35	
Iode.	8,72	
Mercure . . .	6,98	

138. Mélange des gaz et des vapeurs. — Nous n'avons étudié jusqu'ici la vaporisation d'un liquide que dans une enceinte primitivement vide.

Lorsqu'un liquide est introduit dans une enceinte renfermant un gaz, il émet également des vapeurs, mais cette vaporisation n'est plus instantanée ; elle se produit *lentement*, d'autant plus lentement que la force élastique du gaz est plus considérable. Cela posé, deux cas peuvent se présenter : si la vapeur formée *n'est pas saturante*, elle se comporte comme un gaz et le mélange suit la loi du mélange des gaz (73) ; si la vapeur est *saturante*, le phénomène obéit à la loi suivante, énoncée par Dalton et confirmée depuis par Gay-Lussac et par Regnault :

Loi de Dalton. — La force élastique maxima d'une vapeur saturante formée dans un gaz est la même que celle qu'elle posséderait dans le vide à la même température. On peut dire aussi que la force élastique du mélange est la somme de la force élastique du gaz, calculée comme s'il était seul, et de la force élastique maxima de la vapeur saturante. Sous cette dernière forme, la loi de Dalton est semblable à celle du mélange des gaz.

Pour étudier le mélange des gaz et des vapeurs saturantes, on emploie divers appareils, dont le plus simple est celui de Dalton (*fig.* 167). Il se compose d'un grand ballon dans le bouchon duquel sont assujettis : un manomètre à air libre destiné à mesurer la force élastique dans l'intérieur du ballon ; un tube recourbé par lequel on peut faire arriver de l'air ou un gaz quelconque ; et enfin un petit entonnoir à robinet.

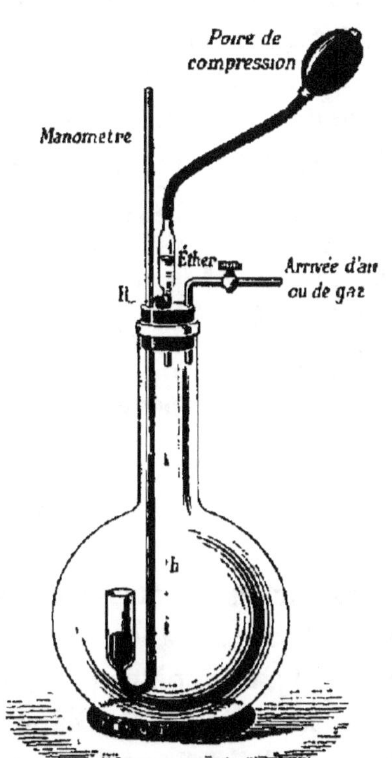

Fig. 167. — Appareil de Dalton

Supposons le ballon plein d'air sec sous la pression atmosphérique : le mercure est au même niveau dans les deux branches du manomètre. On met le liquide à vaporiser, de l'éther par exemple, dans l'entonnoir ; on ferme celui-ci avec un tube de caoutchouc terminé par une poire, puis on comprime légèrement la poire et on ouvre en même temps le robinet R de manière à faire pénétrer dans le ballon quelques gouttes d'éther. Le mercure monte lentement dans la grande branche du tube manométrique et finit par devenir stationnaire ; la vaporisation est alors complète et la force élastique de la vapeur d'éther est mesurée par la différence de niveau du mercure dans les deux branches. On introduit de nouveau de l'éther jusqu'à ce qu'il en reste un excès liquide au fond du ballon ; quand l'équilibre du mercure est établi, on mesure la distance h des niveaux du mercure. Or si l'on introduit de l'éther en excès dans un baromètre à la même température, on trouve précisément que la dépression du mercure est h ; donc la vapeur d'éther acquiert dans l'air la même force élastique que dans le vide à la même température.

On peut faire le vide dans le ballon par le tube recourbé et laisser rentrer un gaz quelconque sous une pression H. L'expérience donne le même résultat, seulement la vaporisation est d'autant plus lente que la force élastique du gaz introduit est plus grande. La force élastique finale indiquée par le manomètre est $H + h$, h étant égal à F, force élastique maxima de la vapeur du liquide soumis à la vaporisation.

Application. — Comme application de ce qui précède, nous calculerons *la masse* **M** *d'un volume* **V** *d'air saturé de vapeur d'eau à une température connue* t.

Cette masse se compose de deux parties : la masse m de l'air supposé sec, et la masse m' de la vapeur d'eau. Soient H la pression indiquée par le baromètre et F la force élastique maxima de la vapeur d'eau à $t°$. D'après la loi de Dalton, la force élastique de l'air supposé sec est $H - F$; on a donc

$$m = V \times 0{,}001293 \times \frac{H - F}{76} \times \frac{1}{1 + \alpha t}.$$

D'un autre côté, la masse m' de la vapeur d'eau est donnée par la formule

$$m' = V \times 0{,}001293 \times \frac{5}{8} \times \frac{F}{76} \times \frac{1}{1 + \alpha t}.$$

Faisons la somme de ces deux quantités, il vient

$$M = V \times 0,001293 \times \frac{H - F + \frac{5}{8}F}{76} \times \frac{1}{1 + \alpha t}$$

ou

$$M = V \times 0,001293 \times \frac{H - \frac{3}{8}F}{76} \times \frac{1}{1 + \alpha t}.$$

RÉSUMÉ DU CHAPITRE XV

On dit qu'un liquide, ou même un solide, se vaporisent quand ils se transforment en un gaz, qu'on appelle alors vapeur. La vaporisation peut avoir lieu à toute température; elle se fait, soit par évaporation, soit par ébullition.

Dans le vide, la vaporisation est instantanée. Si l'on fait l'expérience dans une chambre barométrique, on voit le mercure se déprimer brusquement à chaque introduction de liquide; à un moment donné, le mercure se recouvre d'une couche de liquide et son niveau ne varie plus : la vapeur est alors saturante et possède sa force élastique maxima.

La force élastique maxima d'une vapeur saturante varie avec la nature du liquide générateur. Pour un même liquide, elle augmente avec la température. Enfin elle est indépendante du volume occupé par la vapeur : si ce volume augmente, une partie du liquide passe à l'état de vapeur; s'il diminue, une partie de la vapeur saturante passe à l'état liquide. La démonstration se fait avec un tube barométrique et une cuvette profonde. La même expérience peut servir à démontrer qu'une vapeur non saturante se comporte comme un gaz et suit la loi de Mariotte.

La force élastique maxima de la vapeur d'eau à différentes températures a été déterminée principalement par Dalton, Regnault et Gay-Lussac. Dalton entourait un baromètre témoin et un baromètre à vapeur saturante d'un manchon contenant de l'eau; celle-ci était portée à des températures croissantes jusqu'à 100°, et la différence de niveau du mercure dans les deux baromètres donnait la force élastique maxima pour chaque température. Regnault a employé la même méthode en ne chauffant les baromètres qu'à la partie supérieure et en se limitant à 50° pour avoir une température uniforme. Pour des températures plus élevées, Regnault s'est appuyé sur ce que la force élastique de la vapeur d'un liquide en ébullition est égale à la pression qui s'exerce sur la surface libre du liquide. Il faisait varier la température d'ébullition en soumettant le liquide à des pressions connues au-dessous et au-dessus de 76^{cm} et il inscrivait en regard de chaque température la pression indiquée par un manomètre. Enfin Gay-Lussac a déterminé les forces élastiques maxima au-dessous de 0° en s'appuyant sur le principe de la paroi froide; l'eau introduite dans le baromètre à vapeur distille dans une partie recourbée plongée dans un mélange réfrigérant, et la force élastique maxima au-dessus du mercure représente la force élastique correspondant à la température du mélange réfrigérant. Toutes ces mesures ont montré que la force élastique maxima croît très vite avec la température; elles ont amené la construction de Tables indiquant pour chaque température la force élastique maxima correspondante. On a recours à ces Tables pour déterminer le second point fixe des thermomètres.

La densité d'une vapeur non saturante est le rapport entre les masses de volumes égaux de vapeur et d'air dans les mêmes conditions de température et de pression. Pour une même vapeur sous la pression atmosphérique, la densité prise un peu au-dessus du point de saturation diminue progressivement à mesure que la température s'élève, mais elle finit par devenir sensiblement constante à partir d'une certaine température, la vapeur suivant alors les lois de Mariotte et de Gay-Lussac.

Quand un liquide est introduit dans un espace déjà occupé par un gaz, sa vaporisation n'est pas immédiate comme dans le vide; elle est plus ou moins lente, et si la vapeur est saturante, la force élastique maxima qu'elle acquiert dans ces conditions est la même que dans le vide à la même température (loi de Dalton). Cette loi se démontre en introduisant peu à peu de l'éther dans un grand ballon contenant de l'air sec et un manomètre à air libre; le mercure baisse lentement et, quand la vapeur est saturante, la différence de niveau du mercure dans les deux branches mesure la force élastique maxima de la vapeur du liquide introduit; elle est identique à la dépression qui se produirait dans une chambre barométrique à la même température.

Pour obtenir la masse d'un certain volume d'air saturé de vapeur d'eau, on fait la somme des masses de l'air sec et de la vapeur d'eau, en tenant compte de ce que si la force élastique maxima de la vapeur est F, celle de l'air sec n'est que H — F.

EXERCICES SUR LE CHAPITRE XV

41. On fait l'expérience de Torricelli en employant de l'éther au lieu de mercure. Calculer la hauteur à laquelle l'éther s'élève dans le tube lorsque le baromètre à mercure marque 75^{cm},5. Densité de l'éther 0,72; du mercure 13,6. Force élastique maxima de la vapeur d'éther à la température de l'expérience, 36^{cm},5.

42. Dans un récipient de 20^{lit} on introduit 0^{gr},025 d'eau à 15°. Quelle est la force élastique de la vapeur formée?

43. Une chambre de 120ᵐᶜ de capacité est remplie d'air saturé d'humidité à 15°. Calculer la masse de l'eau qui se déposera quand la température s'abaissera à 0°. Force élastique maxima de la vapeur d'eau à 15°, 1ᶜᵐ,27; à 0°, 0ᶜᵐ,47. Densité de la vapeur d'eau $\frac{5}{8}$. Masse d'un litre d'air à 0° et 76ᶜᵐ, 1ᵍʳ,293.

44. Une éprouvette contient 1 décigramme d'air sec sous la pression extérieure, qui est équilibrée par 76ᶜᵐ de mercure, et à la température extérieure, pour laquelle la force élastique maxima de la vapeur d'eau est 7ᶜᵐ,6. On place cette éprouvette au-dessus d'une cuve à eau de manière que ses bords n'enfoncent dans l'eau que d'une quantité négligeable. Quand l'air sera arrivé à saturation, quelles seront, en grammes, les masses d'air et de vapeur contenues dans l'éprouvette? Densité de la vapeur d'eau $\frac{5}{8}$.

CHAPITRE XVI

ÉVAPORATION ET ÉBULLITION

---

139. Phénomène de l'évaporation. — On donne le nom d'évaporation à la formation lente de vapeurs à la surface libre d'un liquide. Cette vaporisation superficielle se produit à toute température ; elle peut avoir lieu soit en vase clos, soit dans l'air atmosphérique.

En vase clos, l'évaporation est limitée ; elle s'arrête lorsque l'espace en contact avec le liquide est saturé ou, en d'autres termes, lorsque la vapeur a acquis sa force élastique maxima pour la température de la surface du liquide.

Dans l'air atmosphérique, l'évaporation est un phénomène continu ; la force élastique de la vapeur ne pouvant devenir maxima, la surface libre du liquide est le siège d'une production uniforme de vapeurs jusqu'à ce que tout le liquide ait disparu. La masse du liquide qui se transforme ainsi en vapeurs pendant une seconde s'appelle la *vitesse d'évaporation*.

La vitesse d'évaporation dépend essentiellement de la *nature du liquide*; elle est proportionnelle à la force élastique maxima de la vapeur qu'il émet. Ainsi certains liquides, tels que l'éther, le sulfure de carbone, dont les vapeurs ont une force élastique maxima très grande aux températures ordinaires, se vaporisent rapidement; d'autres, comme le mercure, dont les vapeurs ont uneforce élastique maxima très faible dans les mêmes conditions, ne semblent pas s'évaporer.

Pour un même liquide, la vitesse d'évaporation dépend d'un certain nombre de causes ; elle est d'autant plus grande :

1º *Que la température de l'air ambiant est plus élevée* ; une élévation de température entraine en effet une augmentation de la force élastique de la vapeur et active par suite l'évaporation ;

2º *Que la surface libre du liquide est plus grande.* On applique ce principe quand on choisit des récipients larges et peu profonds pour faire évaporer des liquides à l'air libre, par exemple des dissolutions salines que l'on veut amener a cristalliser. Les marais salants, où l'eau de mer s'étale sur une vaste étendue, en sont une autre application. On augmente aussi la surface d'évaporation par la division de l'eau tombant d'étage en étage sur les bâtiments dits de graduation; l'évaporation spontanée réalisée ainsi refroidit l'eau ; de là l'emploi de ces bâtiments pour refroidir l'eau chaude ;

3º *Que la différence entre la force élastique maxima et la force élastique que la vapeur possède déjà dans l'atmosphère environnante est plus grande.* Ce n'est là qu'un principe approximatif, pouvant être appliqué lorsque la différence entre les deux forces élastiques est peu considérable. Dans tous les cas on peut dire que la rapidité de l'évaporation est variable suivant que l'atmosphère environnante se trouve déjà plus ou moins chargée de la même vapeur, l'évaporation devant être très faible dans une atmosphère près d'être saturée et rapide dans une atmosphère sèche;

4° *Que la pression atmosphérique est plus faible.* Dans le vide, l'évaporation a lieu avec une très grande rapidité. Dans l'air elle est plus lente et la vitesse d'évaporation est inversement proportionnelle à la pression atmosphérique; de là la création d'appareils à concentrer ou à évaporer dans le vide, par opposition à ceux qui travaillent à air libre.

Enfin l'*agitation de l'air* exerce aussi une influence sur la vitesse d'évaporation, en renouvelant plus ou moins rapidement les couches chargées de vapeurs qui sont en contact avec le liquide. Chacun sait que le linge mouillé sèche plus vite quand il fait du vent. Dans les séchoirs à air libre on pratique de nombreuses ouvertures sur tout le pourtour, afin de faciliter la circulation rapide de l'air à l'intérieur.

140. Froid produit par l'évaporation. — De même que le passage de l'état solide à l'état liquide exige de la chaleur, la formation d'une vapeur entraîne une absorption de chaleur. Par suite, si un liquide s'évapore sans l'intervention d'une source de chaleur, ce qui est le cas ordinaire, il ne peut emprunter qu'à lui-même et aux corps voisins la chaleur nécessaire pour produire le changement d'état; il en résulte un abaissement de température, abaissement qui est d'autant plus grand que la vitesse de l'évaporation est plus grande, puisque la quantité de chaleur absorbée est proportionnelle à la masse de vapeur formée.

De nombreux exemples mettent en évidence le froid produit par l'évaporation. On peut citer la sensation de froid qu'on éprouve en sortant d'un bain froid, bien que la température extérieure soit plus élevée que celle de l'eau; la sensation encore plus forte qu'on éprouve quand on verse sur la main quelques gouttes d'un liquide volatil, comme l'éther, le sulfure de carbone. Si l'on entoure d'un tampon de ouate le réservoir d'un thermomètre et qu'on

verse dessus de l'éther, on verra le thermomètre baisser
rapidement. Une expérience célèbre due à Leslie montre
que le froid produit par l'évaporation seule de l'eau peut
servir à la congeler : sous le récipient d'une machine
pneumatique on place un cristallisoir contenant de l'acide
sulfurique très concentré (*fig.* 168) et au-dessus un large
bouchon de liège, creusé d'une petite cavité qu'on a légèrement carbonisée. On met quelques gouttes d'eau dans
cette cavité, puis on fait le vide ; l'eau se vaporise rapidement et d'une façon continue, car ses vapeurs sont absorbées par l'acide sulfurique aussitôt que formées ; il en
résulte un refroidissement progressif qui amène, au bout
de quelques minutes, la congélation de l'eau restée dans
la cavité du bouchon.

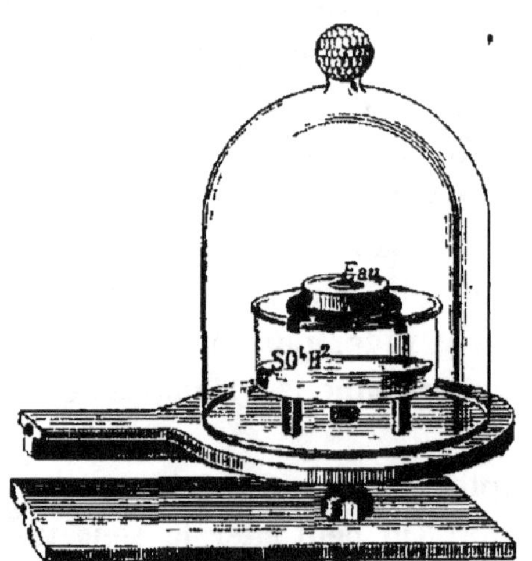

Fig. 168. — Expérience de Leslie.

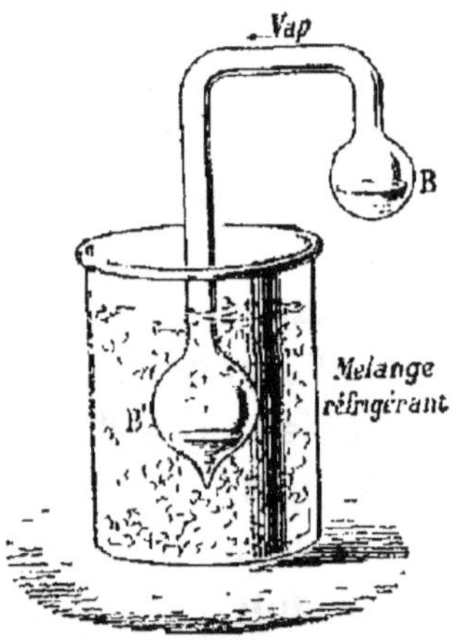

Fig. 169. — Cryophore de
Wollaston.

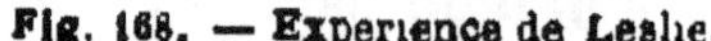

Citons enfin le *cryophore* de Wollaston : c'est un tube de
verre recourbé, terminé à ses extrémités par deux boules
(*fig.* 169). Avant de fermer l'appareil, on l'a purgé d'air en
faisant bouillir l'eau contenue dans la boule B.— Quand on
veut faire l'expérience, on plonge simplement la boule B'

dans un mélange réfrigérant : l'eau contenue dans la boule B
se vaporise rapidement et finit par se congeler.

Applications. — L'abaissement de température qui accompagne l'évaporation a reçu de nombreuses applications ; on l'utilise notamment dans les congélateurs

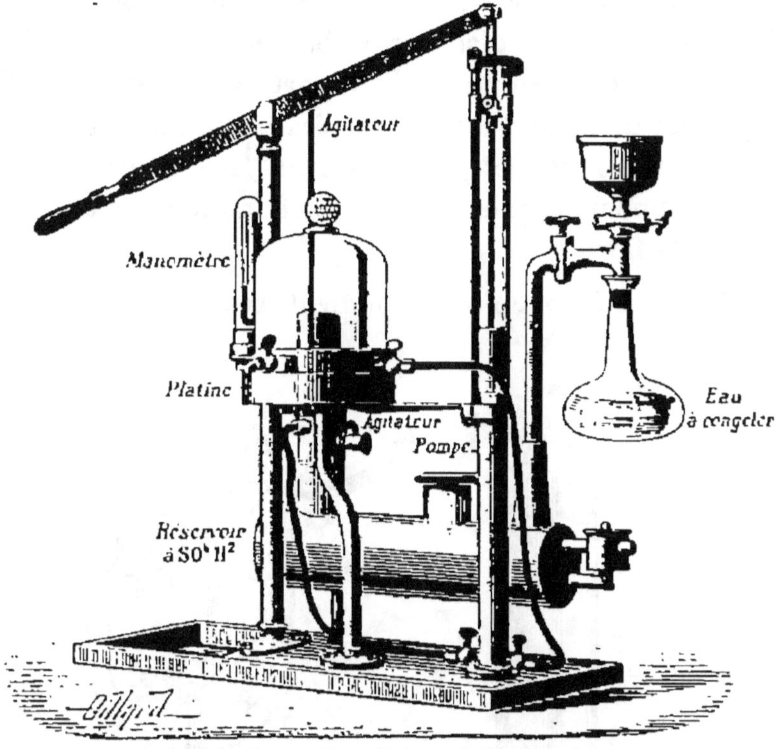

Fig. 170. — Congélateur de E. Carré.

E. Carré, les frigorifères de M. Vincent, les alcarazas ; pour
la liquéfaction de certains gaz, etc.

Les *congélateurs de E. Carré* reproduisent en grand
l'expérience de Leslie. Leur organe principal est une
pompe pneumatique à un seul corps de pompe et à simple
effet (*fig.* 170), qui fait le vide dans une ou plusieurs
carafes contenant de l'eau. Un gros réservoir intermédiaire

en plomb antimonié contient de l'acide sulfurique à 66°
destiné à absorber la vapeur d'eau au fur et à mesure de
sa formation. Ces appareils amènent en trois minutes une
carafe d'eau de 30° à 0°, et la congélation commence dans
la minute qui suit ; ils servent à produire de l'eau froide,
des carafes frappées, des crèmes et des sorbets glacés, de
la glace brute. La glace ainsi obtenue revient de 7 à 10 cen-
times le kilogramme. La plupart des congélateurs Carré
portent un second tuyau d'aspiration muni d'une platine
et d'une cloche, ce qui permet de les substituer à la machine pneumatique ordinaire, sur laquelle ils ont l'avantage de faire un vide sec.

Dans les laboratoires, on obtient des *basses températures* par

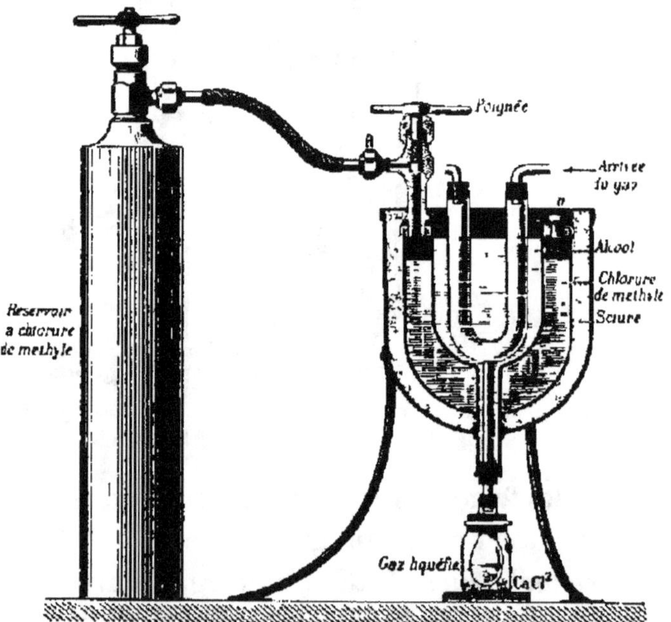

Fig. 171. — Frigorifère de laboratoire de M. Vincent.

l'évaporation à l'air libre ou dans le vide des liquides provenant de corps qui sont gazeux aux températures ordinaires ;

il suffit par exemple d'évaporer rapidement de l'anhydride sulfureux liquide autour d'un tube à essais contenant du mercure pour solidifier ce métal (V. *Chimie*). Le chlorure de méthyle liquéfié constitue l'agent frigorifique dans le *frigorifère de M. Vincent* (*fig.* 171); l'évaporation de ce liquide produit un froid de —82° sous la pression ordinaire. L'appareil se compose essentiellement d'un vase de cuivre à double paroi, entre les deux enveloppes duquel se précipite le chlorure de méthyle lorsqu'on ouvre le robinet R du frigorifère et qu'on desserre en même temps une vis *v* servant à la sortie de l'air. Ce vase est entouré d'une enveloppe métallique contenant une couche de sciure de bois pour préserver l'appareil de l'échauffement par l'air; il entoure lui-même un vase rempli d'alcool dans lequel on place les corps que l'on veut refroidir. Un tube en U est fourni avec l'appareil; il permet d'effectuer la liquéfaction de certains gaz, comme le chlore, le gaz ammoniac, le gaz sulfureux.

Avec les gaz difficilement liquéfiables, comme le formène, l'oxygène, l'air, etc., on obtient des températures encore plus basses ; c'est ainsi que l'air liquide abaisse la température à — 192° environ en s'évaporant sous la pression atmosphérique. Les basses températures ainsi obtenues sont utilisées pour liquéfier certains gaz (150).

Pour fabriquer de la glace en grand, on utilise le froid produit par l'évaporation de certains gaz liquéfiés, comme le gaz ammoniac, l'anhydride sulfureux, le gaz carbonique.

Dans les pays chauds, on refroidit l'eau à l'aide de vases en terre poreuse (*alcarazas*), que l'on place dans un courant d'air ; l'eau contenue dans ces vases filtre lentement à travers leurs parois, s'évapore à la surface et produit un abaissement de température d'autant plus grand que l'évaporation est plus active.

141. Phénomène de l'ébullition. — L'ébullition est la production rapide de bulles de vapeur dans la masse même d'un liquide.

Mettons de l'eau dans un ballon et élevons progressivement sa température. Nous verrons d'abord des bulles très fines se dégager de toute la masse ; elles sont constituées par l'air qui était en dissolution dans l'eau et qui se dégage. Un peu plus tard, de petites bulles de vapeur se forment au contact même de la paroi chauffée ; mais elles n'arrivent pas à la surface, car elles rencontrent en s'élevant des couches liquides plus fortes qu'elles et se condensent. Cette formation et cette condensation successives des premières bulles de vapeur produisent un bruissement particulier qui caractérise la première phase de l'ébullition : on dit que l'eau *chante*. Bientôt, la température continuant à s'élever, les bulles deviennent plus grosses ; elles s'élèvent en imprimant à tout le liquide un bouillonnement

Fig. 172 — Liquide en ébullition

continu et viennent finalement crever à la surface (*fig.* 172). A ce moment commence l'ébullition proprement dite ; l'air qui est au dessus du liquide se trouve peu à peu chassé par la vapeur qui se dégage et celle-ci prend la force élastique maxima correspondant à sa température et égale à la pression de l'atmosphère qui la surmonte.

142. Lois de l'ébullition. — Les lois de l'ébullition sont comparables à celles de la fusion :

1re **Loi** : *Pour un même liquide, placé dans des conditions identiques, l'ébullition se produit toujours à la même température. Cette température est telle que la force élastique maxima de la vapeur soit égale à la pression qui s'exerce à la surface du liquide* (135).

La température à laquelle un liquide bout sous une

pression équilibrée par 76^{cm} de mercure s'appelle le *point d'ébullition normal* de ce liquide.

Points d'ébullition normaux des liquides usuels.

Liquides	Point d'ébullition	Liquides	Point d'ébullition
Peroxyde d'azote .	22°	Acide azotique pur.	86°
Éther ordinaire . .	35	» » ordinaire.	123
Sulfure de carbone.	46	Phosphore fondu. .	290
Brome.	59	Acide sulfurique normal	326
Alcool méthylique .	66	Mercure . . .	357
» ordinaire absolu.	78,3	Soufre fondu . . .	448
Benzine . . .	80,4	Zinc fondu. . . .	930

Quand on veut déterminer rapidement le point d'ébullition normal d'un liquide ordinaire, on emploie avantageusement la disposition indiquée par M. Berthelot. Le liquide est placé dans un ballon dont le col présente deux compartiments afin de préserver le thermomètre de tout refroidissement (*fig.* 173); celui-ci est terminé à sa partie supérieure par un bout de verre plein, ce qui permet de faire baigner dans la vapeur toute la partie graduée. On note la température stationnaire au moment où se produit l'ébullition.

2e Loi : La pression extérieure ne variant pas, la température reste constante pendant toute la durée de l'ébullition.

C'est sur cette loi qu'est fondée, comme nous l'avons vu, la détermination du point 100 du thermomètre.

La chaleur cédée par le foyer pendant toute la durée de l'ébullition est employée uniquement, comme dans la fusion, à produire le travail interne nécessaire pour obtenir le changement d'état sans élévation de température ; on lui donne le nom général de *chaleur de vaporisation*.

143. Influence de la pression sur la température d'ébullition. — D'après la première loi de l'ébullition, la température d'ébullition d'un liquide dépend essentiellement de la pression que supporte sa surface libre ; elle s'élève quand la pression augmente et s'abaisse quand la pression diminue. En particulier, l'eau ne bout exactement à 100°, sous la réserve de certaines conditions que nous verrons plus loin, que si la pression que supporte sa surface libre est équilibrée par une colonne de mercure de 76^{cm} ; mais on pourra, en réglant

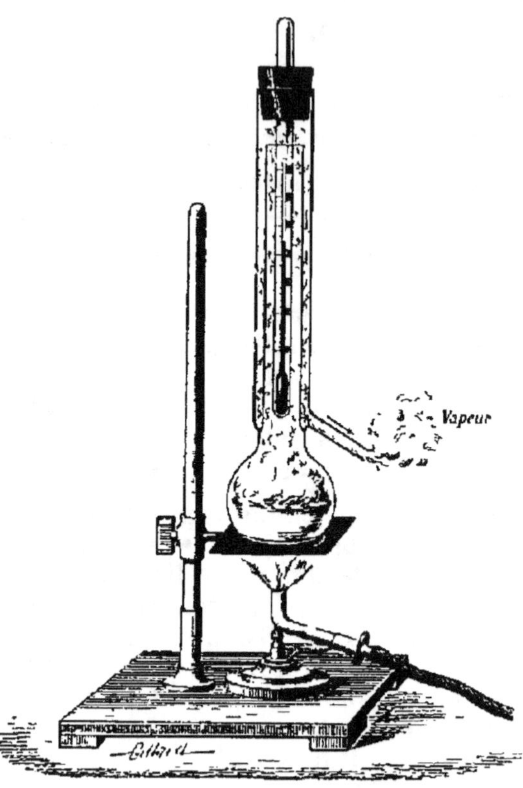

Fig. 173. — Détermination du point d'ébullition d'un liquide ordinaire

convenablement cette pression, faire bouillir de l'eau à des températures quelconques comprises entre des limites très espacées de l'échelle thermométrique.

I. Ébullition de l'eau sous des pressions inférieures à 76^{cm}. — Plaçons sous le récipient de la machine pneumatique un vase contenant de l'eau tiède (*fig.* 174) et faisons fonctionner la machine, l'ébullition se produit dès que l'air est suffisamment raréfié. Fermons maintenant la clef de la machine ; la vapeur dégagée augmente la pression qui s'exerçait à la surface du liquide et l'ébullition cesse.

L'expérience suivante, due à Franklin, permet de montrer l'ébullition de l'eau sous de faibles pressions sans avoir recours à la machine pneumatique. On fait bouillir de l'eau rapidement pendant quelques instants dans un ballon à long col afin de chasser la majeure partie de l'air du ballon ; on le bouche hermétiquement et on le retourne en faisant plonger le col dans un vase plein d'eau (*fig.* 175).

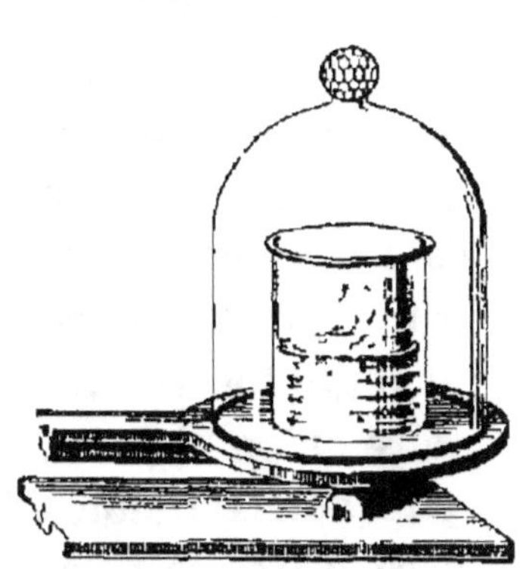

Fig. 174. — Ébullition de l'eau dans de l'air raréfié.

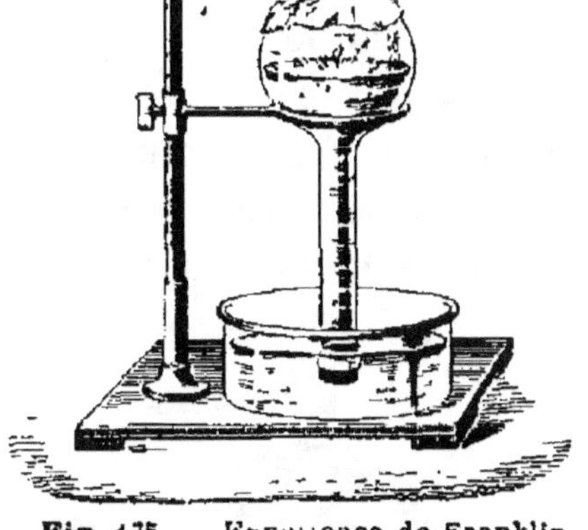

Fig. 175. — Expérience de Franklin.

L'eau a alors cessé de bouillir; mais si l'on applique sur la partie supérieure du ballon un linge imbibé d'eau froide, une vive ébullition se manifeste aussitôt. Cela tient à ce que le refroidissement a produit une condensation de la vapeur d'eau et par suite une diminution de force élastique intérieure.

Enfin les congélateurs Carré (140) montrent que l'eau peut entrer en ébullition à 0° au milieu de la glace qui se forme alors par suite du froid produit par la vaporisation,

. La pression exercée par l'atmosphère diminuant à mesure qu'on s'élève, l'eau doit bouillir dans les hautes régions à des températures notablement inférieures à 100°; au village de Gavarnie (Pyrénées), qui est à 1450ᵐ au-dessus du niveau de la mer, l'eau bout à 95°; sur le sommet du Mont-Blanc (4810ᵐ d'altitude), à 84°,5. La variation de la température d'ébullition de l'eau avec l'altitude est utilisée dans les hypsomètres pour mesurer la pression atmosphérique (135).

II. Action de la chaleur sur l'eau sous des pressions supérieures à 76ᶜᵐ. — Lorsqu'on chauffe de l'eau dans un récipient résistant et parfaitement clos, la température peut s'élever bien au delà de 100° sans que l'ébullition se produise. Cela tient à ce que la vapeur qui se dégage, ajoutant sans cesse sa force élastique maxima à la force élastique de l'air contenu dans le récipient, la pression exercée par l'atmosphère confinée au-dessus de l'eau va constamment en augmentant, de sorte que la température d'ébullition s'élève à mesure qu'on chauffe, sans être jamais atteinte. L'expérience se fait dans les cours avec la *marmite de Papin*. C'est une chaudière en bronze à parois épaisses, munie d'un couvercle maintenu fortement par une vis de pression (*fig.* 176). Le couvercle porte un orifice, fermé par une soupape de sûreté sur laquelle s'appuie un levier; une masse mobile le long du levier permet de régler la pres-

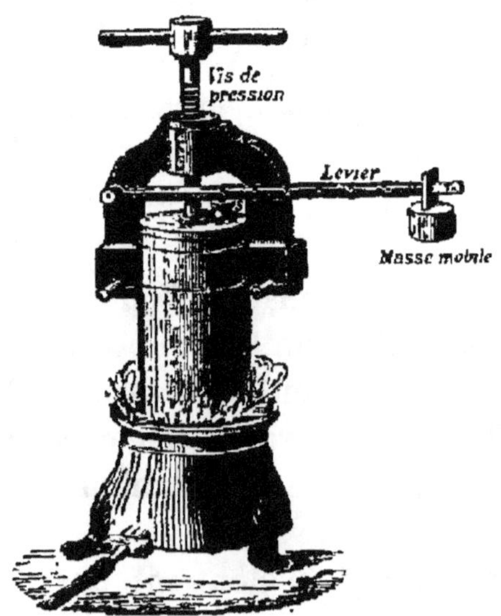

Fig. 176. — Marmite de Papin.

sion maxima exercée par la soupape. On met de l'eau dans la chaudière et on place celle-ci sur un foyer ; l'eau s'échauffe au-dessus de 100° sans entrer en ébullition, et la force élastique de sa vapeur acquiert une valeur plus ou moins grande suivant la charge de la soupape de sûreté. Si l'on soulève alors le levier de manière à déboucher l'orifice, c'est la pression atmosphérique qui agit alors seule sur l'eau ; celle-ci entre aussitôt en ébullition, un jet puissant de vapeur s'échappe par l'orifice et la température s'abaisse rapidement aux environs de 100°.

Applications. — Dans l'industrie, on utilise la possibilité de porter les liquides en vase clos à des tempéra-

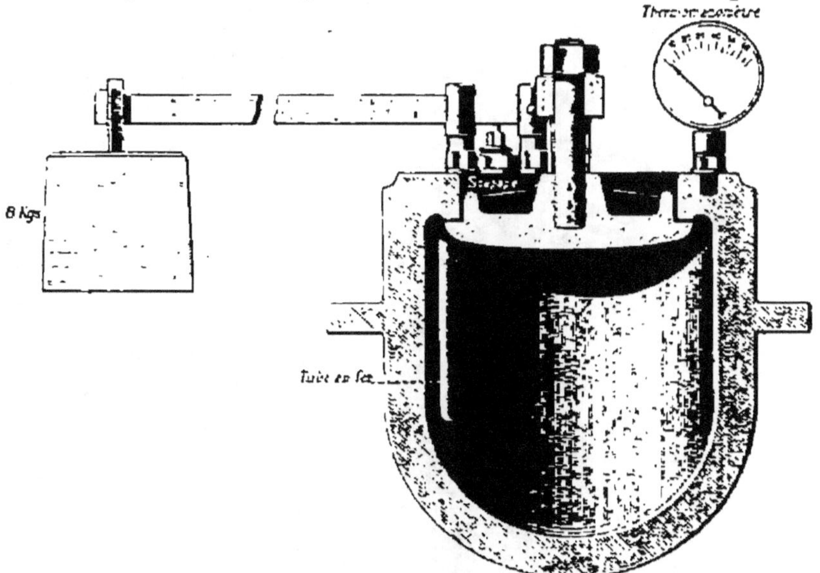

Fig. 177. — Autoclave pour recherches de laboratoire.

tures supérieures à leur point d'ébullition normal dans les *autoclaves*.

Les autoclaves sont des récipients clos et résistants qui dérivent de la marmite de Papin. Ils sont employés pour les recherches de laboratoire; pour la stérilisation des boîtes de conserves alimentaires (viandes, fruits, légumes, lait, etc.); pour la saponification des corps gras, la préparation de certaines couleurs d'aniline, l'injection des traverses de chemin de fer, le traitement de la paille et du bois par la soude et le bisulfite pour obtenir la pâte à papier, etc.

La fig. 177 représente la section d'un petit autoclave destiné aux recherches de laboratoire et la fig. 178 une vue d'ensemble d'un autoclave à conserves à feu nu (système Egrot). Ce dernier se compose d'un cylindre en tôle très forte, muni d'un couvercle mobile pouvant être fixé par de solides boulons à serrage rapide.

Ce cylindre porte une soupape de sûreté placée sur le couvercle, un robinet de vidange, un robinet d'échappement et un manomètre spécial, appelé *thermomanomètre*, indiquant à la fois la température et la pression.

Les boîtes ou flacons contenant la matière à conserver sont placés dans un panier en fer qu'on introduit dans l'autoclave au moyen d'un appareil de levage. L'autoclave est suffisamment rempli d'eau pour que toutes les boîtes soient immergées. Le couvercle étant mis en place, on porte l'eau à l'ébullition, et, la soupape étant réglée à une pression pouvant varier de 1^{kg} à 1^{kg} 1/2, les boîtes sont soumises à un chauffage au bain-marie dont la température, pour une pression de 1^{kg} 1/2, par exemple, serait de 127°.

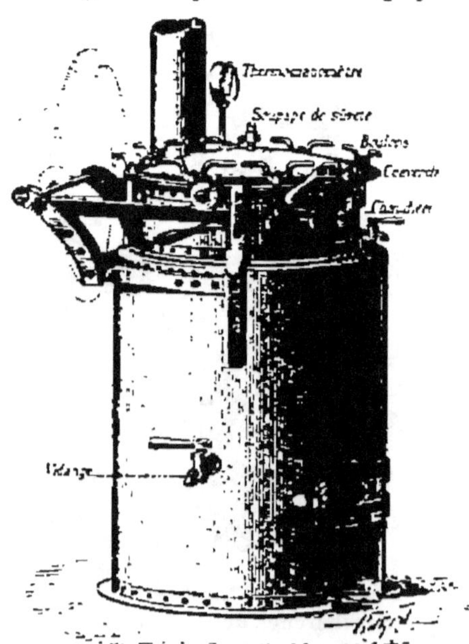

Fig. 178. — Autoclave à conserves à feu nu, système Egrot.

144. Retard apporté à l'ébullition par diverses causes.
— Pour qu'un liquide entre en ébullition il faut, comme
nous l'avons vu, que sa température soit assez élevée pour
donner à la force élastique maxima de sa vapeur une
valeur égale à la pression extérieure ; mais cette condition
n'est pas toujours suffisante, et plusieurs causes peuvent
apporter un retard plus ou moins grand à l'ébullition ; ce
sont l'absence d'air et de gaz dans la masse liquide et
l'existence de substances salines en dissolution.

Influence de l'air et des gaz. — Quand une masse
liquide a été entièrement purgée d'air ou de gaz ainsi que
les parois du vase qui la renferme, elle ne bout que très
difficilement et à une température supérieure à la température dite *normale*.

Si l'on fait bouillir une seconde fois de l'eau qui a déjà
bouilli longtemps dans un même vase, l'ébullition est
plus difficile et elle n'a plus lieu que par soubresauts ; en
même temps la température s'élève au-dessus de la température normale. Cela tient à ce que la première ébullition
a chassé les gaz en dissolution dans l'eau et les gaz qui
adhéraient aux parois. — Voici une autre expérience. On
fait bouillir de l'eau quelque temps dans un ballon de
verre et on cesse de chauffer ; l'ébullition s'arrête, mais
elle reprend aussitôt avec violence si l'on projette dans
cette eau de la limaille de fer, la limaille entraînant de
l'air au sein du liquide.

Citons enfin l'expérience de Donny. Dans un tube de
verre recourbé, préalablement lavé à l'alcool et à l'acide
sulfurique, on introduit de l'eau distillée que l'on fait
bouillir pendant longtemps avant de fermer le tube à la
lampe ; de cette manière, il n'y a plus aucun gaz inter-

posé, ni dans la masse du liquide, ni sur son contour, et la surface de l'eau contenue dans la branche recourbée ne supporte que la force élastique très faible de la vapeur d'eau qui occupe le reste du tube. Or, si l'on plonge cette branche recourbée dans de la glycérine ou dans une solution de chlorure de calcium et que l'on chauffe graduellement (*fig.* 179), on peut élever la température jusque vers 135° sans qu'il y ait ébullition. A ce moment, la colonne liquide se rompt brusquement et une partie est projetée violemment dans les boules, qui sont quelquefois brisées, bien qu'elles soient séparées par des étranglements destinés à amortir le choc.

Fig. 179. — Expérience de Donny.

M. Gernez a montré que, dans un liquide en ébullition, la vapeur se forme toujours à la surface de petites bulles d'air préexistant en certains points des parois du vase qui renferme le liquide. Chaque bulle se sature de vapeur d'eau, augmente de volume à mesure que la température s'élève et donne naissance à une série de bulles de vapeur qui se dégagent en n'entraînant avec elles qu'une portion insignifiante de l'air. Pour faire l'expérience, on introduit au milieu d'une masse d'eau une petite cloche contenant de

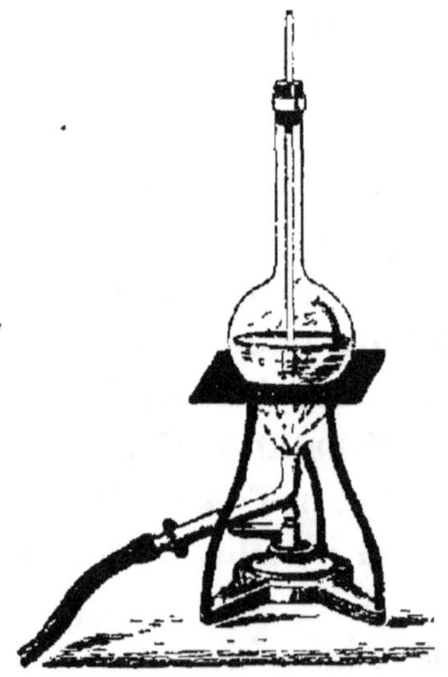

Fig. 180. — Expérience de Gernez.

l'air (*fig*. 180), et on chauffe progressivement ; à un moment donné, des bulles de vapeur s'échappent de la cloche. Ce dégagement peut persister presque indéfiniment si la température est maintenue constante.

En résumé, la présence de l'air ou d'un gaz libre est nécessaire pour produire le phénomène de l'ébullition ; en leur absence, la vaporisation se fait par une sorte d'explosion, à une température notablement plus élevée que la température normale d'ébullition.

Influence des sels en dissolution. — Les dissolutions salines n'entrent généralement en ébullition qu'à une température supérieure à la température d'ébullition normale de l'eau. Ce retard de l'ébullition varie suivant la nature du sel. Ainsi une dissolution saturée de sel marin bout à 108°,4 ; une dissolution saturée de chlorure de calcium, à 179°,5. Mais dans tous les cas, la vapeur qui se dégage possède la température pour laquelle la force élastique de la vapeur d'eau pure est égale à la pression de l'atmosphère qui surmonte le liquide ; elle est par exemple 100° si la pression extérieure est égale à 76^{cm}, et cela quelle que soit la température indiquée par un thermomètre immergé dans la solution saline au moment de l'ébullition. C'est pour cette raison que, dans la détermination du point 100 des thermomètres et dans l'emploi des hypsomètres, on fait plonger le thermomètre dans la vapeur et non dans le liquide. — Cette propriété est utilisée pour porter et maintenir à des températures déterminées des substances chauffées au bain-marie par un liquide salin d'un titre tel que la température voulue soit atteinte.

145. Phénomène de la caléfaction. — *La caléfaction est une exception apparente aux lois de l'ébullition présentée par les liquides lorsqu'ils sont versés sur des surfaces chauffées à une haute température.* Elle a été étudiée particulièrement par Bouligny, et, plus récemment, par M. Gossart.

Si l'on chauffe jusqu'au rouge une plaque métallique et qu'on y projette un peu d'eau, le liquide ne s'étale pas comme il le ferait à la température ordinaire ; il se sépare en petits globules arrondis, qui roulent continuellement à la surface de la plaque sans entrer en ébullition et disparaissent au bout de quelques minutes par une évaporation successive. Si l'on continue de projeter de l'eau sur la plaque en la laissant refroidir, il arrive un moment où la température n'est plus suffisante pour produire la caléfaction : les globules s'aplatissent alors contre la plaque et se résolvent brusquement en vapeurs.

On peut faire deux remarques importantes au sujet de la caléfaction :

1° *Il n'y a pas contact entre le liquide caléfié et la plaque chaude qui le supporte.* Pour le démontrer, on projette un peu d'eau colorée en noir sur une plaque bien horizontale préalablement portée au rouge et on maintient en repos un des globules formés en y faisant pénétrer un fil de platine. En disposant alors la flamme d'une bougie sur le prolongement de la plaque, on aperçoit très nettement la lumière entre la plaque et le globule (*fig.* 181).

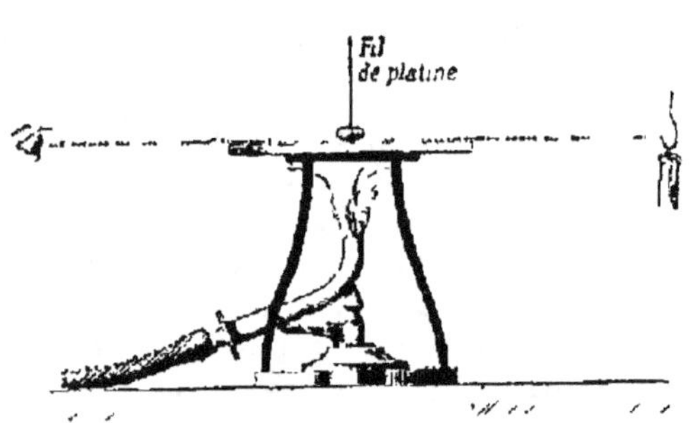

Fig. 181. — Phénomène de la caléfaction

Si la plaque est en cuivre et que l'on projette à sa surface quelques gouttes d'acide azotique, on constate qu'elle n'est pas attaquée.

2° *La température d'un liquide caléfié est constamment inférieure à son point d'ébullition normal.* On le vérifie facilement en maintenant dans un globule d'eau en caléfaction un petit thermomètre à réservoir plat : on trouve que la température n'est guère supérieure à 97°.

Dans les cours, on s'appuie sur cette remarque pour congeler de l'eau dans une capsule incandescente. On chauffe au rouge blanc une capsule de platine, puis on y projette un peu d'anhydride sulfureux liquéfié ; ce liquide reste en caléfaction dans la capsule à une température un peu inférieure à — 8°, qui est son point d'ébullition normal. On ajoute alors quelques gouttes d'eau ; celle-ci se congèle instantanément au contact de l'anhydride et, si l'on retourne brusquement la capsule, il en sort un petit morceau de glace.

Explication de la caléfaction. — Le phénomène de la caléfaction s'explique en admettant que le liquide caléfié est maintenu à distance de la surface chauffée par une petite couche de vapeur dont la force élastique est relativement

considérable. Cette vapeur se produit d'une façon continue
et provoque, par son dégagement, l'agitation des globules.
D'autre part, la température du liquide ne peut s'élever que
par rayonnement, puisqu'il n'y a pas contact ; et comme il
est diathermane, la plus grande partie de la chaleur qu'il
reçoit le traverse sans l'échauffer, en sorte qu'il n'émet des
vapeurs que par sa surface. Si la température de la surface
chauffée s'abaisse, il arrive un moment où la vapeur inter-
posée n'a plus une force élastique suffisante pour supporter
les globules ; dès que ceux-ci arrivent au contact du métal,
une vive ébullition se produit et amène la disparition presque instantanée du liquide.

REMARQUE. — Le phénomène de la caléfaction explique
pourquoi on peut, avec la main mouillée, toucher une barre
de fer rougie ou couper rapidement un jet de plomb fondu
sans éprouver aucune sensation de brûlure.

Dans les chaudières à vapeur, certaines explosions sont
dues au fait de la caléfaction. Si les incrustations calcaires
provenant de l'eau d'alimentation viennent a se détacher en
certains points lorsque les parois sont fortement chauffées,
l'eau ne se met pas en contact immédiat avec ces parois ;
mais dès que la température s'abaisse suffisamment, il se
produit brusquement une grande quantité de vapeur qui
peut amener l'explosion de la chaudière. De même, si la quantité d'eau que contient la chaudière est insuffisante pour
couvrir toute la portion de paroi soumise à l'action directe
du foyer, une explosion peut s'ensuivre lorsqu'on cesse de
chauffer.

LIQUÉFACTION DES VAPEURS ET DES GAZ

146. Généralités. — Nous avons vu qu'on donne le nom
de vapeurs, dans le langage courant, aux fluides élastiques
produits par les corps qui sont solides ou liquides aux
températures ordinaires et sous la pression atmosphérique.
De même, on donne le nom de gaz aux corps qui se présentent sous la forme de fluides élastiques dans les mêmes
conditions. En réalité, il n'existe aucune différence essentielle entre les vapeurs et les gaz : tous les gaz ayant été

liquéfiés, peuvent être considérés comme la vapeur d'un certain liquide, vapeur relativement éloignée de son point de saturation ; d'un autre côté, l'étude des vapeurs montre que, plus elles s'éloignent de leur point de saturation, soit par élévation de température, soit par diminution de pression, plus leurs propriétés se rapprochent de celles des gaz parfaits. Les procédés par lesquels on liquéfie les gaz et les vapeurs doivent donc être analogues en principe.

La première condition requise pour que la liquéfaction soit possible est que la température du gaz ou de la vapeur soit inférieure à sa *température critique*.

147. Température critique — On appelle température critique d'un fluide élastique (gaz ou vapeur) une température au-dessus de laquelle le fluide ne peut affecter que l'état gazeux, quelle que soit la pression qu'on exerce sur lui. L'existence de cette température a été démontrée expérimentalement par Andrews, en opérant sur le gaz carbonique.

Quand un liquide est chauffé graduellement sous pression, la surface de séparation entre le liquide et la vapeur qu'il émet est d'abord très nette ; mais dès que la température critique est atteinte, cette surface devient indécise, puis disparaît entièrement ; on ne distingue plus que des stries qui ondoient à travers la masse ; les deux fluides sont alors identiques. Ces phénomènes s'observent aisément avec l'anhydride carbonique liquide. On prend un tube de verre épais, qui a été scellé à

Fig 182. — Tube pour la démonstration de la température critique du gaz carbonique.

la lampe après avoir été rempli aux 3/4 de ce liquide (*fig.* 182), et on le plonge dans de l'eau dont on élève peu à peu la température : le liquide se dilate d'abord considérablement ; à 31° (température critique du gaz carbonique), la surface libre disparaît et le tube tout entier paraît rempli par un même fluide.

En laissant la température s'abaisser au-dessous de 31°, on voit réapparaitre le liquide.

La température critique des vapeurs ordinaires est relativement élevée ; elle est de 365° pour la vapeur d'eau, 230° pour la vapeur d'alcool, 190° pour la vapeur d'éther. Pour la plupart des gaz, au contraire, la température critique est plus ou moins basse ; elle est inférieure à — 100° pour l'hydrogène, l'azote et l'oxygène.

Andrews s'est basé sur la considération des températures critiques pour préciser la notion de gaz et de vapeur : un fluide élastique doit s'appeler une *vapeur* au-dessous de la température critique, un *gaz* au-dessus. Ainsi l'anhydride carbonique est une vapeur liquéfiable à toute température inférieure à 31° ; au-dessus de 31°, c'est un gaz résistant aux pressions les plus considérables que l'on puisse produire.

148. Liquéfaction des vapeurs. — *Une vapeur se liquéfie dès que la pression qu'elle supporte devient supérieure à sa force élastique maxima.* Pour liquéfier une vapeur, il faut donc, soit la refroidir au-dessous de la température où sa force élastique maxima est égale à la pression extérieure, soit la comprimer de manière à rendre cette pression supérieure à sa force élastique maxima.

Le premier procédé est le plus ordinairement employé. On condense les vapeurs d'acide azotique, d'éther, de sulfure de carbone, etc. en les recevant dans des récipients entourés d'eau froide ; les vapeurs des liquides très volatils (acide fluorhydrique, acide cyanhydrique) se liquéfient dans un tube entouré de glace ou d'un mélange réfrigérant (V. *Chimie*). Quand on veut séparer d'un liquide les matières solides ou volatiles qu'il peut contenir, on le *distille*. Pour cela, on le porte à l'ébullition et l'on fait passer ses vapeurs dans un serpentin entouré d'eau froide. Nous verrons en Chimie de nombreux exemples de distillation (distillation de l'eau, des liquides alcooliques, etc.).

149. Liquéfaction des gaz facilement liquéfiables. — Nous appellerons ainsi les gaz dont la température critique est supérieure aux températures ordinaires ; tels sont l'anhydride sulfureux (155°), l'oxyde azoteux (36°), le gaz carbonique (31°); dans le sens propre du mot gaz (147), ce sont des vapeurs liquéfiables. Pour liquéfier ces gaz, il suffit de les refroidir ou de les comprimer de manière à amener leur force élastique maxima à devenir inférieure à la pression qu'ils supportent.

Liquéfaction par simple refroidissement sous la pression atmosphérique. — Soit par exemple le gaz sulfureux, dont la force élastique maxima est 76^{cm} à — 8°. On fait

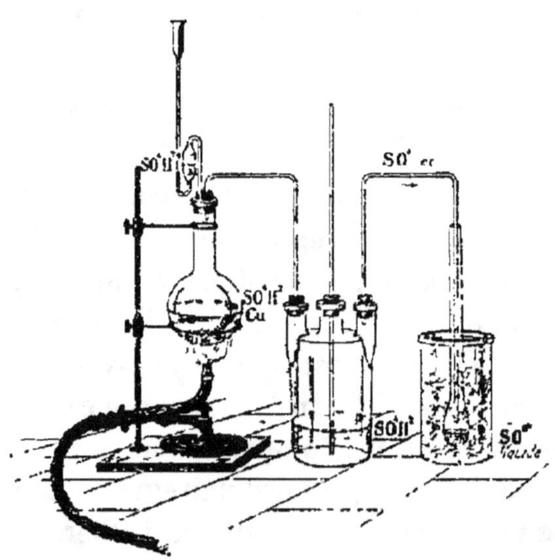

Fig. 183. — Liquéfaction du gaz sulfureux

arriver le gaz pur et sec au fond d'un matras entouré d'un

mélange de glace et de sel (*fig.* 183) ; ce mélange refroidit le gaz au-dessous de — 8° et amène sa liquéfaction.

On liquéfie d'une manière analogue le peroxyde d'azote et l'anhydride hypochloreux.

Liquéfaction par compression. — Les gaz dont la force élastique maxima à la température ordinaire est relativement peu élevée sont liquéfiés à l'aide du *tube de Faraday* (*fig.* 184). On introduit la matière destinée à produire le gaz dans l'une des branches d'un tube de verre en forme de V renversé, puis on ferme ce tube à la lampe. La branche con-

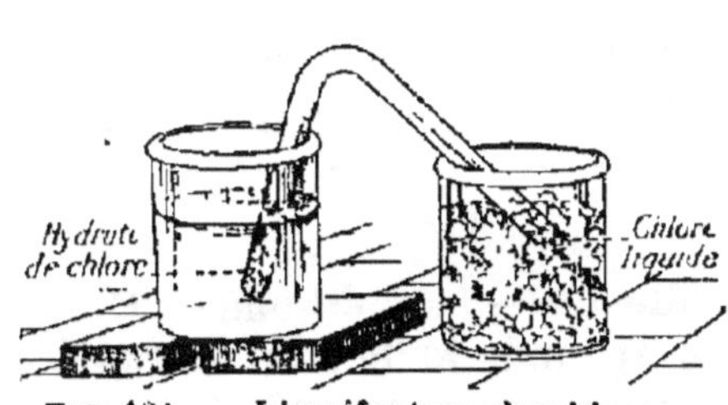

Fig 184 — Liquéfaction du chlore.

tenant la matière est alors plongée dans l'eau tiède pendant que l'autre branche est entourée de glace. Dès que la force élastique du gaz qui se dégage devient égale à la force élastique maxima à la température de la branche froide, la liquéfaction commence et il se produit une véritable distillation du liquide de la branche chaude vers la branche froide, dans laquelle il se rassemble rapidement. On emploie le tube de Faraday pour le chlore, l'acide sulfhydrique, le gaz ammoniac, le cyanogène, etc.

Enfin quand les gaz exigent des pressions de 30 à 40^{atm}, comme l'oxyde azoteux, le gaz carbonique, on les refoule par une pompe de compression spéciale dans des réservoirs en fer entourés de glace où ils se liquéfient.

150. Liquéfaction des gaz difficilement liquéfiables. —
Six gaz, dont la température critique est plus ou moins
basse, résistèrent pendant longtemps à toutes les tentatives
faites pour les liquéfier ; ce sont l'oxygène, l'hydrogène,
l'azote, l'oxyde de carbone, l'oxyde azotique et le formène.
On les appela des gaz *permanents*. Les expériences d'Andrews sur les températures critiques vinrent expliquer
l'insuccès de ces tentatives : les gaz n'avaient pas été
refroidis au-dessous de leur température critique et n'é-
taient pas, dans ces conditions, des vapeurs liquéfiables.
Vers la fin de l'année 1877, M. Cailletet et M. R. Pictet
parvinrent à les refroidir suffisamment pour pouvoir les
liquéfier par pression.

Expériences de M. Cailletet. — La méthode de M. Cailletet
consiste en principe à comprimer fortement le gaz dans un
espace clos, puis, quand il a repris la température ordinaire,
à lui faire subir une diminution brusque de pression. Cette
détente (53) produit un abaissement de température assez
considérable pour que le gaz se liquéfie, malgré la diminution de pression.

L'appareil employé par M. Cailletet est devenu classique
pour la démonstration générale de la liquéfaction des gaz. Le
gaz à liquéfier est contenu dans un tube en verre épais T,
dont la partie inférieure, large et ouverte, plonge dans une
cuve en fonte à demi remplie de mercure et dont la partie
supérieure, étroite et fermée, reste visible (*fig.* 185). Cette dernière est entourée à la fois d'un manchon cylindrique dans
lequel on peut introduire un mélange réfrigérant liquide ou
de l'eau et d'une cloche de sûreté, destinée à arrêter les éclats
de verre dans le cas où l'extrémité du tube viendrait à se
briser. La cuve en fonte et la partie supérieure de l'appareil
sont solidement réunies par un gros écrou en bronze. — La
pression est produite par une pompe hydraulique à levier qui
aspire de l'eau dans un réservoir extérieur et la refoule au-
dessus du mercure contenu dans la cuve en fonte ; le jeu
du levier permet d'obtenir facilement une pression de
200^{atm}. Lorsqu'on veut atteindre des pressions plus élevées,

on enfonce lentement un piston plongeur commandé par le volant V.

Enfin un robinet à vis V' est destiné à produire la détente. Supposons le tube rempli du gaz que l'on veut liquéfier ; on donne d'abord quelques coups de piston en agissant sur le

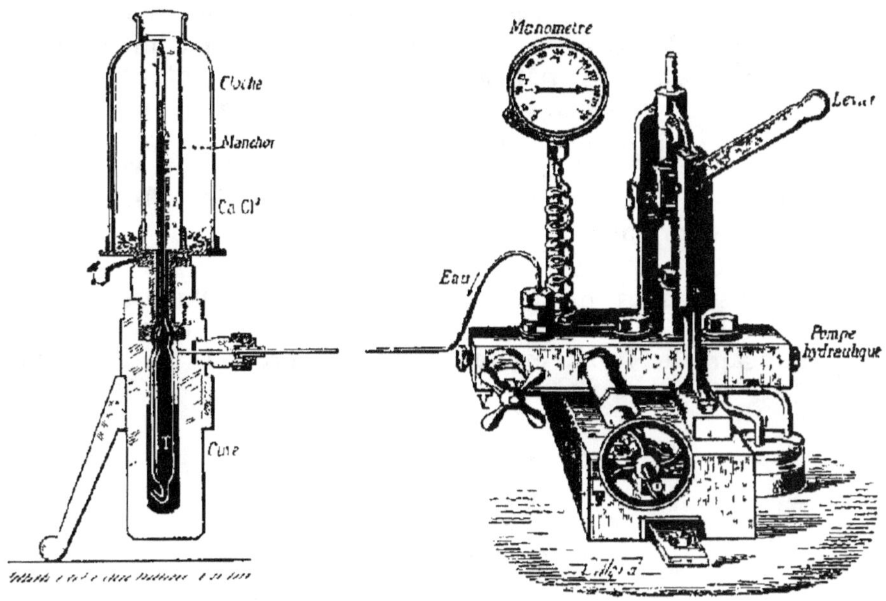

Fig 185 — Appareil de M Cailletet

levier, de manière à faire monter le mercure jusque dans la partie supérieure du tube, puis on réduit peu à peu le volume du gaz en tournant le volant V. Si la température critique du gaz est inférieure à celle du mélange réfrigérant, on voit à un moment donné le ménisque mercuriel se déformer légèrement et se recouvrir de liquide.

Avec les anciens gaz permanents, il faut employer la *détente*. Quand le gaz comprimé n'occupe plus que quelques centimètres dans le tube étroit, on ouvre le robinet à vis V' : la force élastique considérable qui régnait dans l'appareil cesse brusquement, et le gaz reprend son volume primitif en subissant un abaissement considérable de température. On voit alors le tube se remplir pendant quelques instants d'un brouillard épais indiquant que la liquéfaction s'est produite.

Ce brouillard est très apparent avec l'oxyde azotique et le formène, l'oxyde de carbone et l'oxygène ; l'hydrogène et l'azote
ne montrent qu'une très légère buée dans les mêmes conditions.

L'appareil de M. Cailletet permet de démontrer nettement
l'existence de la température critique avec le gaz carbonique,
l'oxyde azoteux et l'acétylène. Le tube étant rempli, par
exemple, de gaz carbonique pur et sec, on introduit successivement dans le manchon de l'eau à différentes températures et on constate que la pression qui amène la liquéfaction croît d'abord avec la température ; elle est, environ, de
35atm à 0°, 60atm à 22° et 75atm à 30°. Vers 31° on voit appa-
raître les stries, et la liquéfaction est dès lors impossible,
même sous une pression de 300atm.

Expériences de MM. Wroblewski et Olzewski. — En
1883, deux savants russes, MM. Wroblewski et Olzewski, en
utilisant le froid produit par l'évaporation de l'éthylène

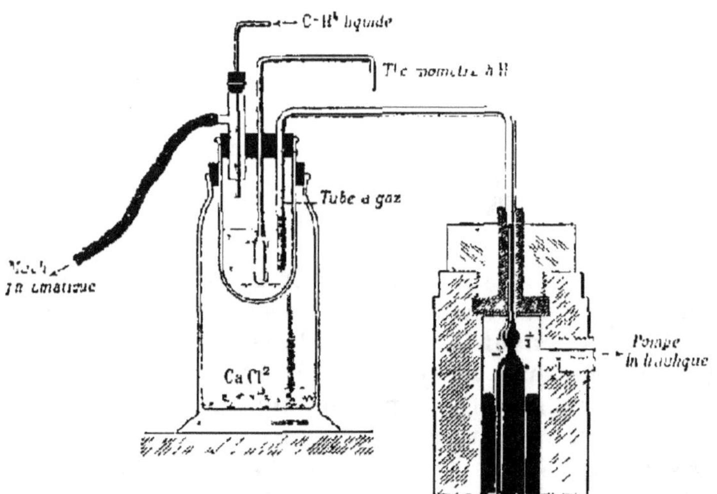

Fig. 186. — Disposition théorique de l'appareil
de MM. Wroblewski et Olzewski.

liquide, parvinrent à obtenir à l'état de liquide permanent
l'oxygène, l'azote et l'oxyde de carbone, qu'on n'avait vus
jusque là qu'à l'état de brouillard au moment de la détente.

Le tube contenant le gaz était deux fois recourbé (*fig.* 186) ; la branche descendante plongeait dans une éprouvette contenant de l'éthylène liquide que l'on faisait bouillir dans le vide à l'aide d'une machine pneumatique, ce qui donnait un froid d'environ — 136°. En même temps le gaz était plus ou moins comprimé à l'aide d'une pompe hydraulique analogue à celle de M. Cailletet. MM. Wroblewski et Olzewski obtinrent facilement l'oxygène liquide en exerçant une pression de 22^{atm} (la température critique de l'oxygène est — 113°), mais pour l'azote et l'oxyde de carbone ils durent employer la détente.

Dans une deuxième série d'expériences, ces mêmes savants, en utilisant le froid produit par l'évaporation de l'oxygène liquide, qui bout à — 184°, réussirent à conserver plus longtemps l'azote à l'état liquide et à liquéfier l'hydrogène.

En détendant l'azote liquéfié sous une pression de 100^{atm}, ils obtinrent des cristaux d'aspect neigeux et de dimensions remarquables. Enfin l'hydrogène comprimé à 100^{atm} dans un bain d'azote liquide à — 213° et détendu brusquement, donna un liquide transparent et incolore, de densité très faible.

151. Solidification des gaz. — La plupart des gaz liquéfiés ont pu être amenés à l'état solide. Le refroidissement nécessaire pour produire ce changement d'état s'obtient ordinairement soit en projetant un jet du liquide contre une paroi solide, soit en évaporant le liquide dans le vide : le froid résultant de l'évaporation d'une partie du liquide détermine la solidification du reste. Nous citerons comme exemple la solidification du gaz carbonique.

L'anhydride carbonique liquide est livré au commerce dans des récipients en fer forgé terminés par une vis qu'il suffit de tourner pour faire échapper le liquide par un ajutage latéral. Un de ces récipients étant légèrement incliné sur un support (*fig.* 187), on adapte l'ajutage à un tube oblique qui traverse le couvercle d'un appareil en ébonite (*boîte à neige*) et on laisse écouler lentement le liquide. Cinq à six minutes suffisent pour avoir une certaine quantité de neige. Cette neige, en s'évaporant lentement dans l'air, produit un froid de — 78° ; on peut en mettre impunément sur la main : le dégagement de vapeurs empêche le contact et la peau est protégée par suite d'un effet de caléfaction. Mais si l'on établit le contact réel par une pression, on éprouve la sensation d'une brûlure.

La neige carbonique est très employée dans les laboratoires pour obtenir des froids intenses ; on la mélange avec de l'éther, du chlorure de méthyle ou du chloroforme, pour

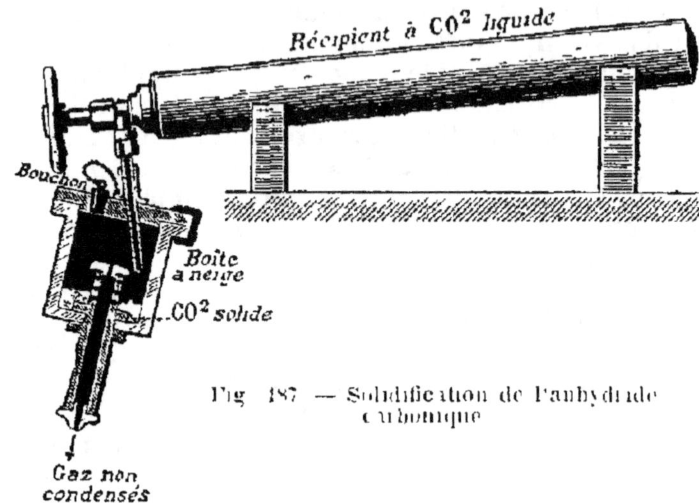

Fig 187 — Solidification de l'anhydride carbonique

produire un contact parfait. Sèche, elle peut être comprimée et moulée en bâtons solides (crayons de neige) ; ces crayons, tenus avec un porte-crayon en ébonite, sont utilisés pour l'application thérapeutique du froid.

RÉSUMÉ DU CHAPITRE XVI

L'évaporation est la formation lente de vapeurs à la surface d'un liquide. En vase clos, elle s'arrête lorsque l'espace qui surmonte le liquide est saturé. A l'air libre, elle est continue, la force élastique de la vapeur ne pouvant devenir maxima. La vitesse d'évaporation à l'air libre dépend de la nature du liquide ; pour un même liquide, elle augmente notamment avec la température de l'air ambiant, la surface libre du liquide et l'agitation de l'air.

L'évaporation est accompagnée d'un abaissement de température, car la chaleur exigée pour la formation de la vapeur ne peut être empruntée qu'au liquide qui s'évapore. Le froid produit par l'évaporation est mis en évidence dans l'expérience de Leslie ; on l'utilise pour fabriquer de la glace (congélateurs E. Carré), pour obtenir de basses températures, etc.

L'ébullition est la formation brusque de vapeurs dans la masse même d'un liquide. Elle se produit à une température telle que la force élastique maxima de la vapeur soit égale à la pression qui s'exerce à la surface du liquide. Si cette pression ne varie pas, la température reste constante pendant toute la durée de l'ébullition.

La température d'ébullition d'un liquide dépend essentiellement de la pression que supporte sa surface libre, elle s'élève quand la pression augmente (marmite de Papin) et s'abaisse quand la pression diminue (eau tiède sous le récipient de la machine pneumatique, expérience du bouillant de Franklin). Si le liquide et le vase qui le contient ont été entièrement privés d'air et de gaz, l'ébullition est très difficile et se produit à une température supérieure à la température normale d'ébullition (expériences de Donny, de Gernez). Enfin un liquide n'entre pas en ébullition en présence d'une paroi solide trop fortement chauffée ; il se produit à sa surface des vapeurs qui empêchent le contact et sa température est inférieure à son point d'ébullition normal (phénomène de la caléfaction).

Les gaz ont été tous liquéfiés ; on peut donc considérer chacun d'eux comme la vapeur d'un certain liquide. Les lois de la liquéfaction des gaz et des vapeurs sont inverses de celles de la vaporisation : un fluide élastique se liquéfie dès que sa force élastique maxima devient inférieure à la pression à laquelle il est soumis (pourvu toutefois que sa température soit inférieure à sa température critique). On appelle température critique d'un fluide élastique (gaz ou vapeur), une température au dessus de laquelle il ne peut être liquéfié quelle que soit la pression qu'on exerce sur lui.

On liquéfie ordinairement les vapeurs par simple refroidissement (distillation de l'eau). Les gaz dont la température critique est plus élevée que les températures ordinaires sont liquéfiés soit par simple refroidissement sous la pression atmosphérique (gaz sulfureux), soit par compression à l'aide du tube de Faraday (chlore, gaz sulfhydrique) ou d'une pompe de compression (gaz carbonique). Pour les autres gaz (anciens gaz permanents), il faut d'abord amener leur température à être inférieure à leur température critique ; on a recours pour cela à la détente ou diminution brusque de pression (expériences de M. Cailletet) ou à l'évaporation dans le vide de gaz liquéfiés (expériences de MM. Wroblewski et Olzewski).

<hr>

CHAPITRE XVII

HYGROMÉTRIE

<hr>

152. But de l'hygrométrie. — L'hygrométrie est la partie de la Physique qui a pour objet de déterminer soit le degré d'humidité de l'air, soit la quantité de vapeur d'eau contenue dans l'atmosphère ou dans un volume d'air connu.

L'air étant en contact avec l'eau par des surfaces considérables, n'est jamais complètement sec; il suffit, pour s'en assurer, d'exposer à l'air une carafe contenant de l'eau froide : la vapeur d'eau contenue dans la couche d'air qui entoure la carafe se condense et recouvre cette dernière d'un dépôt de rosée. On peut aussi abandonner à l'air des substances avides d'eau, comme le chlorure de calcium fondu, l'anhydride phosphorique, etc.; elles tombent bientôt en déliquescence par suite de l'absorption de la vapeur d'eau.

La quantité absolue de vapeur d'eau contenue dans l'air est très variable suivant le temps et suivant le lieu. Quant au *degré d'humidité* de l'air à un moment donné, il ne dépend pas seulement de cette quantité de vapeur d'eau, mais surtout de la température de l'air au même instant, la vapeur d'eau étant d'autant plus éloignée de sa condensation que la température est plus élevée.

L'air paraît *humide* lorsque la force elastique de la vapeur d'eau qu'il contient est très voisine de la force élastique maxima à la même température, car un faible abaissement de température suffit pour amener une condensation partielle de la vapeur ; il paraît *sec*, au contraire, lorsque la vapeur d'eau est éloignée de son point de saturation, la condensation ne pouvant alors se produire que si la température s'abaisse notablement.

Ainsi, par exemple, l'air contient en général moins de vapeur d'eau l'hiver que l'été, et cependant il paraît plus humide parce que, la température étant moins élevée, la vapeur est plus voisine de son point de saturation. De même, lorsqu'on chauffe une salle, on ne diminue pas la quantité de vapeur qu'elle contient ; mais à mesure que la température s'élève, l'air devient de plus en plus sec parce que le point de saturation de la vapeur s'élève de plus en plus. En résumé, l'air est plus ou moins humide suivant que f (133) est plus ou moins voisin de **F** à la même température.

Etat hygrométrique. — On appelle état hygrométrique de l'air le rapport $\dfrac{f}{F}$ qui existe entre la force élastique actuelle de la vapeur d'eau et la force élastique maxima à la même température. Désignons par e ce rapport ; on a

$$e = \frac{f}{F}.$$

L'air n'étant jamais saturé de vapeur d'eau, du moins dans nos climats, l'état hygrométrique est toujours exprimé par une fraction plus petite que l'unité, aussi l'appelle-t-on quelquefois *fraction de saturation*.

HYGROMÈTRES

153. Définition et classification. — On donne le nom d'hygromètres aux instruments qui servent à déterminer expérimentalement l'état hygrométrique de l'air. En réalité, ils ne font connaître que f ; F est donné à toutes les températures par les Tables des forces élastiques maxima de la vapeur d'eau.

Les hygromètres sont très nombreux, mais on peut les rapporter à quatre espèces principales : les hygromètres à condensation, les hygromètres à absorption, les hygromètres chimiques et les psychromètres. Les *hygromètres à condensation* sont ceux qui donnent les meilleurs résultats ; aussi sont-ils presque exclusivement employés dans les mesures de précision.

154. Hygromètres à condensation. — *Principe.* Lorsqu'on refroidit progressivement une surface solide entourée d'une masse d'air plus ou moins humide, celle-ci se refroidit également, mais sans que la force élastique f de la vapeur d'eau qu'elle contient soit modifiée. Comme la force élastique maxima que doit avoir la vapeur d'eau pour saturer l'air est d'autant plus faible que la température est moins élevée, la force élastique f, tout en ne changeant pas de valeur, devient maxima à une température t plus ou moins basse, et la vapeur sature alors la masse d'air humide refroidie. Dès que la température s'abaisse au-dessous de $t°$, une partie de la vapeur se condense sur la surface froide sous forme d'un dépôt de rosée ; dès que la température remonte au-dessus de $t°$, ce dépôt disparaît. Connaissant la température t ou *point de rosée*, on cherche dans les tables la force élastique maxima F' correspondante, laquelle représente la force élastique actuelle f de la vapeur d'eau dans l'air, puis on divise F' par la force élastique maxima correspondant à la température de l'atmosphère pour avoir l'état hygrométrique. Exemple : la température de l'atmosphère étant 12°, on a observé le point de rosée à 3° ; la force élastique f est représentée par la force élastique maxima à 3°, soit par $0^{cm},569$; la force élastique maxima à 12° est $1^{cm},246$; on a donc, pour valeur de l'état hygrométrique,

$$\frac{0,569}{1,246} = 0,45.$$

Les premiers hygromètres à condensation sont dus à Leroy et à Daniell ; ils ont été abandonnés par suite des causes d'erreur qu'ils comportent. Aujourd'hui on emploie principalement les hygromètres de Regnault, d'Alluard et de M. Crova.

Hygromètre de Regnault. — Il se compose essentiellement de deux dés d'argent à parois minces et polies, dans chacun desquels s'ajuste un tube de verre fermé par un bouchon de caoutchouc (*fig*. 188). Le bouchon du premier tube est traversé par un thermomètre divisé en cinquièmes ou en dixièmes de degré; le bouchon du second est traversé par un thermomètre identique au précédent

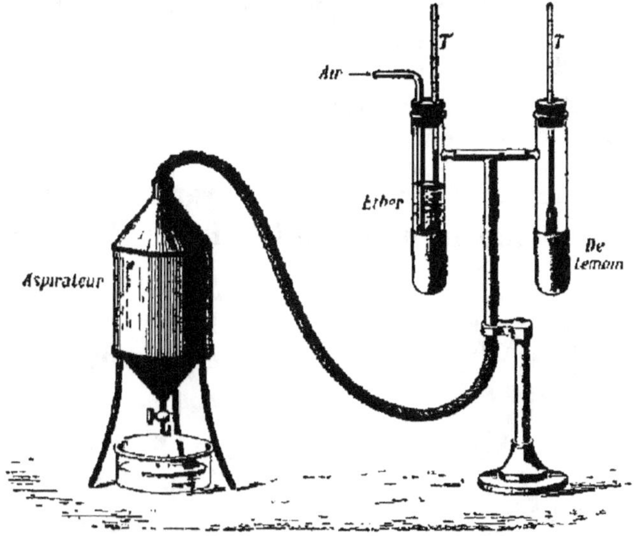

Fig 188. — Hygromètre de Regnault.

et par un tube de verre coudé plongeant jusqu'au fond du dé. Ce dernier dé est mis en communication par le pied du support et par un long tube de caoutchouc avec un aspirateur rempli d'eau.

Pour faire fonctionner l'appareil, on verse de l'éther dans le dé communiquant avec l'aspirateur et on tourne le robinet de ce dernier de manière à provoquer un appel d'air : celui-ci rentre par le tube coudé et barbotte dans l'éther, qui s'évapore et se refroidit rapidement. A un moment donné, la surface du dé d'argent apparaît mate : elle s'est recouverte d'un dépôt de rosée, dépôt qui est d'autant plus facile à saisir que le dé de comparaison (*dé témoin*) est resté brillant. On arrête l'opération et, à l'aide d'une petite lunette placée à une certaine distance, on note la température t du thermomètre plongé dans l'éther : cette température est un peu inférieure au point de rosée. On laisse disparaître le dépôt de rosée par réchauffement du dé au contact de l'air, puis on note aussitôt la nouvelle indication t' du thermomètre, laquelle est un peu supérieure au point de rosée. Ce dernier a sensiblement pour valeur la moyenne $\dfrac{t+t'}{2}$. Il ne reste plus qu'à chercher dans les tables : 1° la force élastique maxima correspondant à $\dfrac{t+t'}{2}$: elle représente f ; 2° la force élastique maxima à la température ambiante donnée par le thermomètre du dé témoin.

Hygromètre d'Alluard — L'hygromètre d'Alluard est un perfectionnement de celui de Regnault, en ce sens qu'il rend plus facilement appréciable le moment où commence le dépôt de rosée.

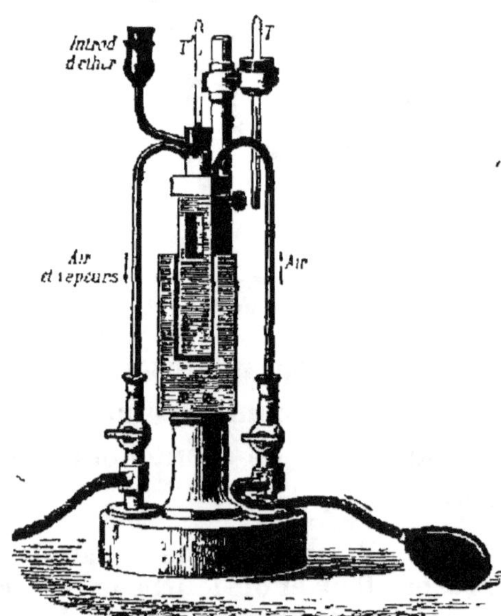

Fig. 189. — Hygromètre d'Alluard.

Cet instrument a la forme d'un prisme à base carrée (*fig*. 189). La face antérieure, sur laquelle le dépôt de rosée doit être observé, est en laiton doré ou nickelé ; elle est encadrée dans une lame également en laiton doré ou nickelé, mais qui ne la touche pas et qui, n'étant pas refroidie, reste toujours brillante. Le couvercle du prisme est traversé à la fois par une tubulure laissant passer un thermomètre très sensible destiné à donner le point de rosée et par trois petits tubes de cuivre : le premier de ces

divisé. Enfin sur la deuxième gorge s'enroule un fil de soie qui supporte une petite masse, assez forte pour tendre le cheveu et trop faible pour l'allonger.

La graduation de l'hygromètre à cheveu est empirique. L'instrument est d'abord placé dans un vase hermétiquement fermé contenant une couche d'acide sulfurique concentré; au bout de quelques jours, le cheveu cesse de se raccourcir; le point où l'aiguille s'arrête alors indique la sécheresse absolue : on y marque zéro. On enlève l'acide sulfurique et on mouille les parois du vase avec de l'eau distillée ; l'aiguille se déplace en sens contraire et devient rapidement stationnaire ; on marque 100 pour indiquer l'humidité extrême. L'intervalle compris entre les deux points fixes ainsi obtenus est divisé en 100 parties égales.

L'hygromètre à cheveu paraît le plus simple des hygromètres, mais il présente un grave défaut : les degrés d'humidité variables qu'il indique quand il est abandonné dans l'air ne représentent pas l'état hygrométrique ; ainsi, quand l'aiguille est à la division 72, l'état hygrométrique est environ $\frac{1}{2}$; quand l'aiguille est à la division 50, il est un peu inférieur à 0,3. Gay-Lussac avait construit une table donnant les valeurs de l'état hygrométrique correspondant à chacun des degrés de l'hygromètre, mais cette table n'est pas applicable à tous les hygromètres à cheveu, car les indications données par ces instruments varient avec la couleur des cheveux, le mode de dégraissage, etc. ; de plus, un hygromètre à cheveu ne reste pas comparable à lui-même, et ce travail d'étalonnage doit être refait fréquemment. Pour toutes ces raisons, l'hygromètre à cheveu de Saussure est presque abandonné; ceux que l'on construit encore se graduent presque toujours directement, par comparaison avec un hygromètre à condensation.

Hygromètre enregistreur. — L'hygromètre à cheveu a été rendu enregistreur par Richard frères. L'instrument est formé d'un faisceau de cheveux qui est fixe par une de ses extrémités et transmet ses indications à la plume enregistrante au

moyen de deux cames correctrices agissant l'une sur l'autre.
(*fig.* 192). Il se comporte beaucoup plus régulièrement que
l'hygromètre à un seul cheveu.

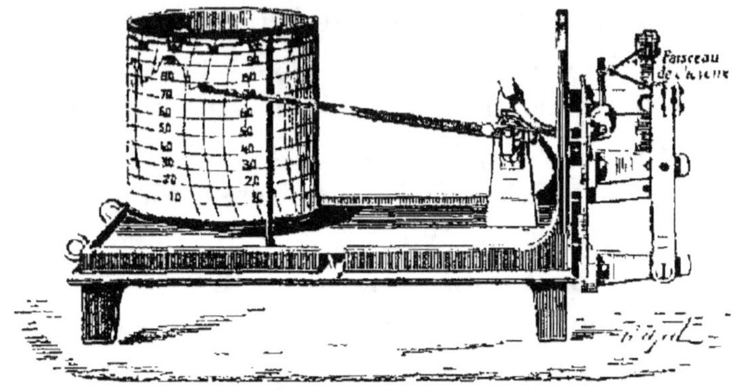

Fig 192 — Hygromètre à cheveux (enregistreur) de Richard frères.

On emploie ces hygromètres enregistreurs dans les observatoires, les stations météorologiques, les étuves-séchoirs des
ateliers de tissage, etc. ; ils sont également très utiles pour
les serres et les appartements.

156. Hygromètre chimique. — L'hygromètre chimique,
imaginé par Brünner, constitue plutôt une méthode d'analyse qu'un instrument. Cette méthode consiste en principe
à faire passer un volume d'air connu sur des substances
très avides d'eau; en pesant ces substances avant et après
le passage de l'air, on trouve un excès de masse qui représente la quantité de vapeur d'eau absorbée et par
suite la quantité de vapeur que contenait l'air analysé.
Appelons V le volume de l'air humide qui passe sur les
substances desséchantes, m la masse de la vapeur d'eau
qui occupe ce même volume V et f sa force élastique,
t la température moyenne pendant l'expérience; on a la
relation

$$m = V \times 0{,}001293 \times \frac{5}{8} \times \frac{f}{76} \times \frac{1}{1 + \alpha t}. \qquad (1)$$

L'appareil employé se compose d'un aspirateur double mis en communication par l'intermédiaire d'un tube en caoutchouc avec une série de quatre tubes en U contenant de la pierre ponce imbibée d'acide sulfurique

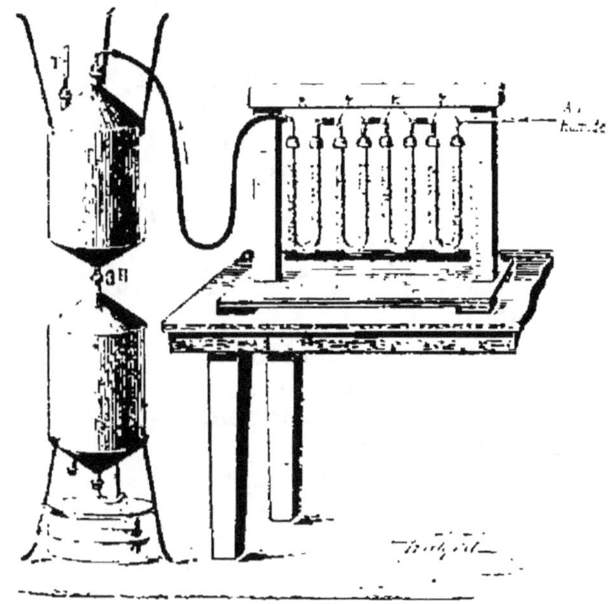

Fig. 193. — Hygromètre chimique.

(*fig.* 193). Les trois premiers tubes sont destinés à arrêter la vapeur d'eau ; le dernier tube a pour objet d'éviter le passage de la vapeur dans les tubes précédents.

Le réservoir supérieur étant plein d'eau et le réservoir inférieur plein d'air, on ouvre le robinet R de manière à déterminer un écoulement très lent de liquide ; il en résulte un appel d'air extérieur, lequel traverse les tubes et y abandonne sa vapeur d'eau. Lorsque toute l'eau s'est écoulée dans le réservoir inférieur, on retourne l'aspirateur ; le même écoulement se reproduit et le même volume d'air est aspiré à travers les tubes. Le volume des réservoirs étant connu, ainsi que le nombre des renversements, on en déduit le volume V' qui est entré dans l'aspirateur. Ce vo-

lume d'air s'y est saturé de vapeur d'eau et y a pris la
force élastique H — F, F étant la force élastique maxima à
la température t' donnée par le thermomètre de l'aspirateur ; il n'est donc pas exactement le même que le volume
V de l'air qui a traversé les tubes et qui avait une force
élastique H — f et une température t. En appliquant les
lois de Mariotte et de Gay-Lussac, il vient

$$\frac{V(H-f)}{1+\alpha t} = \frac{V'(H-F)}{1+\alpha t'},$$

ou
$$\frac{V}{1+\alpha t} = V'\,\frac{H-F}{H-f}\,\frac{1}{1+\alpha t'}.$$

Portant cette valeur dans l'équation (1), on a finalement

$$m = V'\,\frac{H-F}{H-f} \times 0,001293 \times \frac{5}{8} \times \frac{f}{76} \times \frac{1}{1+\alpha t'},$$

équation d'où l'on tire f.

La méthode de l'hygromètre chimique est très exacte,
mais elle n'est ni assez simple, ni surtout
assez rapide pour les observations météorologiques.

Elle ne donne d'ailleurs que l'état hygrométrique *moyen* pendant le temps assez
long que dure la manipulation.

157. Psychromètres. — Les psychromètres sont des instruments qui font
connaître la force élastique de la vapeur d'eau contenue dans l'air par la
vitesse de l'évaporation sur une surface
mouillée qui y est exposée.

La fig. 194 représente le psychro-
mètre d'August (modèle du Bureau central météorologique). Il se compose de
deux thermomètres appliqués parallèlement sur une plaque émaillée qui se
fixe dans une guérite. Le réservoir de

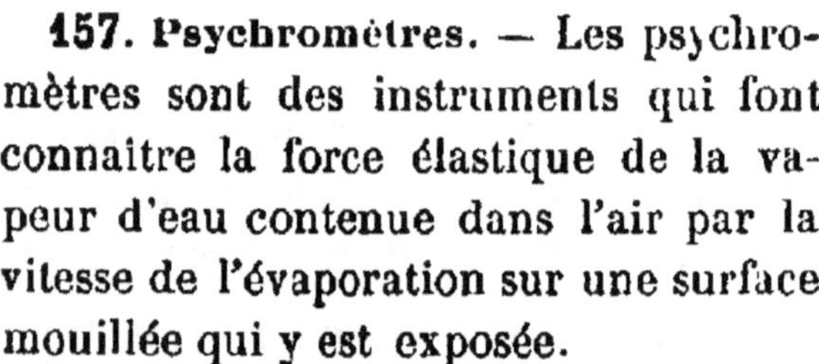

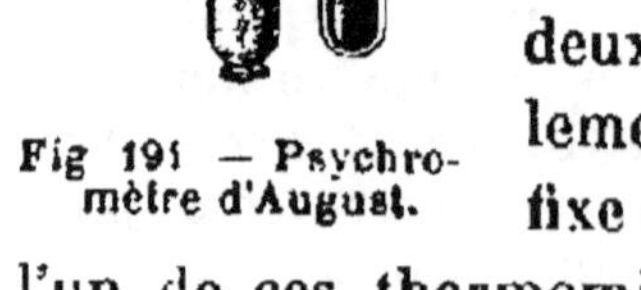

Fig 194 — Psychro-
mètre d'August.

l'un de ces thermomètres est entouré d'une mousseline

maintenue toujours humectée par une mèche de coton
qui plonge dans l'eau d'un tube réservoir placé derrière
la guérite. Les deux thermomètres sont faits en verre vert
et recuits pour éviter le déplacement du zéro; ils sont
émaillés et chaque tube porte sur lui-même sa division.

Par suite de l'évaporation qui se produit à la surface du
réservoir mouillé, les deux instruments indiquent constamment une différence de température, différence d'autant plus
grande que l'évaporation est plus rapide, c'est-à-dire que l'air
extérieur est moins humide. La force élastique f de la vapeur
d'eau dans l'atmosphère à un moment donné s'obtient en
appliquant la formule empirique

$$f = F - AH(t - t'),$$

dans laquelle F est la force élastique maxima pour la température t' indiquée par le thermomètre à réservoir mouillé,
A une constante qui dépend de l'instrument et de son mode
d'exposition, H la hauteur barométrique, enfin t la température indiquée par le thermomètre sec. La constante A se
détermine une fois pour toutes pour chaque installation en
mesurant f directement à l'aide d'un hygromètre à condensation.

158. Applications. — Appelons m la masse de la vapeur
d'eau contenue dans V^{cc} d'air, f sa force élastique, M la
masse de la vapeur que contiendrait le même volume d'air
s'il était saturé à la même température. On a

$$m = V \times 0,001293 \times \frac{5}{8} \times \frac{f}{76} \times \frac{1}{1 + \alpha t},$$

$$M = V \times 0,001293 \times \frac{5}{8} \times \frac{F}{76} \times \frac{1}{1 + \alpha t}.$$

Divisant ces deux équations l'une par l'autre, il vient

$$\frac{m}{M} = \frac{f}{F}.$$

De là une autre définition de l'*état hygrométrique* :
c'est le rapport entre la quantité de vapeur d'eau contenue

dans un volume déterminé d'air et la quantité que contiendrait le même volume s'il était saturé à la même température.

Proposons-nous enfin de calculer la masse d'un volume donné V d'air humide dont l'état hygrométrique est e et la température t, la pression indiquée par le baromètre étant H. Si f est la force élastique de la vapeur d'eau qui occupe ce volume V en même temps que l'air, la masse totale de l'air humide est donnée par la formule

$$M = V \times 0,001293 \times \frac{H - \frac{3}{8}f}{76} \times \frac{1}{1 + at}. \quad (158).$$

Mais $f = Fe$. Il vient donc

$$M = V \times 0,001293 \times \frac{H - \frac{3}{8}Fe}{76} \times \frac{1}{1 + at}.$$

MÉTÉORES AQUEUX

159. Les météores aqueux sont ceux qui ont pour cause la *condensation* et la *précipitation* de la vapeur d'eau contenue dans l'atmosphère. Lorsqu'une masse d'air humide se refroidit par une cause quelconque, la vapeur qu'elle renferme s'approche peu à peu de son point de saturation ; si le refroidissement est suffisant pour que ce point soit dépassé, une partie de la vapeur se condense à l'état liquide ou à l'état solide; le reste se maintient dans la masse d'air et la sature. Les principaux météores aqueux sont les brouillards, les nuages et la rosée.

160. Brouillards. — Les brouillards sont des amas de très fines gouttelettes d'eau qui proviennent de la condensation de la vapeur d'eau au voisinage du sol et qui communiquent à l'air une opacité plus ou moins grande. Ces gouttelettes sont tellement ténues qu'elles sont soulevées par la moindre agitation de l'air; dans un air calme elles tombent très lentement. Si le refroidissement qui leur a donné naissance s'accentue, elles grossissent et leur chute devient plus rapide : on dit que le brouillard *tombe*; si au contraire la température s'élève, le brouillard se dissipe par évaporation et l'air reprend sa transparence.

Les brouillards se produisent lorsque des vents humides arrivent sur une région de la surface terrestre plus froide que l'air, et plus fréquemment encore lorsqu'une étendue d'eau quelconque est plus chaude que l'air qui la surmonte ou qui souffle dessus. Dans ce dernier cas, les vapeurs dégagées par l'eau arrivent dans la masse d'air plus froide, où elles dépassent leur point de saturation et se condensent partiellement. Les brouillards de cette nature se rencontrent fréquemment, le soir, dans les vallées des rivières, les prés humides, les marécages, parce que l'air se refroidit plus vite que l'eau.

Par suite d'un phénomène de surfusion (128), les gouttelettes qui constituent un brouillard peuvent exister sans se congeler dans une atmosphère dont la température est inférieure à 0°; mais si elles viennent à rencontrer des corps solides refroidis au-dessous de 0°, elles les recouvrent, en se solidifiant, de glace cristallisée ayant l'apparence de feuilles de fougère. Ce dépôt constitue le *givre*.

161. Nuages. — Les nuages ne sont autre chose que des brouillards suspendus à une hauteur plus ou moins grande dans l'atmosphère. Ils sont constitués également par de fines gouttelettes d'eau qui, en même temps qu'elles se meuvent horizontalement sous l'influence du vent, tombent lentement à la surface du sol avec une vitesse ne paraissant pas dépasser 1^m ou $1^m,50$ par seconde dans un air calme. Cette chute est ralentie par la résistance de l'air et surtout par les courants d'air chaud qui s'élèvent du sol ; d'ailleurs, à mesure que les gouttelettes descendent, elles arrivent dans des couches d'air de plus en plus chaudes, où elles se vaporisent; la vapeur ainsi produite s'élève au-dessus du nuage et reforme de nouvelles gouttelettes, de sorte que la partie inférieure d'un nuage se dissipe continuellement, tandis que sa partie supérieure s'accroît sans cesse par la condensation de nouvelles vapeurs. On s'explique ainsi pourquoi les nuages paraissent conserver une hauteur constante et pourquoi ils présentent continuellement des variations dans leur forme.

La plupart des nuages doivent leur origine à la condensation directe des vapeurs qui s'élèvent de la terre. L'air qui est au contact du sol, s'échauffant pendant une partie de la journée, devient plus léger et s'élève chargé d'une quantité plus ou moins grande de vapeur d'eau. A mesure qu'il s'élève, il rencontre des régions de l'atmosphère de plus en plus froides, et comme en même temps sa propre température s'abaisse par suite de la dilatation que lui fait éprouver la diminution de pression, il arrive bientôt à être saturé. La condensation commence alors et il se forme un amas de gouttelettes très petites, véritable brouillard qui constitue un nuage. La condensation de la vapeur dans l'atmosphère peut encore se produire par la rencontre de deux masses d'air, l'une froide, l'autre chaude et humide ; lorsque ces masses arrivent à être en contact, elles prennent une température commune, et, si la force élastique maxima de la vapeur d'eau correspondant à cette température est inférieure à la force élastique moyenne de la vapeur d'eau contenue dans les deux masses, il y a condensation et formation d'un nuage.

Les nuages peuvent affecter une infinité de formes, que l'on rapporte à trois types principaux : ce sont les cirrus, les cumulus et les nimbus (*fig.* 195).

1° Les *cirrus*, appelés *queues de chat* par les marins, sont de petits nuages blancs, très déliés, ressemblant à de la laine cardée ou à des barbes de plume ; ils s'étendent fréquemment sur le ciel en longues séries régulières. Ce sont les nuages les plus élevés. A cause de la basse température des régions qu'ils occupent (8 a 10^{km} d'altitude), ils sont formés de flocons de neige ou de fines aiguilles de glace. L'apparition des cirrus

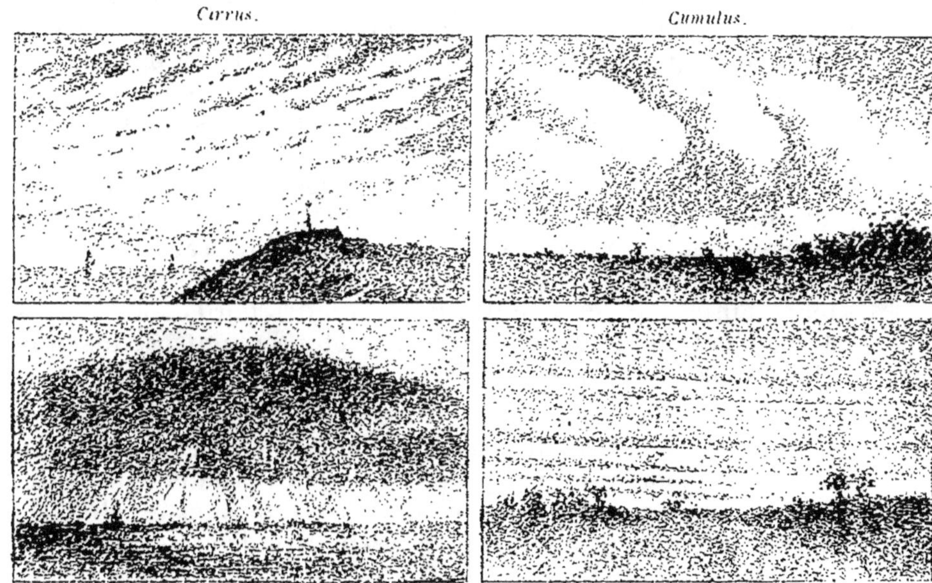

Fig. 195. — Principaux types de nuages.

dans nos régions est due au retour des vents du S-O et présage souvent la pluie.

2° Les *cumulus* ou *balles de coton* des marins sont de gros nuages, constitués ordinairement par une base plane et sombre sur laquelle se groupent des monceaux de nuages dont les contours blancs et arrondis brillent fortement sous l'influence des rayons solaires. Ils se produisent ordinairement à des températures relativement élevées et sont par conséquent l'espèce de nuages la plus fréquente en été dans nos régions. Quand ces nuages formés le matin, au lieu de s'être dissipés le soir, sont devenus plus nombreux dans la journée et qu'ils sont surmontés de cirrus, il y a probabilité de pluie ou d'orages.

On donne le nom particulier de *stratus* à des nuages bas, ayant la forme de longues bandes horizontales qui apparaissent au coucher du soleil et disparaissent à son lever. Ces nuages ne constituent pas un type distinct ; ce sont le plus souvent des cumulus que l'on aperçoit par la tranche.

3° Les *nimbus* sont des nuages pluvieux, reconnaissables à leur teinte d'un gris uniforme et à leurs bords frangés ; ils descendent généralement très bas et prennent parfois une étendue considérable.

Pluie. — La pluie a pour cause une condensation qui s'effectue très rapidement dans une couche de nuages ; les gouttelettes, se soudant alors les unes aux autres dans leur chute, forment des gouttes plus ou moins volumineuses, dont la masse est suffisante pour leur permettre d'arriver à la surface du sol. Lorsque ces gouttes, en tombant, traversent des couches d'air qui sont loin d'être saturées, elles s'évaporent partiellement et ne donnent lieu qu'à une pluie très fine ; si, au contraire, les couches traversées sont presque saturées, les gouttes de pluie croissent en volume par la condensation de nouvelles vapeurs et deviennent d'autant plus grosses qu'elles tombent d'une plus grande hauteur (pluies d'orage).

La quantité de pluie qui tombe annuellement dans une région déterminée s'évalue à l'aide d'instruments appelés *pluviomètres* ou *udomètres*. Le plus simple est le modèle dit de l'Association scientifique. Il se compose d'un seau sur lequel repose un entonnoir terminé par une bague à bord presque tranchant délimitant ainsi une surface bien déterminée (*fig.* 196). Pour mesurer la quantité d'eau contenue dans le pluviomètre, on enlève l'entonnoir et on transvase le liquide dans une éprouvette graduée. Citons encore le pluviomètre totalisateur d'Hervé-Mangon (*fig.* 197), dont l'emploi est recommandé par le Bureau central météorologique. L'eau de pluie est reçue directement dans un entonnoir semblable à celui des pluviomètres précédents et s'écoule dans un cylindre muni d'un tube gradué qui permet l'observation de chaque jour ; de là on peut la faire passer, en ouvrant un robinet, dans un grand réservoir inférieur, ce qui permet de totaliser un certain nombre d'observations.

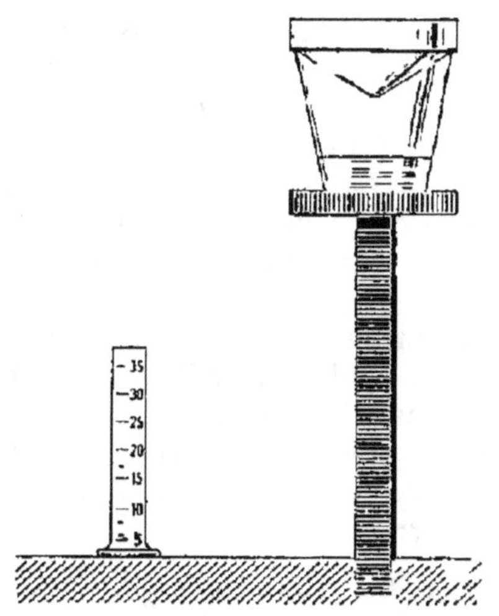

Fig. 196 — Pluviomètre ordinaire
(modèle de l'Association).

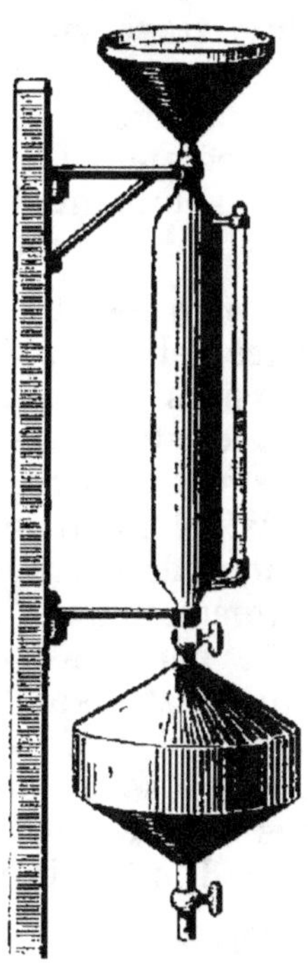

Fig. 197 — Pluviomètre totalisateur d'Hervé-Mangon.

Les pluviomètres doivent toujours être placés dans des endroits bien découverts et à 1ᵐ,50 environ au-dessus du sol.

La distribution de la pluie à la surface du globe varie considérablement avec la latitude, l'altitude, la corrélation entre les vents dominants et la situation locale, etc. D'une façon générale, on peut dire que les pluies sont très régulières et très abondantes dans les régions tropicales ; il tombe annuellement 140ᶜᵐ d'eau aux îles Sandwich, 465ᶜᵐ à la Vera-Cruz (Mexique), 711ᶜᵐ à Maranhoa (Brésil). Dans les régions tempérées, la distribution de la pluie pendant les différentes saisons est beaucoup plus régulière et la quantité en est également moindre : à Paris, la hauteur moyenne annuelle est 56ᶜᵐ ; elle est environ 110ᶜᵐ à Cherbourg, 130ᶜᵐ à Nantes, etc.

Verglas. — On donne le nom de verglas à une couche uniforme de glace lisse et transparente qui recouvre le sol lorsque, à la suite d'un temps très froid, des gouttes de pluie traversent des couches d'air dont la température est inférieure à 0° et ne s'y congèlent pas ; cette pluie à l'état de surfusion, tombant sur un sol très froid, s'y solidifie immédiatement, à condition toutefois qu'elle ne soit pas trop abondante, car, dans ce cas, le sol se réchauffe et le verglas ne se produit pas.

Neige. — La neige n'est autre chose que de la pluie congelée ; elle se présente en flocons qui sont des groupements de petits cristaux étoilés, de formes très variées, semblables aux cristaux constituant la glace (129). Pour étudier ces cristaux, on reçoit les flocons de neige sur un corps noir préalablement refroidi au-dessous de 0° (étoffe de laine noire, plaque de verre enduite de noir de fumée), et on les observe immédiatement à la loupe.

La neige se forme lorsque la température des gouttelettes qui constituent les nuages devient égale ou inférieure à 0° ; aussi prédomine-t-elle dans la quantité totale de précipitation qui se produit dans les zones glaciales et sur le sommet des hautes montagnes, où elle persiste à partir d'une certaine limite (limite des neiges éternelles).

Grêle. — La grêle est formée de fragments de glace ou *grêlons*, constitués par un noyau entouré de plusieurs couches sphériques de transparences diverses. Dans nos climats, la grêle tombe en grande partie avec les pluies que produisent les orages d'été et aussi au printemps, à l'époque des giboulées.

Pour expliquer la formation des grêlons, on admet généralement que des cumulus, s'élevant rapidement par l'effet d'un courant d'air chaud, peuvent atteindre la région froide des cirrus et y rester en surfusion jusqu'à ce que les gouttelettes qui les constituent soient en contact avec les aiguilles de glace des cirrus ; chaque aiguille devient en quelque sorte le noyau d'un grêlon et se recouvre de couches successives d'eau en surfusion qui, se congelant instantanément, donnent des couches sphériques de glace non cristallisée.

162. Rosée. — On donne le nom de rosée aux goutte-lettes d'eau qui se déposent pendant les nuits calmes et sereines à la surface de la plupart des corps placés à découvert sur le sol.

Le phénomène de la rosée est analogue à celui qui se produit dans les hygromètres à condensation ou quand on expose à l'air une carafe contenant de l'eau froide. Après les journées chaudes, lorsque le ciel est serein, le sol et l'atmosphère se refroidissent en rayonnant vers les espaces célestes. Il en résulte un abaissement de température, abaissement qui est plus grand pour le sol que pour l'air, celui-ci ayant un pouvoir émissif beaucoup plus faible. A un moment donné, les couches d'air qui sont en contact immédiat avec la surface du sol et ont sensiblement la même température, sont suffisamment refroidies pour que la vapeur qu'elles contiennent devienne saturante ; si le refroidissement continue, cette vapeur se condense par-tiellement sous forme de petites gouttelettes d'eau qui constituent la rosée.

L'explication précédente, due au physicien anglais Wells, est confirmée par l'examen des diverses causes qui influent sur la production de la rosée. Ces causes sont : le *pouvoir émissif des corps*, l'*agitation de l'air* et l'*état du ciel*.

Les corps dont le pouvoir émissif est considérable, comme le bois, le verre, les plantes, sont ceux qui se refroidissent le plus rapidement ; aussi la rosée s'y dépose-t-elle en plus grande abondance. Sur les corps dont le pouvoir émissif est faible, comme les objets brillants, les métaux polis, la rosée ne se dépose pas ou ne forme qu'un dépôt peu abon-dant.

Lorsque le vent est faible, il augmente le dépôt de rosée en renouvelant les couches d'air qui ont abandonné une par-tie de leur vapeur d'eau. S'il est fort, au contraire, les couches d'air sont renouvelées trop rapidement pour pouvoir se saturer et la rosée ne se dépose pas.

Enfin si le ciel est couvert d'épais nuages, il n'y a pas de dépôt de rosée, car les nuages étant à une température beaucoup moins basse que les espaces célestes, rayonnent vers le sol, dont le refroidissement est alors peu considérable. Pour la même raison, les corps placés sous des abris ou dans le voisinage d'arbres, d'habitations, etc..., qui cachent une partie du ciel, se recouvrent très difficilement de rosée.

La *gelée blanche* est un dépôt de petits cristaux de glace que l'on observe surtout au printemps après les nuits claires, sur les plantes et sur les corps qui rayonnent beaucoup. Ce n'est qu'une forme particulière de la rosée se produisant lorsque la surface du sol se refroidit à quelques degrés au-dessous de 0°.

RÉSUMÉ DU CHAPITRE XVII

L'air contient toujours de la vapeur d'eau. Suivant que le rapport entre la force élastique actuelle f de cette vapeur et la force élastique maxima F à la même température est plus ou moins voisin de l'unité, l'air paraît plus ou moins humide. Ce rapport s'appelle l'état hygrométrique ou fraction de saturation.

Les hygromètres sont des instruments qui font connaître directement f et indirectement le rapport $\dfrac{f}{F}$.

Dans les hygromètres à condensation, on refroidit progressivement une surface solide placée dans une atmosphère non saturée; l'air humide qui est en contact avec cette surface se refroidit en même temps et finit par atteindre la température à laquelle la vapeur d'eau qu'il contient devient saturante. Dès qu'on est au-dessous de cette température, appelée point de rosée, une partie de la vapeur se condense sous forme d'un dépôt de rosée. L'état hygrométrique est donné par le rapport entre les forces élastiques maxima correspondant au point de rosée et à la température de l'atmosphère. On applique cette méthode dans les hygromètres de Regnault et d'Alluard. Le premier comprend principalement deux dés en argent poli, dont l'un sert de témoin et dont l'autre est destiné à se recouvrir de rosée à la suite d'un refroidissement provoqué par une évaporation d'éther. Le second permet de surpendre plus facilement le dépôt de rosée; ce dépôt se forme sur une face plane en laiton doré, encadrée dans une lame en laiton doré qui ne la touche pas et reste toujours brillante.

Les hygromètres à absorption ont pour type l'hygromètre à cheveu. Un cheveu préalablement dégraissé est fixé par une extrémité et transmet ses mouvements à une aiguille mobile sur un cadran di-

visé en 100 parties égales ; les degrés 0 et 100 correspondent à la
sécheresse absolue et à l'humidité extrême. Une table spéciale est
nécessaire pour donner l'état hygrométrique correspondant aux degrés indiqués par cet hygromètre.

La méthode de l'hygromètre chimique consiste à faire passer un
volume d'air connu sur des substances desséchantes ; l'augmentation
de masse que subissent ces dernières représente la masse de la
vapeur d'eau contenue dans l'air avant son passage. On en déduit f
par le calcul.

Enfin les psychromètres font connaître f par une formule empirique. Ils comprennent deux thermomètres ; l'un, sec, indique la
température ambiante ; l'autre, à réservoir constamment mouillé,
indique une température d'autant plus basse que l'évaporation est
plus active et que l'air est, par suite, moins humide.

L'état hygrométrique peut encore se définir le rapport entre la
quantité de vapeur d'eau contenue dans un volume déterminé d'air
et la quantité que contiendrait le même volume s'il était saturé à la
même température.

Les météores aqueux ont pour origine un abaissement de température, abaissement qui amène la vapeur d'eau contenue dans l'air
à dépasser son point de saturation et à se condenser ou se précipiter
en partie. La condensation se fait en très petites gouttelettes d'eau
qui restent pour ainsi dire en suspension dans l'air, soit à la surface
du sol (brouillards), soit dans les couches élevées de l'atmosphère
(nuages).

La rosée est une condensation qui se produit à la surface du sol
après les journées chaudes, lorsque le ciel est serein. Le sol se refroidissant plus vite que l'atmosphère, abaisse la température des
couches d'air en contact avec lui, de sorte qu'il arrive un moment
où la vapeur qui y est contenue dépasse son point de saturation : il
se produit alors un dépôt de rosée. La rosée ne se dépose que très
difficilement sur les corps ayant un faible pouvoir émissif et sur les
corps abrités ; elle ne se dépose pas lorsque le vent est fort et lorsque
le ciel est couvert d'épais nuages.

EXERCICES SUR LE CHAPITRE XVII

45. Trouver la masse de la vapeur d'eau contenue dans 1^{mc} d'air
humide, dont l'état hygrométrique est $\dfrac{1}{3}$ et la température 15°.
Trouver aussi la masse de l'air humide. La pression totale indiquée
par le baromètre est 75^{cm},5.

46. Dans un vase de 10^{lit}, plein d'air sec à 10° et sous la pression
de 75^{cm}, on introduit 0^{gr},03 d'eau, puis on ferme le vase. On demande : 1° quel est l'état hygrométrique dans le vase ; 2° quelle

sera la force élastique du mélange après que la vaporisation aura été aussi complète que possible.

Force élastique maxima de la vapeur d'eau à 10° . . 0^{cm},916

47. On fait passer à travers des tubes desséchants 1^{mc} d'air humide à la température de 16° et sous la pression de 77^{cm}. L'augmentation de masse des tubes est 10^{gr},1. On demande de calculer :

1° L'état hygrométrique de l'air;

2° Le volume occupé à 16° et sous la pression de 77^{cm} par l'air sec contenu dans le mètre cube d'air humide sur lequel on a opéré, ainsi que la masse de cet air sec. On a :

Force élastique maxima de la vapeur d'eau à 16°. . 1^{cm},35
Coefficient de dilatation des gaz 0,00367
Masse du litre d'air sec à 0° et 76^{cm} . . . . . 1^{gr},293

CHAPITRE XVIII

CALORIMÉTRIE

---

163. Définitions. — La calorimétrie a pour objet la mesure des quantités de chaleur absorbées ou dégagées dans les divers phénomènes calorifiques.

La chaleur est une grandeur *mesurable* : si l'on fait brûler successivement 1^{gr}, 2^{gr}, 3^{gr}, ... de carbone, par exemple, de manière que toute la chaleur produite se transmette à une masse d'eau déterminée, on constate, d'après l'échauffement de l'eau, que les quantités de chaleur dégagées par la combustion du carbone et absorbées par l'eau sont proportionnelles aux nombres 1, 2, 3, ... Ces quantités peuvent donc être considérées comme des grandeurs et mesurées avec une unité conventionnelle. L'unité adoptée pour évaluer les quantités de chaleur qui entrent en jeu dans les phénomènes calorifiques s'appelle la *calorie*.

La calorie est la quantité de chaleur qu'il faut céder à un gramme-masse d'eau pour élever sa température de 0° à 1°.

Inversement, on admet qu'un gramme d'eau perd une calorie lorsque sa température s'abaisse de 1° à 0°.

L'expérience démontre qu'il faut toujours très sensiblement la même quantité de chaleur, c'est-à-dire une calorie, pour élever ou abaisser de 1° la température d'un gramme d'eau. En effet, si l'on mélange rapidement 1^{gr} d'eau à 0° et 1^{gr} d'eau à 2°, on obtient 2^{gr} d'eau à 1°, en admettant bien entendu que le vase dans lequel on les place soit lui-même à 1° et qu'il n'y ait aucune perte de chaleur, ni par rayonnement ni par conductibilité ; on en conclut que le second gramme, en se refroidissant de 2° à 1°, a abandonné une calorie, et, réciproquement, qu'il faut céder une calorie à 1^{gr} d'eau pour l'échauffer de 1° à 2°. En général, si l'on répète la même expérience avec 1^{gr} d'eau à $t°$ et 1^{gr} d'eau à $t'°$, la température finale du mélange est toujours la moyenne $\dfrac{t+t'}{2}$, à condition toutefois que la température la plus élevée ne dépasse pas sensiblement 50°. D'après ce qui précède, pour élever la température d'un gramme d'eau de $t°$ à $t'°$, il faut lui céder $(t'-t)^{cal}$; donc la quantité Q de chaleur nécessaire pour élever de $t°$ à $t'°$ la température de Mgr d'eau est donnée par la formule

$$Q = M(t'-t)^{cal}.$$

Remarque. — On emploie quelquefois, comme unité de chaleur, la *kilo-calorie* ou grande calorie ; c'est la quantité de chaleur qu'il faut céder à un kilogramme-masse d'eau pour élever sa température de 0° à 1°. On voit que cette unité est mille fois plus grande que la calorie ordinaire.

CHALEURS SPÉCIFIQUES

164. Chaleurs spécifiques en général. — Lorsqu'on fait brûler 1^{gr} de carbone de manière que la chaleur dégagée soit employée uniquement à échauffer 1000^{gr} d'eau, la température de ce liquide s'élève à peine de 8°. Si la même quantité de chaleur était employée à échauffer la même masse de fer, de cuivre, de mercure, l'élévation de température serait d'environ 70° pour le fer, 80° pour le cuivre, 240° pour le mercure. Ainsi les diverses substances à masse égale, ne s'échauffent pas du même nombre de degrés quand on leur fournit la même quantité de chaleur, ou, en d'autres termes, elles exigent des quantités de chaleur différentes pour s'élever d'un même nombre de degrés.

On appelle chaleur spécifique d'un corps la quantité de chaleur, évaluée en calories, qu'il faut céder à un gramme-masse de ce corps pour élever sa température de 1°. D'après cette définition, la chaleur spécifique de l'eau est 1^{cal}.

Désignons par c la chaleur spécifique d'un corps; la quantité de chaleur nécessaire pour élever de $t°$ à $t'°$ la température de Mgr de ce corps sera donnée par la formule

$$Q = Mc(t' - t)^{cal}.$$

REMARQUES. — 1° La définition précédente de la chaleur spécifique suppose que cette grandeur est indépendante de la température ; en réalité, il n'en est pas tout à fait ainsi, du moins pour les solides et les liquides ; aussi, pour ces corps, les tables donnent ordinairement la *chaleur spécifique moyenne* entre 0° et 100°, c'est-à-dire la 100° partie de la chaleur nécessaire pour élever de 0° à 100° la température de leur unité de masse.

2° Le produit Mc de la masse d'un corps par sa chaleur spécifique est appelé la *capacité calorifique* de ce corps ; il représente soit le nombre de calories nécessaires pour élever

de 1° la température du corps tout entier, soit la valeur de
la masse d'eau qui exigerait la même quantité de chaleur
pour éprouver une variation de température de 1°; de là le
nom d'*équivalent en eau* donné quelquefois à la capacité
calorifique.

**165. Détermination des chaleurs spécifiques des solides
et des liquides** — Les méthodes les plus employées pour
déterminer les chaleurs spécifiques des solides et des
liquides sont la méthode des mélanges **et les méthodes**
fondées sur la fusion de la glace.

I. Méthode des mélanges. — *Principe*. Soit une certaine masse M d'un corps solide ou liquide chauffé à T°,
et dont on veut déterminer la chaleur spécifique x. On
introduit ce corps dans une masse M′ d'eau froide à $t°$:
l'eau s'échauffe, le corps se refroidit, et le mélange finit
par prendre une température uniforme θ, intermédiaire
entre t et T. Si l'on fait abstraction du vase et du thermomètre qui prennent part aux échanges de chaleur, et
s'il n'y a aucune perte par rayonnement, on peut écrire
que la chaleur absorbée par l'eau est égale à la chaleur
perdue par le corps. On a donc l'équation

$$Mx(T - \theta) = M'(\theta - t),$$

équation d'où l'on tire x.

Appareil calorimétrique de Regnault. — La disposition adoptée par Regnault pour appliquer la méthode des mélanges est devenue classique.

Le vase destiné à contenir l'eau et le corps se nomme le *calorimè*
tre à eau; c'est un cylindre en laiton très mince (*fig.* **198**).

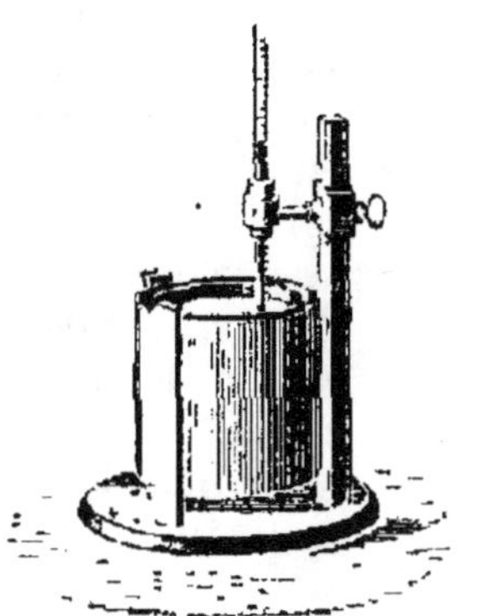

Fig 198.— Calorimètre à eau.

dont la surface externe est bien polie afin de diminuer son pouvoir émissif. On le place dans une enveloppe cylindrique en laiton, polie intérieurement, qui lui renvoie par réflexion presque toute la chaleur émise ; des fils de soie tendus horizontalement soutiennent le calorimètre à sa base, en même temps que des pointes de bois le maintiennent à son sommet : les deux vases ne sont donc reliés que par des corps mauvais conducteurs, ce qui rend tout à fait négligeable la chaleur transmise par conductibilité.

Enfin la température initiale de l'eau et la température finale du mélange sont données par un thermomètre très sensible fixé à un support en bois.

Le corps, réduit en menus fragments, est placé dans une corbeille de fils de laiton très minces, dont l'axe porte un petit cylindre de toile métallique dans lequel vient se loger le réservoir d'un thermomètre.

La corbeille est suspendue par un fil de soie dans le compartiment central d'une étuve à double circulation de vapeur d'eau (*fig* 199); ce compartiment est fermé à la partie supérieure par un bouchon qui laisse passer le thermomètre et le fil de soie, à la partie inférieure par un double registre qu'on peut ouvrir à volonté au moyen d'une poignée. L'étuve est supportée par une caisse métallique coudée contenant de l'eau froide des-

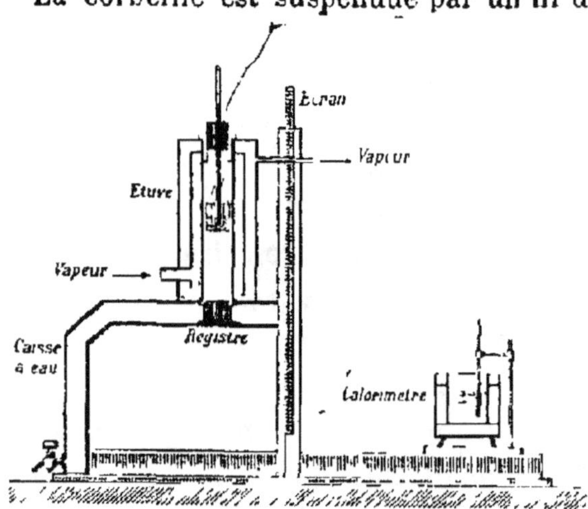

Fig 199 — Appareil calorimétrique de Regnault

tinée à arrêter à la fois le rayonnement de l'étuve et celui de l'alambic qui produit la vapeur. — La table qui soutient l'appareil porte une coulisse de bois le long de laquelle peut glisser le support du calorimètre, ce qui permet de pousser ce dernier au-dessous de l'étuve à un moment donné.

Voici maintenant le mode opératoire. On fait passer le courant de vapeur dans l'étuve jusqu'à ce que le thermomètre de la corbeille marque une température stationnaire (98° environ). Le calorimètre est alors rempli d'une masse d'eau connue, dont on note la température initiale ; on soulève un écran de bois placé à la partie antérieure de l'appareil, on fait glisser le calorimètre sous l'étuve et, après avoir tiré le registre, on laisse tomber doucement la corbeille et le corps qu'elle contient dans le calorimètre ; on ramène alors celui-ci à sa place primitive et on abaisse l'écran protecteur. Tout en agitant l'eau du calorimètre avec la corbeille, que l'on soutient par son fil de soie, on observe la marche du thermomètre. Il monte d'abord très vite, puis plus lentement, et au bout de deux à trois minutes, il indique la température maxima θ qui doit figurer dans l'équation fondamentale.

Si le corps est liquide, on l'enferme dans une ampoule de verre que l'on porte à l'étuve au lieu et place de la corbeille. Le thermomètre destiné à fournir la température T plonge dans le liquide même.

Calcul. — Appelons m la masse du laiton dont est formé le calorimètre, m' la masse du mercure du thermomètre, m'' la masse du verre de cet instrument, c, c', c'' les chaleurs spécifiques respectives de ces trois corps ; la capacité calorifique de l'eau, du calorimètre et du thermomètre est $M' + mc + m'c' + m''c''$. D'un autre côté, la capacité calorifique du corps et de la corbeille est $Mx + m_1c_1$, m_1 et c_1 désignant la masse et la chaleur spécifique du laiton qui constitue la corbeille. Ecrivons que la chaleur gagnée par le calorimètre et son contenu en s'élevant de $t°$ à $\theta°$ est égale à la chaleur cédée par le corps et la corbeille en s'abaissant de $T°$ à $\theta°$; nous aurons l'équation

$$(M' + mc + m'c' + m''c'')(\theta - t) = (Mx + m_1c_1)(T - \theta)$$

équation dans laquelle tout est connu, sauf x.

Il faut encore tenir compte de la chaleur perdue par rayonnement pendant le temps qui s'écoule entre l'immersion du corps et l'instant où l'on observe la température

finale θ. Regnault calculait cette perte par une méthode
assez compliquée basée sur la *loi du refroidissement*; mais
dans les expériences ordinaires on se contente de l'atténuer
en employant la *méthode de compensation de Rumford*. Cette
méthode consiste à commencer l'expérience avec un calorimètre ayant une température qui soit inférieure à la température ambiante d'une quantité égale à celle dont il doit la
dépasser à la fin de l'expérience. Dans une première expérience grossière, on a trouvé que la différence θ — t est
environ 6°, par exemple; avant de commencer l'expérience
définitive, on rend la température du calorimètre inférieure
de 3° à la température ambiante. De cette manière, pendant
la première période de l'expérience l'air est plus chaud que
le calorimètre et lui envoie de la chaleur; l'inverse se produit pendant la deuxième période. Cette compensation n'est
pas parfaite car les deux périodes ne durent pas le même
temps; la période de réchauffement étant plus courte que
celle de refroidissement, on refroidit ordinairement le calorimètre au-dessous de la température ambiante des 2/3 environ de la différence θ — t.

II. Méthodes fondées sur la fusion de la glace. — Elles
sont au nombre de deux : la méthode du puits de glace
et la méthode du calorimètre à glace de Bunsen.

Méthode du puits de glace. — *Principe.* Mettons une
masse M d'un corps chauffé à T° en contact avec de la
glace à 0°; le corps se refroidit jusqu'à 0° et la chaleur
qu'il abandonne fait fondre une certaine masse M′ de
glace. Nous verrons plus loin qu'un gramme de glace
absorbe 80^{cal} pour fondre sans changer de température.
En écrivant que la chaleur absorbée par la glace est
égale à la chaleur cédée par le corps, nous aurons l'équation

$$M x T = M' \times 80,$$

d'où l'on tire la chaleur spécifique inconnue x.

Cette méthode a été principalement employée par Black. Il
creusait une cavité dans un bloc de glace pure et exempte de

bulles, et, après avoir bien essuyé cette cavité, il y intro-duisait le corps à étudier porté à une température connue **T** (*fig*. 200). Le puits de glace était ensuite couvert avec **un** morceau de glace s'appliquant exactement sur sa partie supérieure aplanie. Au bout de peu de temps, le corps était refroidi jusqu'à 0°. Il ne restait plus qu'à recueillir l'eau pro-venant de la fusion et à la peser pour

Fig 200 — Puits de glace de Black.

avoir la masse M′ de la glace fondue.

La méthode du puits de glace n'est plus employée. Outre la difficulté qu'on éprouve à se procurer des blocs de glace assez purs et assez volumineux, les résultats ne sont pas très précis, principalement parce que la masse de la glace fondue ne peut être qu'imparfaitement déterminée.

Calorimètre à glace de Bunsen. — Le calorimètre à glace de Bunsen est fondé sur la diminution de volume qu'éprouve la glace en passant à l'état liquide. Cet instrument est tout en verre. Il se compose d'un tube la-boratoire (*fig*. 201), auquel est soudé un gros réservoir terminé inférieu-rement par un tube recourbé. La par-tie supérieure du réservoir contient

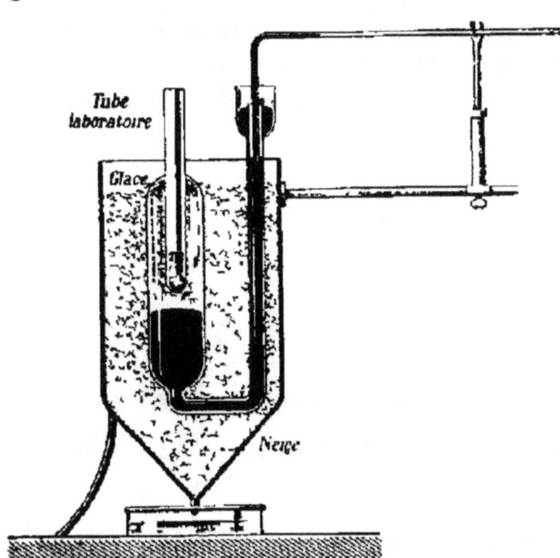

Fig 201 - Calorimètre à glace de Bunsen.

de l'eau privée d'air que l'on a en partie congelée en uti-lisant le froid produit par l'évaporation du chlorure de méthyle; la partie inférieure contient du mercure qui remplit complètement le tube coudé et s'avance jusqu'à un certain niveau dans un tube horizontal calibré qui fait suite à l'appareil et sert à mesurer les variations de volume de la glace fondante. Enfin le réservoir et le tube coudé sont entourés d'un vase rempli de neige, qui les protège contre les causes extérieures d'échauffement.

L'appareil étant ainsi disposé, on détermine d'abord la valeur d'une calorie en divisions du tube calibré. Pour cela, on introduit dans le tube laboratoire une masse connue m d'eau à une température t: une partie de la glace qui entoure ce tube fond, et la contraction qui en résulte fait reculer la colonne mercurielle de n divisions du côté de l'appareil.

L'eau, en se refroidissant jusqu'à 0°, a cédé mt^{cal}; par suite, 1^{cal} correspond à un déplacement de $\dfrac{n}{mt}$ divisions.

Soit maintenant à déterminer la chaleur spécifique x d'un corps; on en prend une masse M (ne dépassant pas 3 à 4^{gr}), on le chauffe à T° dans une petite étuve et on le fait tomber directement dans le tube laboratoire, lequel contient de l'eau distillée à 0°. Le mercure rétrograde de N divisions, valant $\dfrac{N \times mt}{n}$ calories; on a donc

$$M x T = \frac{Nmt}{n},$$

d'où
$$x = \frac{Nmt}{MnT}.$$

166. Résultats. — La détermination des chaleurs spécifiques des solides et des liquides a fourni les résultats généraux suivants :

De tous les corps solides ou liquides, c'est l'eau qui a la plus grande chaleur spécifique. Celle-ci étant 1^{cal} par définition, les chaleurs spécifiques des autres corps sont exprimées par des fractions de calorie.

Pour une même substance, la chaleur spécifique varie :

1° *avec l'état physique*. La chaleur spécifique est généralement plus petite à l'état solide qu'à l'état liquide ; ainsi la chaleur spécifique de la glace est la moitié de celle de l'eau ;

2° *avec l'état moléculaire*. Dans le tableau ci-dessous, on remarquera qu'un même corps, comme le carbone, n'a pas la même chaleur spécifique sous ses différents états allotropiques ;

3° *avec la température*. La chaleur spécifique des solides croît légèrement entre 0° et 100° ; au-delà de 100°, la variation est notable et va en croissant à mesure que la température s'élève. La chaleur spécifique des liquides augmente également avec la température, mais cet accroissement est plus accentué que dans les solides, même entre 0° et 100°.

Dans les tableaux suivants, les chaleurs spécifiques des solides sont les chaleurs spécifiques *moyennes* entre 0° et 100° ; celles des liquides se rapportent à la température moyenne de 15°.

Chaleurs spécifiques des principaux solides.

Solides	Chaleurs spécifiques	Solides	Chaleurs spécifiques
Argent.	0^{cal},057	Laiton	0^{cal},094
Carbone(charb.de bois)	0 ,241	Magnésium . . .	0 ,250
» (diamant). .	0 ,147	Or	0 ,032
» (graphite). .	0 ,202	Platine.	0 ,032
Cuivre	0 ,095	Plomb	0 ,031
Etain	0 ,056	Soufre cristallisé .	0 ,202
Fer	0 ,114	» mou . . .	0 ,184
Glace	0 ,504	Zinc.	0 ,095
Iode.	0 ,054	Verre ordinaire .	0 ,198

Chaleurs spécifiques des principaux liquides.

Liquides	Chaleurs spécifiques	Liquides	Chaleurs spécifiques
Alcool éthylique. .	0^{cal},579	Ess^{ce} de térébenthine.	0^{cal},425
» méthylique .	0 ,594	Ether sulfurique. .	0 ,533
Benzine	0 ,399	Huile d'olives. . .	0 ,310
Chloroforme . . .	0 ,225	Mercure	0 ,033
Eau.	1 ,000	Sulfure de carbone .	0 ,238

Loi de Dulong et Petit. — Les travaux de Dulong et Petit sur les chaleurs spécifiques des corps simples les conduisirent à la loi suivante, vérifiée depuis par Regnault :

Le produit *ac* du poids atomique d'un corps simple par sa chaleur spécifique à l'état solide a une valeur sensiblement constante et égale à 6,4.

En réalité, la loi de Dulong et Petit n'est qu'approchée, et le produit *ac* varie entre des limites assez étendues ; il est 6,87 pour l'iode ; 6,50 pour le plomb ; 6,48 pour le soufre ; 6,47 pour le potassium ; 6,16 pour l'argent, etc. Cette loi n'est même vérifiée pour le carbone, le bore, le silicium que si l'on prend les chaleurs spécifiques de ces trois corps à une température élevée ; en particulier, pour le carbone, ce n'est qu'à partir de 600° que ses différentes variétés ont une chaleur spécifique sensiblement constante et assez élevée pour vérifier suffisamment la loi.

Désignons par *m* la masse d'un atome d'hydrogène ; la masse d'un atome d'un corps simple est *ma*, et sa capacité calorifique *mac*, puisque *c* représente la chaleur spécifique de l'unité de masse. Or *m* est constant ; il en est de même de *ac*, d'après la loi de Dulong et Petit ; de là cet énoncé remarquable :

Tous les atomes des corps simples ont la même capacité calorifique. En d'autres termes, il faut la même quantité de chaleur pour élever de 1° la température des atomes des différents corps simples.

Loi de Wœstyn. — Wœstyn, se basant sur ce que les

atomes des corps simples doivent garder leur capacité calorifique quand ils entrent en conbinaison, énonça la loi suivante :

La capacité calorifique d'un corps composé, à l'état solide, est égale à la somme des capacités calorifiques des composants, considérés sous le même état physique.

Cette loi importante, vérifiée dans un grand nombre de cas par Wœstyn lui-même, puis par Regnault, permet de déduire la chaleur spécifique d'un composé de celle de ses éléments. Soit à trouver la chaleur spécifique de l'iodure de plomb PbI^2. 461^{gr} de ce composé sont formés de 207^{gr} de plomb et 2×127 ou 254^{gr} d'iode. Appliquons la loi de Wœstyn :

$$461 \times x = 207 \times 0,031 + 254 \times 0,054.$$

Il vient $$x = 0,043,$$

résultat identique à celui que donne la détermination par l'expérience.

167. Chaleurs spécifiques des gaz. — Les chaleurs spécifiques des gaz s'évaluent en calories, comme celles des solides et des liquides ; mais il y a lieu de considérer pour chaque gaz une chaleur spécifique sous pression constante et une chaleur spécifique à volume constant.

La chaleur spécifique d'un gaz sous pression constante est la quantité de chaleur qu'il faut céder à 1^{gr} de ce gaz pour élever sa température de 0° à 1°, en le laissant librement se dilater de manière que la pression reste constante. On la représente ordinairement par C. Les chaleurs spécifiques des gaz sous pression constante ont été déterminées par Regnault ; il employait la méthode des mélanges modifiée, et la modification consistait en principe à faire passer une masse connue de gaz, échauffé à une température connue, dans un calorimètre à eau. Regnault a trouvé ainsi que tous les gaz, à l'exception de l'hydrogène, ont une chaleur spécifique inférieure à celle de l'eau. Cette chaleur spécifique est indépendante de la pression ; elle est aussi indépendante de la température, mais seulement pour les gaz qui suivent la loi de Mariotte.

Chaleurs spécifiques de quelques gaz sous pression constante.

Air	$0^{cal},2374$	Acide chlorhydrique.	$0^{cal},1852$
Azote.	0 ,2438	Gaz ammoniac. . .	0 ,5083
Hydrogène. . . .	3 ,409	» carbonique . .	0 ,2169
Oxygène	0 ,2175	» sulfureux. . .	0 ,1544

On appelle chaleur spécifique d'un gaz à volume constant la quantité de chaleur qu'il faut céder à 1^{gr} de ce gaz pour élever sa température de $0°$ à $1°$ en l'empêchant de se dilater. Cette chaleur spécifique se représente par c ; on ne peut la mesurer directement, mais des méthodes spéciales, dont la description sortirait du cadre de cet ouvrage, permettent de déterminer le rapport $\dfrac{C}{c}$. Pour l'air, par exemple, il est égal à 1,41, ce qui donne pour valeur de sa chaleur spécifique à volume constant $\dfrac{0,2374}{1,41}$ ou $0^{cal},169$. D'une façon générale, la chaleur spécifique à volume constant est plus petite que la chaleur spécifique sous pression constante.

La loi de Dulong et Petit appliquée aux gaz simples donne le résultat suivant : Le produit ac du poids atomique d'un gaz par sa chaleur spécifique sous pression constante est un nombre sensiblement constant et égal à 3,4. Ce produit est, comme on le voit, à peu près la moitié du produit analogue que l'on obtient avec les solides et les liquides.

CHALEURS DE FUSION

468. Définitions. — On appelle chaleur de fusion d'un corps solide la quantité de chaleur qu'il faut céder à 1^{gr} de ce corps pour le faire passer à l'état liquide sans changer sa température. Ainsi la chaleur de fusion de la glace, par exemple, est 80^{cal} ; cela veut dire qu'un gramme de glace à $0°$ absorbe 80^{cal} pour se transformer en eau liquide, également à $0°$.

Inversement, quand 1ᵍʳ d'un corps à l'état liquide se solidifie en gardant la température de fusion, le nombre de calories qu'il abandonne est rigoureusement égal au nombre de calories qu'il avait absorbées pendant la fusion.

Les chaleurs de fusion se déterminent ordinairement en appliquant la méthode des mélanges.

169. Chaleur de fusion de la glace. — Soit M la masse d'un morceau de glace à 0° ; on le plonge dans de l'eau chaude à $t°$ et dont la masse M' est suffisante pour fondre toute la glace. Dès que la fusion est complète, on lit la température finale θ du mélange. L'eau, en se refroidissant de $t°$ à 0°, a abandonné $M'(t-θ)^{cal}$. D'un autre côté, la glace pour fondre sans changer de température a absorbé Mx^{cal}, x représentant sa chaleur de fusion ; en outre, l'eau provenant de la fusion a absorbé $Mθ^{cal}$ pour passer de 0° à θ°. On a donc l'équation

$$M'(t-θ) = Mx + Mθ,$$

équation qui donne x.

Pour appliquer cette méthode avec précision, il faut prendre certaines précautions. La glace doit être pure, bien sèche, et à 0° exactement. A cet effet, le morceau de glace est lavé à l'eau distillée, puis conservé quelque temps au milieu de glace concassée, arrosée d'eau pure, et enfin essuyé rapidement avec du papier buvard avant d'être plongé dans l'eau du

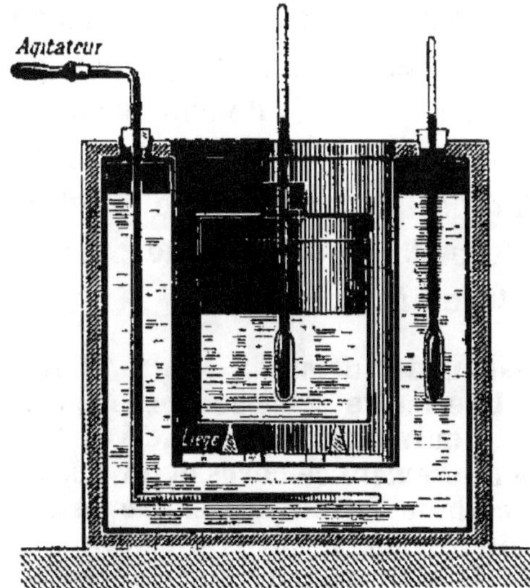

Fig. 202. — Calorimètre avec enceinte protectrice à température constante.

calorimètre. Celui-ci est un calorimètre de Regnault (165), ou
préférablement un calorimètre couvert (*fig.* 202), entouré d'un
vase à double paroi contenant entre ces deux parois de l'eau
qu'on agite convenablement; les surfaces en regard sont en
laiton nickelé et sont bien polies. Quant à la masse M du
morceau de glace, on la détermine en pesant le calorimètre
avant et après l'expérience. Enfin les corrections relatives aux
échanges de température se font comme dans la méthode des
mélanges ; on établit d'ailleurs une compensation approximative par la méthode de Rumford (165).

Bunsen a déterminé très exactement la chaleur de fusion
de la glace à l'aide de son calorimètre (165). Il a trouvé
$80^{cal},03$.

470. Chaleur de fusion d'un solide quelconque. — La
méthode employée pour déterminer la chaleur de fusion
d'un solide quelconque est inverse de la précédente. Elle
consiste en principe à plonger dans l'eau d'un calorimètre une masse connue du corps préalablement porté à
une température supérieure à celle de son point de fusion.
On écrit ensuite que la quantité de chaleur gagnée par
l'eau est égale à la somme des quantités de chaleur aban-
données par le corps : 1° pour se refroidir à l'état liquide
jusqu'à son point de solidification ; 2° pour se solidifier
sans changer de température ; 3° pour se refroidir à l'état
solide jusqu'à la température finale.

Soit à déterminer la chaleur de fusion du soufre, dont le
point de fusion est 114°. Une masse M de soufre est placée
dans une petite bouteille de cuivre mince, munie d'un thermomètre; on fait fondre entièrement ce corps et on porte le
liquide à une température connue T notablement supérieure
à 114°, puis on immerge le tout dans l'eau d'un calorimètre.
Au contact de l'eau froide, le soufre abandonne successivement $Mc'(T — 114)^{cal}$ pour revenir à son point de solidification (c' désignant la chaleur spécifique du soufre à l'état
liquide), $M\alpha^{cal}$ pour se solidifier en restant à 114°, et
$Mc(114 — \theta)^{cal}$ pour se refroidir jusqu'à la température fi-

nale. Pendant ce temps, l'eau et le calorimètre s'échauffent de t^o à θ^o et gagnent $(M' + C)(\theta - t)^{cal}$, C désignant la capacité calorifique ou équivalent en eau du calorimètre. On a donc

$$Mc'(T - 114) + Mx + Mc(114 - \theta) = (M' + C)(\theta - t).$$

Il faut tenir compte en outre de la chaleur cédée par la bouteille et par son thermomètre, et corriger la température finale observée, θ, comme dans la méthode ordinaire.

L'équation précédente contient deux inconnues : c' et x. On fait une deuxième expérience dans les mêmes conditions, mais en portant le soufre à une température T' différente de T ; on obtient ainsi une deuxième équation qui, jointe à la première, permet de calculer c' et x.

Chaleurs de fusion de quelques corps solides.

Argent.	$21^{cal},7$	Mercure solide	$2^{cal},8$
Etain	$14, 2$	Plomb	$9, 37$
Glace.	$80, 0$	Soufre.	$9, 4$
Iode	$11, 7$	Zinc.	$28, 1$

CHALEURS DE VAPORISATION

171. Définitions. — On appelle chaleur de vaporisation d'un liquide, à une température déterminée, la quantité de chaleur qu'il faut céder à 1^{gr} de ce liquide pour le transformer en vapeur saturante à la même température. Ainsi, pour transformer 1^{gr} d'eau, déjà chauffé à 100°, en vapeur saturante également à 100°, il faut 537^{cal}. La chaleur de vaporisation de l'eau à 100° est donc 537^{cal}.

Inversement, une vapeur en se liquéfiant sans changer de température, abandonne une quantité de chaleur rigoureusement égale à celle qu'elle avait absorbée pour se former à la même température.

172 Détermination des chaleurs de vaporisation. — Les premières expériences un peu précises sur les chaleurs de vaporisation ont été exécutées par Despretz. Sa méthode consiste en principe à distiller le liquide dans une cornue et à condenser la vapeur dans un serpentin plongé dans l'eau d'un calorimètre (*fig.* 203). L'expérience terminée, on exprime que la quantité de chaleur gagnée par le calorimètre et par l'eau est égale à la somme des quantités de chaleur cédées : 1° par la vapeur en se liquéfiant ;

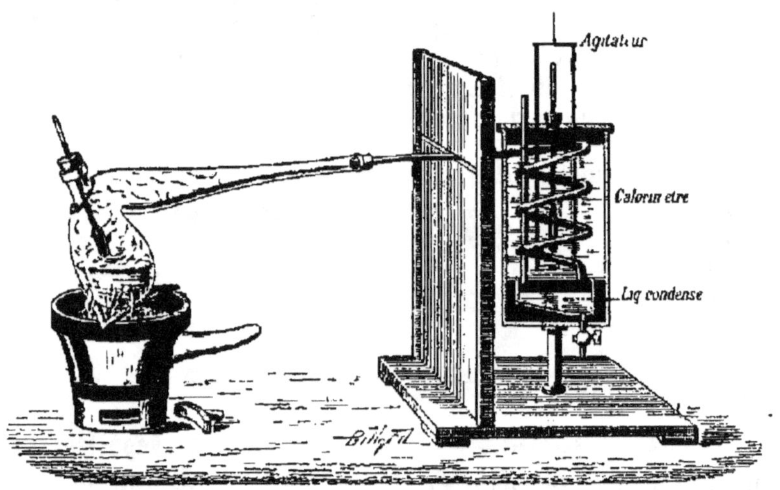

Fig. 203. — Appareil de Despretz pour les chaleurs de vaporisation.

2° par le liquide condensé en se refroidissant depuis la température d'ébullition jusqu'à la température finale de l'eau du calorimètre. Cette méthode est, en somme, peu exacte ; son principal inconvénient réside dans la condensation d'une partie de la vapeur avant son arrivée dans le serpentin, ce qui diminue la quantité totale de chaleur que doit gagner le calorimètre.

Aujourd'hui, on détermine les chaleurs de vaporisation de l'eau et de la plupart des liquides à l'aide d'un appareil très simple imaginé par M. Berthelot. Cet appareil est tout en verre. Il se compose d'une fiole de forme spéciale (*fig.* 204), pouvant être ajustée à l'émeri sur un serpen-

tin plongé dans un calorimètre à enceinte protectrice.
Celui-ci est recouvert d'un écran de carton *c* et d'une plaque de bois métallisée *b*, qui le protègent contre le rayonnement de la flamme d'une rampe à gaz servant à chauffer la fiole. Pour faire une expérience, on introduit dans la fiole, préalablement tarée, 20 à 30^{gr} du liquide à étudier et on le porte à l'ébullition ; la vapeur formée s'engage dans le tube central de la fiole et se rend sans se refroidir dans le serpentin, où elle se condense ; le liquide condensé se rassemble dans un récipient qui fait suite au serpentin. Quand le thermomètre calorimétrique accuse une augmentation de température de 4 à 5°, ce qui ne demande que quelques

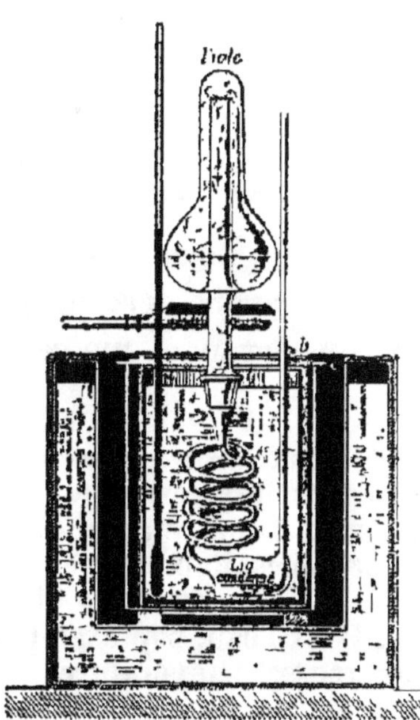

Fig. 201. — Appareil de M. Berthelot pour les chaleurs de vaporisation.

minutes, on enlève la fiole, on la bouche et on la laisse refroidir. En même temps, on note la température maxima θ de l'eau du calorimètre.

La diminution de masse de la fiole et de son contenu donne la masse M de la vapeur qui s'est condensée dans le serpentin. Appelons *t* la température initiale de l'eau du calorimètre, M' sa masse, C l'équivalent en eau du calorimètre, *x* la chaleur de vaporisation du liquide, T sa température d'ébullition sous la pression atmosphérique actuelle. La vapeur a cédé Mx^{cal} pour se liquéfier, plus, sensiblement,
M$c\left(T - \dfrac{t+\theta}{2}\right)^{cal}$ pour se refroidir de T à θ°. On a donc l'équation

$$Mx + Mc\left(T - \frac{t+\theta}{2}\right) = (M' + C)(\theta - t).$$

La compensation de Rumford s'établit facilement avec cet appareil, dont l'échauffement est sensiblement proportionnel au temps.

173. Résultats. — Voici les chaleurs de vaporisation correspondant au point d'ébullition normal de quelques liquides usuels :

Alcool éthylique	208[cal]	Essence de térében-	
Id. méthylique	264	thine.	69[cal]
Eau	537	Éther ordinaire.	91

De tous les liquides, l'eau est celui qui possède la plus grande chaleur de vaporisation; nous avons déjà vu que la glace a une chaleur de fusion plus grande que celles des autres solides.

Variations de la chaleur de vaporisation avec la température. — Regnault, en faisant varier la pression (et par suite la température d'ébullition) dans l'appareil qui lui a servi à déterminer les chaleurs de vaporisation, a reconnu que, pour un même liquide, la chaleur de vaporisation diminue quand la température s'élève. Pour l'eau, par exemple, la chaleur de vaporisation à différentes températures est représentée par la formule empirique

$$Q = 606,5 - 0,695T.$$

Si l'on fait $T = 100$ dans cette formule, il vient

$$Q = 606,5 - 69,5 = 537^{cal}.$$

Cherchons enfin la quantité de chaleur Q' qu'il faut céder à 1^{gr} d'eau liquide à $0°$ pour la transformer complètement en vapeur saturante à $t°$; il suffit d'ajouter T^{cal} à la chaleur de vaporisation Q, ce qui donne

$$Q' = 606,5 - 0,695T + T$$
$$= 606,5 + 0,305T.$$

Cette quantité Q' s'appelle la *chaleur de vaporisation totale* de l'eau à la température T. D'une façon générale, la chaleur de vaporisation totale d'un liquide à une température déterminée T est la quantité de chaleur qu'il faut céder à 1^{gr} de ce liquide pour le faire passer de $0°$ à $T°$ et pour le transformer en vapeur saturante à cette température. A l'inverse de la chaleur de vaporisation, elle augmente à mesure que la température s'élève.

CHALEURS DE COMBINAISON ET DE COMBUSTION

174. Chaleurs de combinaison. — Toute combinaison est accompagnée soit d'un dégagement de chaleur (*combinaison exothermique*), soit d'une absorption de chaleur (*combinaison endothermique*). Les combinaisons exothermiques sont de beaucoup les plus nombreuses. *On appelle chaleur de combinaison d'un composé la quantité de chaleur correspondant à la formation de M*^{gr} *de ce composé* (M représentant son poids moléculaire).

Les quantités de chaleur qui accompagnent les combinaisons par voie humide (combinaisons des acides et des bases, etc.) se mesurent soit par le calorimètre à glace de Bunsen (165), soit par l'appareil calorimétrique à eau de M. Berthelot (*fig*. 205).

L'appareil de M. Berthelot se compose d'un calorimètre en platine muni d'un couvercle livrant passage à un agitateur hélicoïdal en platine, à un thermomètre et à des tubes adducteurs destinés

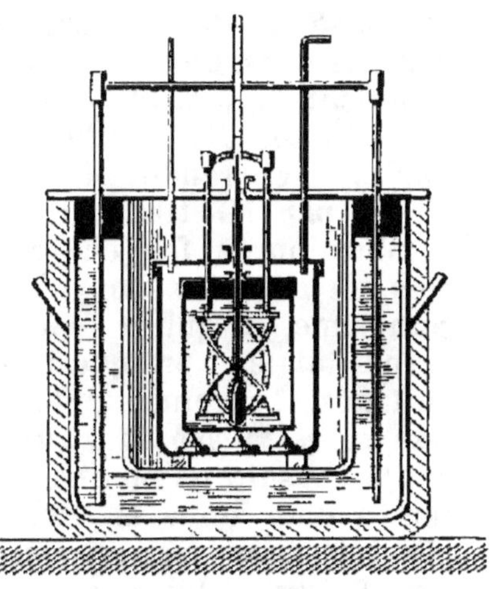

Fig. 205 — Appareil calorimétrique de M. Berthelot

aux liquides ou aux gaz. Ce calorimètre repose sur trois pointes de liège au centre d'une enceinte argentée, reposant elle-même sur des rondelles de liège au centre d'une double enveloppe en fer-blanc remplie d'eau et revêtue de feutre épais. Un disque de carton recouvert d'étain et percé de trous convenables sert de couvercle à l'enveloppe extérieure. L'expérience montre que les pertes de chaleur sont négligeables dans un calorimètre protégé de la sorte, à condition que l'expérience ne dure pas plus de quelques minutes et qu'elle porte sur des masses de liquide au moins égales à 500^{gr}.

Les chaleurs de combinaison sont généralement assez considérables ; aussi les évalue-t-on souvent en *kilo-calories* (163).

La chaleur de combinaison de l'eau liquide, par exemple, es'
69 kilo-calories ou 69 000 calories ordinaires.

On trouvera en Chimie les chaleurs de combinaison des
principaux composés.

175. Chaleurs de combustion. — *On appelle chaleur de
co nbustion d'un corps la quantité de chaleur dégagée par la
combustion d'un gramme de ce corps.*

Les déterminations précises des chaleurs de combustion se
font habituellement avec l'appareil calorimétrique de M. Berthelot (174). Dans l'industrie, pour mesurer les chaleurs de
combustion des différents
combustibles, on se sert couramment de la *bombe calorimétrique* de M. Berthelot,
modifiée et rendue indus-
trielle par M. Mahler. La
combustion se fait en vase
clos, en présence d'oxygène
comprimé, ce qui la rend à
la fois totale et presque instantanée. Le combustible à
essayer est placé dans une
petite capsule de platine au
centre d'un obus en acier
(*fig.* 206), fermé par un couvercle à vis. Celui-ci est traversé en son centre par un
canal destiné à l'introduction
de l'oxygène. L'obus étant
placé dans l'eau d'un calorimètre à enceinte protectrice.
on provoque l'inflammation
du combustible en le mettant
en contact avec une petite
spirale de fil de fer que l'on

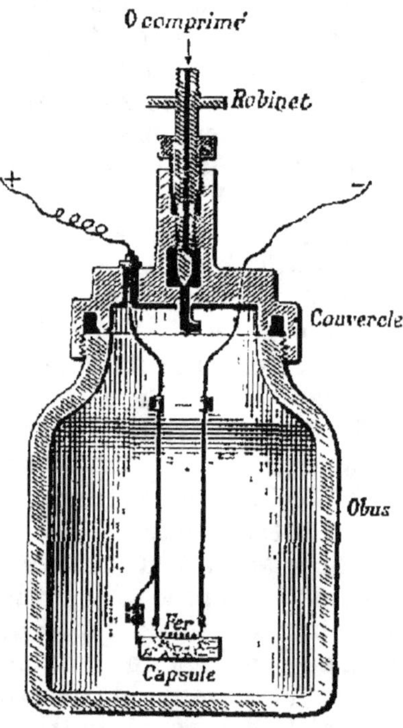

Fig. 206. — Obus calorimétrique de
M. Mahler.

brûle par un courant électrique. Le dégagement de chaleur
est estimé comme dans une opération calorimétrique quelconque.

Le tableau suivant donne, en kilo-calories, la quantité de
chaleur dégagée par l'oxydation d'un gramme des principaux
combustibles :

Alcool	$6^{k-c},9$	Hydrogène (prod. vap. eau).	$29^{k-c},1$
Carbone (prod. de CO^2).	8	id. (prod. eau). .	34,5
Essence de térébenthine	10,8	Phosphore (prod. P^2O^5) .	5,8
Éther ordinaire . .	9	Soufre (prod. SO^2). . .	2,3

RÉSUMÉ DU CHAPITRE XVIII

La chaleur est une grandeur mesurable ; elle s'évalue en calories. La calorie est la quantité de chaleur nécessaire pour élever de $0°$ à $1°$ la température d'un gramme d'eau. Comme il faut sensiblement 1^{cal} pour élever 1^{gr} d'eau de $t°$ à $(t+1)°$, Mgr d'eau, pour passer de $t°$ à $t'°$, absorbent $M(t'-t)^{cal}$.

On appelle chaleur spécifique d'un corps la quantité de chaleur nécessaire pour élever de $1°$ la température de 1^{gr} de ce corps. Si celui-ci a une masse M, il faut lui céder $Mc(t'-t)^{cal}$ pour élever sa température de $t°$ à $t'°$.

Pour déterminer la chaleur spécifique d'un solide ou d'un liquide par la méthode des mélanges, on en immerge une masse M chauffée à $T°$, dans une masse M' d'eau froide à $t°$, contenue dans un calorimètre ; la température du corps et celle de l'eau varient en sens contraire jusqu'à devenir égales (température finale θ). On exprime ensuite que la chaleur perdue par le corps est égale à la chaleur gagnée par l'eau : $Mx(T-\theta) = M'(\theta-t)$. Dans la méthode du puits de glace, le corps fait fondre une certaine masse M' de glace et perd MxT^{cal} ; la glace absorbe $M' \times 80^{cal}$ pour fondre ; on a donc : $MxT = M' \times 80$, ce qui fait connaître la chaleur spécifique x du corps. On emploie aussi le calorimètre de Bunsen, fondé sur la contraction qu'éprouve la glace en fondant.

L'eau a une chaleur spécifique plus grande que celle des autres corps, l'hydrogène excepté. La chaleur spécifique d'une substance varie avec son état physique et son état moléculaire ; elle augmente un peu avec la température, surtout dans les liquides.

Dulong et Petit ont trouvé que le produit du poids atomique d'un corps simple par sa chaleur spécifique à l'état solide est sensiblement constant et égal à 6,4. Cette loi n'est qu'approchée. Si l'on considère un corps composé, sa capacité calorifique à l'état solide est la somme des capacités calorifiques des composants, pris sous le même état physique (loi de Wœstyn).

Pour les gaz, il y a une chaleur spécifique à volume constant (quand on empêche le gaz de se dilater) et une chaleur spécifique sous pression constante (quand on le laisse se dilater librement). Cette dernière se mesure par la méthode des mélanges, elle est plus grande que la chaleur spécifique à volume constant.

La chaleur de fusion d'un solide est la quantité de chaleur nécessaire pour fondre 1^{gr} de ce solide sans élever sa température. La chaleur de fusion de la glace est 80^{cal}. On la détermine en faisant fondre une masse **M** de glace à 0° dans une masse **M'** d'eau chaude à $t°$: l'eau abandonne $M'(t-\theta)$cal ; cette chaleur est gagnée par la glace pour fondre, et par l'eau provenant de la fusion pour passer de 0° à $\theta°$. On a donc $M'(t-\theta) = Mx + M\theta$.

Pour obtenir la chaleur de fusion d'un solide quelconque, on immerge dans l'eau d'un calorimètre une masse connue du corps, préalablement porté à une température supérieure à sa température de fusion. L'eau s'échauffe de $t°$ à $\theta°$; le corps revient à sa température de fusion, puis se solidifie sans changer de température, et se refroidit enfin jusqu'à $\theta°$. Les quantités de chaleur absorbée par l'eau et perdue par le corps sont égales.

La chaleur de vaporisation d'un liquide est la quantité de chaleur nécessaire pour transformer 1^{gr} de ce liquide en vapeur saturante sans changer sa température. La chaleur de vaporisation de l'eau à 100° est 537 ^{cal}. On la détermine en faisant passer de la vapeur d'eau bouillante dans un serpentin entouré par l'eau d'un calorimètre ; on exprime que la chaleur gagnée par l'eau et le calorimètre pour s'échauffer de $t°$ à $\theta°$ est égale à la chaleur cédée par la vapeur pour se liquéfier, augmentée de la chaleur cédée par l'eau condensée pour se refroidir de $T°$ (température d'ébullition) à $\theta°$.

EXERCICES SUR LE CHAPITRE XVIII

48. Une masse de plomb pesant 200^{gr} est plongée dans 800^{gr} d'eau à 12°, contenue dans un calorimètre en laiton dont la masse est 615^{gr}. La chaleur spécifique du plomb est 0,031 ; celle du laiton 0,094. La température finale est 15°. On demande la température initiale.

49. Deux morceaux de fer pesant 231^{gr} et 249^{gr} ont été chauffés à une température x. On les a plongés respectivement dans de l'eau dont les masses sont 360^{gr}, 450^{gr}, et les températures 10° et 12°. Les températures finales sont 17°,5 et 18°,4. On demande la température initiale x et la chaleur spécifique du fer.

50. On suppose que la Terre soit couverte d'une couche de 2^{cm} d'épaisseur de neige à 0° ; quelle est l'épaisseur de la couche de pluie tombant à 12°1/2 qui serait nécessaire pour déterminer la fusion de la neige? On sait que la densité de la neige par rapport à celle de l'eau est 0,78.

51. Un vase pesant 100^{gr} et fait d'une substance dont la chaleur spécifique est 0,5 contient, à 0°, 300^{gr} d'eau et 50^{gr} de glace. Déterminer la masse de vapeur d'eau à 100° qu'il est nécessaire de faire condenser dans ce vase pour que la température définitive soit 20°.

52. On mélange ensemble 500^{gr} d'eau et 500^{gr} de glace à 0°. On y ajoute 1000 ^{gr} d'eau à 50°. Toute la glace fondra-t-elle? Dans l'affirmative, quelle sera la température finale du mélange ? — Dans le cas contraire, combien restera-t-il de glace non fondue ?

Chaleur de fusion de la glace, 80^{cal}.

CHAPITRE XIX

PREMIÈRES NOTIONS SUR LA PROPAGATION DE LA CHALEUR

---

176. Notions préliminaires. — Lorsqu'une source calorifique est placée dans le voisinage ou au contact de corps dont la température est inférieure à la sienne, elle les échauffe en cédant de la chaleur. De même, lorsque plusieurs corps à des températures différentes sont placés dans le voisinage les uns des autres, leur température tend à s'égaliser par échange de chaleur. La chaleur peut donc passer d'un corps à un autre. Cette transmission se fait par *conductibilité*, par *convection*, ou par *rayonnement*.

La conductibilité est la propriété que possèdent la plupart des corps de transmettre la chaleur *lentement* et de proche en proche à l'intérieur de leur masse. Si l'on tient à la main l'extrémité d'une tige de fer ou d'une tige de cuivre et qu'on place l'autre extrémité dans un foyer, on éprouve au bout de quelque temps une sensation de chaleur au contact de la portion de tige que l'on tient, et cette sensation devient de plus en plus forte : la chaleur s'est propagée par conductibilité à travers le métal en échauffant successivement ses différentes parties.

La convection est un mode spécial de transport de la
chaleur qui n'appartient qu'aux liquides et aux gaz ; elle
est due à la variation de densité des couches de fluide qui
sont en contact immédiat avec la source de chaleur. C'est
par convection que les liquides et les gaz s'échauffent ordinairement.

Enfin le rayonnement est un mode de propagation de
la chaleur qui se produit *rapidement* à toutes les distances
et dans toutes les directions, sans qu'il y ait échauffement
sensible des milieux traversés. La chaleur du soleil se propage jusqu'à nous par rayonnement ; il en est de même de
la chaleur d'un poêle, d'une cheminée, etc. L'étude de la
chaleur qui se propage par rayonnement ou *chaleur
rayonnante* est une des branches de l'Optique.

177. Conductibilité des solides. — Les différents solides
ne conduisent pas également bien la chaleur; suivant
qu'elle s'y propage plus ou moins rapidement, on dit que
ces solides sont plus ou moins *conducteurs.*

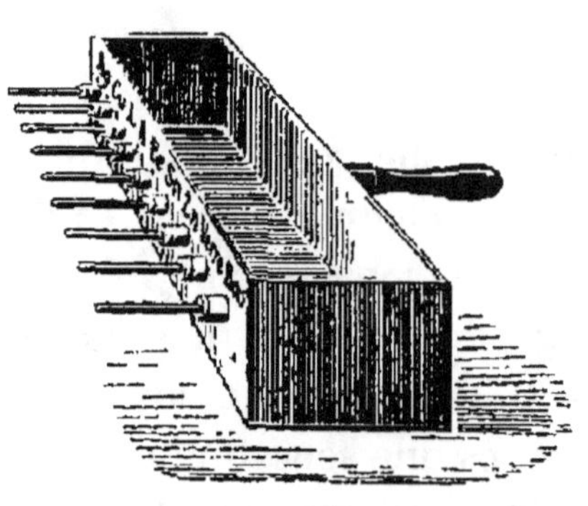

Fig. 207. — Appareil d'Ingenhouz.

L'appareil très simple
d'Ingenhouz permet de
montrer ces différences
de conductibilité. Il se
compose d'une caisse
rectangulaire en laiton
mince (*fig.* 207), à la paroi antérieure de laquelle
sont fixées normalement
des tiges de substances
différentes : argent, cuivre, laiton, acier, fer, étain, zinc,
verre, bois. Ces tiges étant préalablement recouvertes
d'une couche mince de cire jaune ou mieux de paraffine,

on verse de l'eau bouillante dans la caisse. On voit alors la paraffine fondre sur les tiges jusqu'à une distance plus ou moins grande suivant que leur conductibilité est plus ou moins considérable. On constate, par exemple, que la longueur de paraffine fondue est plus grande sur l'argent que sur le cuivre, sur le cuivre que sur l'étain, etc.; elle est très faible sur le verre et sur le bois.

En résumé, de tous les solides, ce sont les métaux qui conduisent le mieux la chaleur : ce sont des corps *bons conducteurs*. Au contraire, le verre, le bois, le carbone et les substances organiques comme la laine, la soie, conduisent fort mal la chaleur ; ce sont des corps *mauvais conducteurs*.

Despretz, puis Wiedemann et Franz, ont comparé très exactement les propriétés conductrices des divers métaux. Si l'on prend comme terme de comparaison l'argent, qui est le métal le plus conducteur, et si l'on donne conventionnellement la valeur 100 à son pouvoir conducteur, pouvoir qui représente un coefficient spécial appelé *coefficient de conductibilité*, on aura le tableau suivant :

Coefficients de conductibilité calorifique relative des principaux métaux :

Argent	100	Étain	14,5
Cuivre	73,6	Fer	11,9
Or	53,2	Plomb	8,5
Laiton	23,6	Platine	8,4
Zinc	19	Bismuth	1,8

Applications. — Les différences de conductibilité que présentent les corps solides expliquent pourquoi, tout en possédant la même température, ils paraissent au toucher plus chauds ou plus froids les uns que les autres. Lorsqu'on applique la main sur un morceau de fer ou sur une table de marbre, on a une sensation de froid qu'on n'éprouverait pas en touchant le bois ; cela tient à ce que le marbre, et plus encore le fer, étant bons conducteurs, enlèvent rapidement la chaleur aux points de contact, de sorte que la température de l'épiderme s'abaisse plus qu'elle ne le ferait au contact du bois, dont la conductibilité est très faible. Cependant si le marbre et le fer sont à une température supérieure à celle du corps humain, ils paraissent plus chauds à la main que le bois placé dans les mêmes conditions, car ils transmettent leur chaleur plus facilement que le bois.

Dans la pratique, la faible conductibilité du bois, de la paille, du verre, etc., trouve de nombreuses applications. C'est ainsi que l'on adapte des manches de bois aux cafetières et théières métalliques, aux outils qui doivent être introduits dans un foyer ; que l'on entoure les pompes avec de la paille en hiver pour éviter la congélation de l'eau qu'elles contiennent ; que l'on conserve la glace pendant un certain temps, en l'entourant de sciure de bois ou d'une étoffe de laine. Dans les cornues et ballons de verre que l'on emploie dans les laboratoires, la partie qui doit être en contact direct avec la flamme n'a qu'une très faible épaisseur ; s'il en était autrement, les parties extérieures se dilateraient par la chaleur avant que les parties intérieures soient échauffées, et cette dilatation inégale causerait la rupture du vase.

Dans l'industrie, les corps mauvais conducteurs portent le nom d'*isolants* ou de *calorifuges* ; ils sont très

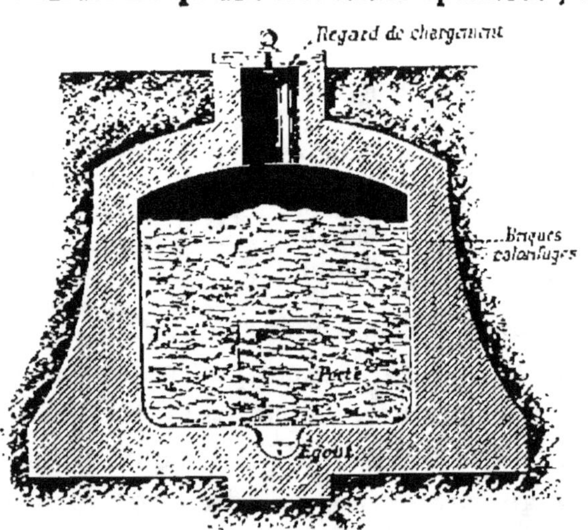

Fig. 208. — Coupe d'une glacière.

employés soit pour prévenir le refroidissement, soit pour éviter l'échauffement. Les chaudières des locomobiles et locomotives exprsées à l'air sont garnies de tôle mince ou de laiton ; la couche d'air renfermée ainsi entre l'enveloppe et les parois protégées forme un bon isolant. Les tuyauteries d'eau chaude, de vapeur, de liquides froids ; les parties exposées à l'air des chaudières à vapeur sont enveloppées de liège, de mastics formés par de la terre glaise et des menues pailles hachées avec des crins, des poils, etc. Les cylindres des machines à vapeur et une foule d'appareils sont isolés avec des douves de bois ajustées et cerclées. — On fabrique aujourd'hui avec des petits fragments de liège agglomérés des briques isolantes qui servent à construire des glacières (*fig.* 208). On s'en sert aussi pour les glacières d'appartement ; pour l'aménagement des wagons-glacières employés au transport des bières ou de la marée ; pour la construction des chambres des entrepôts frigorifiques de la Guerre, de la Marine, etc.

Enfin on utilise le pouvoir conducteur des métaux dans les *toiles métalliques*. Si l'on écrase la flamme d'un brûleur avec une semblable toile (*fig.* 209), on constate que celle-ci n'est pas traversée par la flamme. Cela est dû à ce que la toile métallique, à cause de sa grande conductibilité, refroidit rapidement les gaz

Fig 209. — Effet d'une toile métallique sur la flamme.

qui la traversent et les amène à une température assez basse pour qu'ils ne puissent rester enflammés. — Les toiles métalliques ont de nombreux emplois ; on s'en sert dans les laboratoires pour préserver les vases de verre, les capsules de porcelaine, etc., du contact direct de la flamme et les empêcher de s'échauffer trop rapidement ; dans les théâtres, on en fait des rideaux qui ont pour but de s'opposer à la propagation des incendies ; enfin, dans les mines de houille, on préserve les ouvriers des explosions produites par le formène ou grisou en leur donnant des *lampes de sûreté*. Ces lampes, imaginées par Davy, ont subi divers perfectionnements. Elles se composent ordinairement d'une petite lampe à huile surmontée d'une cheminée en verre et d'un cylindre de toile métallique (*fig*. 210). Si un mélange de formène et d'air vient à s'enflammer dans la lampe, la combustion ne peut se propager à l'extérieur, à cause du refroidissement des produits de la combustion par la toile métallique. Pour

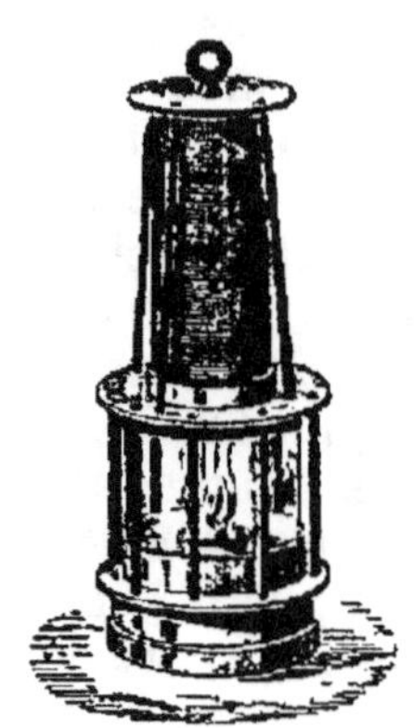

Fig 210. — Lampe de sûrete.

plus de précautions, les lampes de sûreté sont construites de manière à ne pouvoir être ouvertes sans produire l'extinction de la flamme

178. Conductibilité des liquides — A l'exception du mercure, dont la conductibilité est comparable à celle des autres métaux, les liquides conduisent très mal la chaleur. Ce n'est donc pas par conductibilité qu'ils s'échauffent habituellement ; la chaleur y est transportée par des courants liquides dus aux variations de densité (propagation par *convection*). Quand, par exemple, on place un vase plein d'eau sur un foyer, les

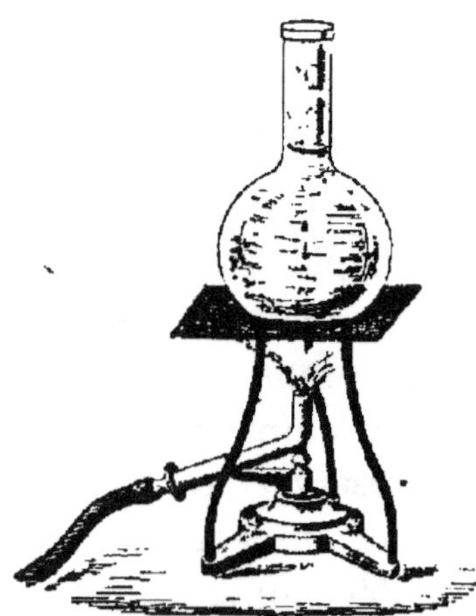

Fig. 211. — Convection dans les liquides chauffes.

couches inférieures du liquide s'échauffent directement

et s'élèvent par suite de la diminution de leur densité ;
elles sont remplacées par des couches froides qui s'é-
chauffent à leur tour, et ainsi de suite. Il en résulte une
circulation continue qui finit par rendre la température à
peu près uniforme dans toute la masse du liquide. On
peut d'ailleurs rendre les courants visibles en faisant
l'expérience dans un grand ballon de verre (*fig*. 211),
après avoir mêlé préalablement au liquide de la sciure
de bois : on voit les particules de bois, entraînées par
les mouvements de l'eau, accuser nettement l'existence
des courants ascendants de liquide chaud et des courants
descendants de liquide froid.

Pour empêcher les courants dus à la convection de se produire, on chauffe les liquides
par leur partie supérieure.
Dans ces conditions, on par-
vient à diminuer presque
jusqu'à l'annuler la propagation de la chaleur, ce qui
montre que la conductibilité
des liquides est très faible.
On peut même faire bouillir
à sa partie supérieure de l'eau
contenue dans un tube à
essais incliné, sans modifier
sensiblement la température
des couches situées au fond
du tube.

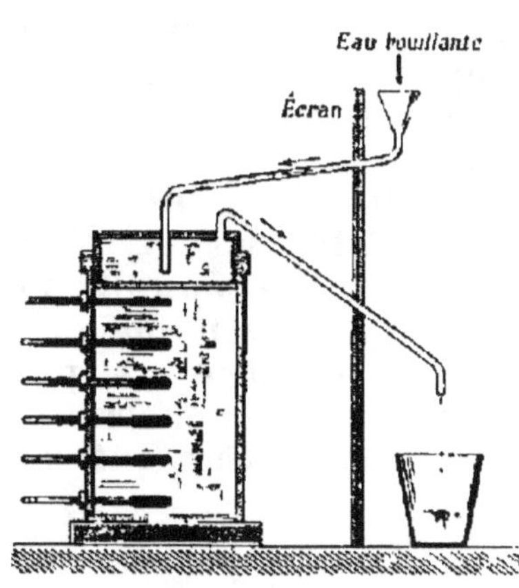

Fig 212 — Appareil de Despretz
(conductibilité des liquides.)

La conductibilité des li-
quides a été étudiée princi-
palement par Despretz. Il faisait circuler un lent courant
continu d'eau bouillante dans un vase de cuivre situé à la
partie supérieure d'un cylindre de bois contenant de l'eau et
muni d'une série de thermomètres implantés horizontalement
(*fig*. 212). Le mercure des thermomètres supérieurs se dilatait
très lentement et indiquait des températures décroissantes de
haut en bas, mais seulement jusqu'à une certaine profondeur.

179. Conductibilité des gaz. — L'hydrogène est assez bon conducteur de la chaleur, mais les autres gaz ont une conductibilité à peu près nulle ; aussi la propagation de la chaleur s'y fait-elle le plus souvent par convection. Cette conductibilité est très difficile à constater directement, même en chauffant les gaz par la partie supérieure : comme ils se laissent aisément traverser par la chaleur rayonnante, les parois de l'enveloppe reçoivent de la chaleur par rayonnement et échauffent à leur contact les molécules gazeuses, sans que la convection ait besoin d'intervenir.

Applications. — Quand l'air est emprisonné dans des matières filamenteuses, comme des poils, du duvet, la propagation de la chaleur par les courants ne s'y fait plus que difficilement et l'ensemble constitue une enveloppe très peu perméable à la chaleur. De là l'emploi, pour se préserver du froid, de fourrures, d'étoffes de laine, d'édredons, de vêtements ouatés. Dans les constructions, on emploie souvent des briques creuses, dont on bouche tous les trous avec les enduits ; outre qu'elles ont l'avantage d'être plus légères que les briques pleines, elles s'opposent mieux à la déperdition de la chaleur à cause de l'air qu'elles maintiennent immobile. C'est surtout par les vitres que se perd la chaleur des appartements ; de là l'usage dans les pays froids de doubles fenêtres qui, emprisonnant entre elles une couche d'air, atténuent considérablement cette déperdition.

RESUMÉ DU CHAPITRE XIX

On dit que la chaleur se propage par conductibilité quand elle se transmet lentement à travers un corps en échauffant successivement ses différentes parties.

La conductibilité des solides est très variable; les uns, comme les métaux, sont plus ou moins bons conducteurs; les autres, comme le verre, le bois, sont de mauvais conducteurs. Ces différences de conductibilité sont mises en évidence dans l'appareil d'Ingenhouz : on en tient compte dans la pratique (emploi des manches isolants en bois, des toiles métalliques, etc.).

Les liquides conduisent très mal la chaleur, à l'exception du mercure. Quand on les chauffe par la partie inférieure, leur température s'élève par convection : les couches chauffées directement deviennent de moins en moins denses et s'élèvent ; elles sont remplacées par d'autres qui s'échauffent à leur tour, et ainsi de suite.

Les gaz, sauf l'hydrogène, ont une conductibilité à peu près nulle Par suite de la grande mobilité de leurs molécules, la convection s'y produit plus facilement que dans les liquides. Pour constituer une enveloppe presque imperméable à la chaleur, on emprisonne de l'air dans des substances peu conductrices (matières filamenteuses, briques, etc.).

TABLE DES MATIÈRES

NOTIONS PRÉLIMINAIRES

PESANTEUR

CHAPITRE IV

Mesures des poids et des masses. — Balances.

HYDROSTATIQUE

CHAPITRE V

Étude des liquides en équilibre.

CHAPITRE VI

Principe d'Archimède et applications.

PNEUMATIQUE

CHAPITRE VII

Pression atmosphérique. — Baromètres.

CHAPITRE VIII

Compressibilité et expansibilité des gaz.

CHALEUR

CHAPITRE XV

Etude des vapeurs.

CHAPITRE XVI

Évaporation et ébullition

CHAPITRE XVII

Hygrométrie. . 301

CHAPITRE XVIII

Calorimétrie. . 324

CHAPITRE XIX

Bar-le-Duc. — Imp. Comte-Jacquet, Facdouel Dir.

Librairie NONY et Cie, Boulevard Saint-Germain, 63, PARIS, 5e.

Manuel du baccalauréat de l'enseignement moderne :
1re PARTIE : *Histoire et Géographie.* 2 fr. — 2e PARTIE, 1re série :
Philosophie et Histoire, 4 fr. — 1re et 2e séries : *Histoire natu-
relle,* 3 fr. 50. — 3e série : *Mathématiques,* 5 fr.; *Physique et
Chimie,* 3 fr. — 2e et 3e séries : *Philosophie et Histoire,* 2 fr
   Pour les autres volumes, voir le *Catalogue.*
La composition française au baccalauréat moderne, par
   F. LHOMME et Edouard PETIT, docteur es lettres, professeurs agrégés
   au lycée Janson-de-Sailly — Un vol. in 8°, de 521 pages, renfer-
   mant 1646 sujets à l'usage des élèves de Seconde moderne, un
   très grand nombre de plans et de développements, avec conseils,
   indications de lectures, etc . 2e édition   . . . . . 4 fr.   »
Le Thème et la Version au baccalauréat moderne :
   Le Thème Allemand, par E.-B. LANG, professeur a Saint-Cyr et
      au lycée Janson. — 2 vol. in-8°, 5 fr. (textes 3 fi., trad, 2 fr.)
   Le Thème Anglais, par B.-H. GAUSSERON, professeur au lycée
      Janson. – 2 vol. in-8°, 4 fr 50 (textes, 3 fr . trad. 1 fr. 50).
   La Version Allemande, par E.-B LANG. — 2 vol in-8°, 4 fr 50
      (textes, 3 fr ; traductions, 1 fi . 50).
   La Version Anglaise, par B.-H. GAUSSERON — 2 vol. in-8°, 4 fi. 50
      (textes, 3 fi.; traductions, 1 fr. 50)

Annuaire de la Jeunesse (11e année), par H VUIBERT. — Un beau
   vol. in-12 de 1180 pages ; br., 3 fr , cart toile, 4 fr.; relié, 5 fr   »
Conférences de géologie, à l usage des élèves de Troisième
   moderne, par E CAUSTIER, professeur agrégé au lycée de Ver-
   sailles. — Un vol. gr. in-12 relié toile, avec 218 fig.   . 2 fr.   »
Cosmographie, a l usage des classes de Seconde moderne, par
   A. GRIGNON — 5e édition. In-12, cartonné toile .   .   1 fr 75
Exécution des épures et du lavis : Instructions et conseils. —
   Broch in-12 avec fig , 7e édition.   ˚.   1 fr   »
Formulaire (mathématiques, physique, chimie), 9e édit   1 fr   »
Manuel de géographie a l'usage des candidats à l'École Navale,
   conforme au dernier programme, par H. HAUSER, professeur à
   l'Université de Clermont. — Vol. in-16, relié toile. . . 2 fr 75
Méthodologie mathématique (Eléments de) : *Arithmétique,
   Algèbre, Géométrie,* par M DAUZAT. — Vol in-8° de 1100 pages
   . . . .   10 fr   »
Plan d études et programmes de l'ens second. moderne. 1 fr   »
Programmes du baccalauréat de l'ens. second. moderne. 0 fr 30
Programmes pour tous les examens, tous les concours, toutes
   les écoles. — Consulter le Catalogue ou l'*Annuaire de la Jeunesse*

L'Education Mathématique (4e année). Journal in-4° avec figures,
   paraissant le 1er et le 15 de chaque mois, du 1er octobre au
   15 juillet, et publié par CH. BIOCHE et H. VUIBERT — Abonnement
   annuel . . . . 5 fr.   »
Journal de Mathématiques élémentaires (26e année), a
   l'usage des élèves de l'enseignement classique et de l'enseignement
   moderne. Publié par H VUIBERT. — Abonnement d'un an, 5 fr
   (à toute époque de l'année).

Bar-le-Duc — Imprimerie Comte-Jacquet Fabodet Dir